Von der
Natur des Menschen.

Von

Dr. Karl Georg Neumann,
Königlicher Preußischer Regierungs- und Medicinal-Rath,
Mitglied einiger gelehrten Gesellschaften.

Zweiter Theil.

Berlin, 1818.
C. G. Flittnersche Verlags-Buchhandlung.

Sr. Exzellenz

dem

Königlich Preußischen Wirklichen Geheimen Rathe

Herrn Ritter Sack,

Ober-Präsidenten der Herzogthümer Pommern, Mitglied des Staats-Raths, Präsidenten des Consistoriums und des Collegii medici der Provinz Pommern, und Präsidenten der Königlichen Regierung zu Stettin, Inhaber mehrerer hohen Orden, und Mitglied mehrerer gelehrten Gesellschaften,

ehrerbietigst gewidmet.

Vorrede.

Unter den neuen Behauptungen, die in diesem Buche vorkommen, dürfte wohl die, daß der Mensch allein unter allen Thieren ein doppeltes Denkorgan habe, die auffallendste seyn.

Außer den für sie im Werke selbst aufgestellten Gründen darf ich vielleicht noch die Analogie mit dem Herzen anführen; die niederen Thiergeschlechter und Classen haben nur ein einfaches Herz, die vollkommneren ein doppeltes. So hätte denn das ganze Geschlecht der Thiere nur ein einfaches Hirn und nur der Mensch ein doppeltes, nämlich nicht zwei symmetrische Hirne, in jeder Seite, sondern ein Ganglienhirn und ein Hemisphärenhirn, das den vorderen Theil des Ganglienhirns wie ein Mantel umgiebt, das den oberen Theil des Gewölbs der Seitenhöhlen ausmacht und im **Hirnbalken** sein wichtigstes Centralorgan hat

In den vollkommensten Thieren selbst findet sich zwar dieß Hemisphärenhirn deutlich vorgebildet, aber immer noch als Ganglion, immer noch nicht als ein ganz von den übrigen Ganglien in allem gänzlich getrennter und verschiedener Theil. Nur im Menschen erscheint es so: nur in ihm tritt es, auch anatomisch beweisbar, in vollkommenen Gegensatz mit dem kleinen Gehirn und den Sehehügeln, den Haupttheilen des Systems der Hirnganglien.

Möchte man diese Behauptung aller der Aufmerksamkeit würdigen, die sie nach meiner innigen Ueberzeugung verdient! Möchte man sie mit voller Gründlichkeit und Unbefangenheit untersuchen! Bestätigt sie sich, so ist ein großer Theil der Räthsel gelöst, welche die Erscheinungen des geistigen Lebens des Menschen darbieten, die organische Begründung seines Vorzugs, der Widerspruch zwischen seiner höheren und niederen Natur und die ihm eigenthümlichen Krankheiten des intellectuellen Vermögens anatomisch nachgewiesen.

Es sey mir vergönnt, hier kürzlich zu anticipiren, was eigentlich der Pathologie angehört, die auf die Annahme des doppelten Vorstellungsorgans sich gründende Erklärung der Vorstellungskrankheiten.

Diese sind dem Menschen zum Theil mit den Thieren gemein, zum Theil ihm allein eigenthümlich.

Bewußtlos wird das Thier, wie der Mensch, auch epileptischen Zuckungen ist es eben so unterworfen, obgleich seltener, weil sein Hirn überhaupt weniger Einfluß hat.

Leidenschaften hat es auch, wie der Mensch: warum soll die Energie der Wirkung seiner Vorstellungsorgane nicht eben so gut über den gewöhnlichen Grad erhöht werden können, wie beim Menschen?

Es hat auch Fieberdelirien: die Reizungen des Hirns, die vom System der Bauch- und Brustnerven ausgehn, können so stark werden, daß sie den Reizen der äußeren Sinne gleichkommen oder sie überwiegen. Alsdann träumt Mensch und Thier bei offenen Augen; er delirirt, so lange, bis das System der unbewußten Nerven nicht mehr abnorme Reizung des Hirns veranlaßt. Das Gehirn ist nicht idiopathisch krank, darum sind seine Functionen sogleich frei, als die äußere Einwirkung aufhört, sie zu stören.

Auch blödsinnige Thiere giebt es, wie Menschen. Denn auch im Thiere kann das Vorstellungsleben auf ein Minimum reducirt werden, während das vegetabilische fortdauert. Die Fälle von

Blödsinn der Thiere sind nur seltner, als beim Menschen, weil das Hirn überhaupt weniger dem Erkranken ausgesetzt ist, da es viel weniger wirkt, weniger bedeutet, weniger afficirt wird.

Aber eigentlicher Wahnsinn kommt bei den Thieren durchaus nicht vor: der ist eine Krankheit des Menschen allein. Es muß also im Thiere das fehlen, wodurch der Wahnsinn organisch bedingt und möglich wird.

Was aber bedingt den Wahnsinn organisch? Was ist dessen nächste Ursache?

Alle Erscheinungen deuten darauf hin, daß er in der ganz oder zum Theil aufgehobenen Herrschaft des Hemisphärensystems über das System der Hirnganglien bestehe.

Die Wahnsinnigen hören, sehn, fühlen, haben äußere Sinnlichkeit, so gut, als die Verständigen. Auch haben sie Gedächtniß und Combinationsvermögen, so gut als diese. Was sie aber nicht haben, das ist das Vermögen, ihre Vorstellungen zu beherrschen, und dieß Vermögen fehlt ihnen entweder gänzlich, oder es kann sich nur über einen Theil ihrer Vorstellungen durchaus nicht äußern, während es über andre sich äußert. Sie urtheilen und handeln völlig verständig, außer bei gewissen Dingen: sobald diese angeregt werden, tobt der Eindruck gesetzlos fort.

Der Mensch ist im Zustande der Leidenschaft, insofern er deren nicht Meister wird, dem Wahnsinnigen gleich. Wodurch wird er aber deren Meister? Es ist die Herrschaft des Hemisphärensystems über das der Ganglien, welche sich in dieser Beherrschung ankündigt. Der Unterschied zwischen dem Leidenschaftlichen und dem Wahnsinnigen ist allein der, daß jener das aus seinen Schranken getretene wieder dem inneren Gesetz zu unterwerfen vermag, sobald er nur ernstlich will, oder sobald die äußere Aufregung der Leidenschaft schwächer wird, während dieser es nicht kann.

Kinder werden niemals wahnsinnig. Sie sind den Thieren gleicher: ihr Vorstellungsleben ist noch ein sinnliches, noch nicht der Herrschaft eines höheren unterworfen, das sich erst sehr langsam und allmählig entwickelt und erziehet. Das Fehlen dieser Herrschaft befremdet uns nicht, doch zeigt sich schon früh die Anlage, daß sie sich äußern könne.

Erwachsne werden wahnsinnig durch anhaltend wirkende Leidenschaft, durch Wochenbetten die Frauen, und endlich einer eigenthümlichen, erblichen Anlage gemäß, welche sich durch Form des Schädels erkennen läßt.

Die Eigenthümlichkeit der Form ist in den Geschlechtern erblich, gemäß dem Gesetze, daß das Erzeugte dem Erzeugenden gleich sey. Es giebt bekanntlich viel Abweichungen von diesem Gesetz, allein eben so bekannt ist der oft zum Erstaunen große Einfluß desselben.

Alle erbliche Krankheiten haben ihren Grund in der erblichen Form. Hat also das Schädelgewölbe eine so ungleiche Bildung, daß die Ganglien den Einfluß oder die Entwickelung des Hemisphärensystems beschränken, oder fehlt es an der Bildung dieser Hirnorgane selbst ursprünglich, auf irgend eine Weise, so findet erbliche Anlage zum Wahnsinn statt.

Das System der Bauchganglien leidet wohl nie eine größere Anstrengung, als bei der Geburt, im weiblichen Körper. Es wird schon allemal durch die periodische Turgescenz der Hypogastrica aufgeregt; weit mehr geschieht dieß in der Schwangerschaft, am kräftigsten endlich in der Geburt. Denkt man an die Polarität zwischen diesem System und dem System der Hirnganglien, so wird man leicht begreifen, wie diese sich bei diesen Veranlassungen, besonders aber nach der Geburt, plötzlich umkehren kann, wodurch denn heftige Reizbarkeit und gewaltsame Thätigkeit der Hirnganglien, bei Torpor der Ganglien des sympathischen Systems, entsteht, d. i. der Wahnsinn, in welchen wir so oft Entbundene verfallen sehn. Er ist leichter heilbar, als anderer Wahnsinn; er pflegt von selbst allmählig zu verschwinden, sobald das System der Bauchganglien in sein Normalverhältniß zurücktritt, aus welchem es nur durch die ungewöhnliche Anstrengung bei der Geburt gebracht wurde.

Derselbe Torpor des sympathischen Nervensystems, der bei in Manie verfallenden Wöchnerinnen statt findet, wird bei allen Tobsüchtigen wahrgenommen und fehlt bei denen, die an partiellem Wahnsinn leiden, offenbar deswegen, weil bei diesen nur partiell der Einfluß des Hemisphärensystems auf das Gangliensystem des Hirns fehlt, das im Ganzen gesund ist, folglich auch mit dem System der sympathischen Ganglien im Normalverhältniß steht, während bei Tobsüchtigen das ganze System der Hirnganglien krank und dessen Polarität mit dem Hemisphären- und sympathischen System verkehrt ist.

Der Zustand des Wahnsinns ist dem der Lähmung nach Apoplexie, oder ohne diese, diametralisch entgegengesetzt. Denn in jenem wirkt das Hirngangliensystem mit abnormer Energie, in diesem wirkt es mit abnormer Schwäche. Gelähmte sind daher wohl verständig, allein Gedächtniß, Combinationsvermögen, äußere Sinnlichkeit, Herrschaft über die Muskeln ist geschwächt, zum Theil vernichtet.

Diese bisher so dunkle Parthie der Pathogenie scheint mir erhellt und der Weg zu besseren Heilplänen, als die bisherigen, zugleich angegeben. Ob andre dieß eben so finden, kann ich nicht beurtheilen, doch wünschte ich sehr, daß sie die Sache prüfen, nicht mit einem vornehmen Verwerfungsurtheil verschieben oder unbeachtet lassen möchten, weil es nicht von einem der stimmführenden Schulweisen kommt.

Eben so lebhaft wünsche ich, daß man die Behauptung einer atmosphärischen Wirkung der Gefäße der Prüfung werth achten möchte, ob sie gleich in diesem Buche zum ersten male gehört wird. Es scheint mir, als wenn nicht blos das Verhalten der Placenta oder die Verbindung zwischen Epididymis und Hoden, oder die zwischen Ovarium und Muttertrompeten diese atmosphärische Wirkung der Gefäße beweise, sondern als wenn sie allein im Stande sey, über das Verhältniß zwischen Gefäßen und Zellengewebe die Begriffe zu berichtigen.

Wir sehn wohl mit Recht alle Ernährung an als Verwandlung des Bluts in feste Theile; wir erkennen im Blute die Quelle des Ersatzes der Gefäße und des Zellengewebes zugleich. Allein dieß besteht nicht etwa blos aus zersprungnen, halbzerstörten Gefäßen, sondern es ist ursprünglich und nothwendig vorhanden. Wäre das Zellgewebe aus Gefäßen entstanden, so könnte man sagen, der Nahrungssaft sey durch die Gefäße zu ihm gelangt, die sich in Zellen aufgelößt haben: allein es ist unabhängig von der Gefäßstructur und wird demnach durch Blut ernährt. Wie gelangt das Blut in alle Punkte des Zellengewebes?

In der ganzen vegetabilischen Welt ist die Zellenbildung mindestens vor der Gefäßbildung mächtig vorherrschend, wofern diese allewege in den Pflanzen statt findet. Die Feuchtigkeiten steigen in den Pflanzen empor und verbreiten sich ungefähr auf dieselbe Weise, wie sich ein Tropfen Flüssigkeit durch ein Stück Zucker verbreitet. Geschieht die Vertheilung des Nahrungssaftes im thierischen Zellengewebe eben so?

Um dieß anzunehmen müßten wir erst darthun, daß die Flüssigkeiten aus den kleinen Gefäßen extravasiren. Aber das können wir nicht: Einspritzungen beweisen vielmehr klar das Gegentheil. Und doch durchdringen sie das ganze Zellengewebe, die ganze Masse aller Organe, noch viel mehr, als in den Pflanzenkörpern. Wir können den lebendigen Thierkörper in keinem Punkte verletzen, ohne daß Flüssigkeiten austreten; gleichwohl ist er nicht ganz aus lauter Gefäßen gewoben; gleichwohl dringt nicht nach dem Tode, wenn wir in seine Adern spritzen, die eingespritzte Masse auch aus allen Puncten aus.

Wenn nun nicht kleine Gefäße überall ins Zellgewebe mit offnen Mündungen enden und dieß doch überall mit dem Inhalt der kleinen Gefäße erfüllt ist: wie gelangt dieser dahin?

Ist die Frage nicht ganz ähnlich der, warum in allen Puncten Gefühl ist, obgleich der Körper nicht lauter Nerv ist? Und wenn dieß allgemein verbreitete Gefühl als ein Hauptbeweis der atmosphärischen Wirkung der Nerven, besonders in deren Verbreitungsflächen, angesehn wird: muß man nicht den Gefäßen eine eben solche atmosphärische Wirkung zugestehn?

Damit ist freilich die Art nicht aufgeklärt, wie das Blut ins Zellgewebe gelangt, die Gefäße verläßt und doch mit ihnen in Verbindung bleibt, wieder aufgenommen und dem Kreislauf zurück gegeben, oder auch in organische Masse, in Zellgewebe, in Gefäß selbst verwandelt, auf alle Fälle aber chemisch verändert wird. Wir wissen nur, daß es weder aus offnen Mündungen der Gefäße ins Zellgewebe ausströmt, noch durch deren Wände schwitzt. Wir stoßen da auf eine lebendige Thätigkeit der Gefäße, die wir nicht genau erkennen, weil die Selbstthätigkeit inneren Gesetzen folgt, die wir wohl aus ihren Wirkungen erkennen aber nicht weiter, als historisch nachweisen können, eben weil sie innere sind. Wir nennen aber diese Lebensthätigkeit der Gefäße eine atmosphärische, weil sie sich über die Theile des Zellgewebes ausbreitet, die um die Gefäße herumliegen und jedes Gefäß seinen Wirkungskreis hat.

Diese Untersuchung fließt mit der zusammen, ob es blos Arterien und Venen, oder ob es ein zwischen beiden liegendes System von kleinen Gefäßen giebt. Hierüber ist schon ehedem lange gestritten worden: endlich, besonders seit Haller, war man gänzlich der ersteren Meinung. Die neuere Zeit, die so vieles untersuchte, was als abgethan auf die Seite geschoben war, stellte wieder wichtige Gründe für die Annahme eines neutralen Systems von kleinen Gefäßen auf, aber Herr Willbrand erklärt sich dagegen. Seine Gründe sind folgende:

1) Es läßt sich nicht anatomisch darstellen. Wir sehn weiter nichts, als daß sich die Arterien in immer kleinern, endlich in haarförmigen Gefäßen verzweigen, und daß die Venen mit gleichfalls feinen Gefäßen wieder anfangen.

2) Wo soll die Gränze seyn, wo die indifferente Natur der kleinen Gefäße anfängt und aufhört? Die Anatomie weist diese Gränze nicht nach. — Mehrere Gründe habe ich bei Willbrand nicht auffinden können.

Dagegen glaube ich erinnern zu müssen, daß es bloßer Schein ist, wenn uns die Arterien in immer feinere Gefäße sich zertheilend vorkommen, eben so wenn uns die Venen aus feinen Gefäßanfängen zu entspringen scheinen.

Ja, die Arterie geht in kleine Gefäße über! die Vene fängt aus kleinen Gefäßen an! das lehrt der Augenschein und ich fürchte nicht, daß man uns in Verdacht hat, dieß je bestritten zu haben. Aber daß diese kleinen Gefäße arteriöser oder venöser Natur sind, das ists, was wir bestreiten.

Wodurch kündigt sich die arteriöse Natur eines Gefäßes an? Durchs Pulsiren, durch die muskulöse Natur der Gefäßwände und durch das scharlachrothe Blut, das es enthält. — Und die venöse Natur? Durch den valvulösen Bau und die Schwärze des in ihm enthaltenen Blutes. Noch mehr und wichtiger zeichnen sich die Arterien aus durch das Fortbewegen des Blutes vom Herzen nach außen und die Venen durch das Fortbewegen von außen nach dem Herzen.

Aber die kleinen Gefäße, in welche die Arterien sich zertheilen und aus welchen die Venen anfangen, pulsiren nicht, haben weder muskulösen noch valvulösen Bau, weder schwarzes noch scharlachrothes, sondern bald purpurrothes bald weißes Blut, und vor allem: das Blut wird in ihnen weder nach dem Herzen zu, noch von dem Herzen abgeleitet, sondern überhaupt nicht merklich, und am wenigsten nach irgend einer bestimmten Richtung bewegt.

Vielmehr wird es in ihnen verwandelt a) in feste Theile, b) in allerlei abgesonderte Stoffe, c) in excretitielle Stoffe. Und von dem allen geschieht in Arterien und Venen gar nichts.

So möge denn jeder Unbefangene urtheilen, ob die Gründe wichtig oder unwichtig sind, die uns bestimmt haben, das System der kleinen Blutgefäße als von Arterien und Venen gänzlich verschieden darzustellen. Und die Gränze? Die weist die Anatomie gar wohl nach! Sie ist allenthalben da, wo ein Gefäß in die Substanz eines Organs eingeht und nicht als von dieser merklich unterschieden durch sie hinläuft.

So reine, scharf abgeschnittene Gränzen, daß gar kein Ineinanderlaufen des Verschiedenen statt finden sollte, liebt die Natur überhaupt nicht. Auch die Zellgewebebildung ist nicht rein abgegränzt gegen die Gefäßbildung; beide verlaufen in einander; auch die Nervenbildung verläuft unmerklich in die Zellen- und Gefäßbildung. So verlaufen auch die Arterien und Venen unmerklich, und ohne eine scharfe Abgränzung dem Auge darzustellen in kleine Gefäße, mit welchen sie übrigens nothwendig und ihrer Bestimmung nach in Continuität seyn müssen.

Wenn durch Einspritzung in eine Arterie kleine Gefäße angefüllt werden, so beweist dieß ja nicht, daß diese auch Arterien sind, sondern nur, daß die Arterien mit ihnen in Continuität stehen. Aber wer hat dieß je bestritten?

Wenn übrigens Hr. Willbrand sagt, es finde eigentlich gar kein Kreislauf statt, denn es sey nicht einerlei Blut, was vom Herzen komme und zum Herzen zurück kehre, so ist dieß sehr wahr und richtig. Das Geschäft der Arterien endigt sich völlig in der Substanz der Organe. Aus dieser fangen die Venen an, die ganz ein anderes Blut zum Herzen zurückführen, als welches die Arterien zugeführt haben. Aber muß nicht eben deswegen das System der kleinen Gefäße, welche die Substanz der Organe ausmachen, als das Mittelglied zwischen Arterien und Venen, als beide Systeme verbindend betrachtet werden?

Und ist es wohl recht, wenn man den Vergleich zwischen der Bewegung der kosmischen Körper und der des Blutes für eine Bereicherung der Wissenschaft von Gott weiß was für wichtigen Folgen ausgiebt? Dieser Vergleich hinkt gewaltig. Die Planeten kehren auf ihren elliptischen Bahnen unverändert zurück, das Blut nicht. Die Planeten sind sich selbst Zweck und nähren nichts außer ihnen: das Blut ist der allgemeine Nahrungssaft der festen Theile und seine Bahn ist weder einfach, noch elliptisch, am allerwenigsten vom Gravitationsgesetz abhängig. Sie hat die Form, die die Figur jedes Organs nothwendig macht. Die Planeten gehn auch nicht in die Sonne, sondern nur in ihre Nähe; das Blut aber geht ins Herz, noch dazu zweimal.

Es ist überhaupt in mehreren Stellen dieses Buchs gerügt worden, daß man sich jetzt sehr gewöhnlich und häufig spielende Vergleiche erlaubt. — Wir leben in Zeiten, die denen des zweiten Jahrhunderts unsrer Zeitrechnung nicht ganz unähnlich sind. Weder Philosophie, noch Kunst, weder Wissenschaft, noch selbst das Streben der Regenten, Weisheit und Wahrheit in Ehren zu erhalten vermochte die römische Welt damals vor der Mystik zu schützen. — Gewinnsucht, Ehrsucht und Arglist fand bei den damals so hoch gebildeten Völkern leichteres Spiel, als man glauben sollte: die Naturbeobachtung ging in Fabeln, die Arzneiwissenschaft in Hexenkünste unter und Wahrsager und Wunderthäter genossen den Ruhm der Ciceronen und Aristoteles. Unter uns ist die Kenntniß der Erde, des Himmels, der Naturwirkungen ungleich weiter fortgeschritten, als sie unter den Römern war; eine Religion der Sittlichkeit und der Vernunft, der die Künste der Volkstäuschung ein Gräuel sind, ist an die Stelle der alles mit Göttern anfüllenden griechisch-römischen Volksreligion getreten; die Arzneiwissenschaft hat zur Basis eine Naturkenntniß, die in manchen Theilen fast als geschlossen und vollendet angesehn werden kann; aber das alles schützt uns nicht vor der Mystik und dem ganzen Gefolge der Lüge. Unsre Philosophen haben sich erfrecht, den Verstand gerade zu zu lästern: unsre Politiker preisen das Mittelalter, wo Anarchie und Mönchstrug die unmündige

Menschheit in Banden hielten und elend machten; unsre Dichter rühmen den Aberglauben und entweihen ihre Talente so sehr, daß sie den Fall des Fanatismus bedauern; unsere Aerzte kuriren durch Sympathie und Magnetismus und unsre Schriftsteller preisen den Glauben, sehen Gespenster, machen alle Untersuchung verdächtig und mißbrauchen ihren Verstand dazu, daß sie ihn als die Quelle des Trugs und des Völkerunglücks darstellen. Vergleiche gelten für Beweise und die Jünglinge werden auf unsern Bildungsanstalten verleitet, eine unverständliche, mystische Sprache für Weisheit und eine Schuldemonstration, die auf selbsterfundenen, lügenhaften und aller Beleuchtung widerstrebenden Voraussetzungen beruht, für hohe Wahrheit zu halten. Soll der Geist der Lüge, der so frech sich vor den Tempel der Wahrheit stellt, soll er denn ohne Widerstand siegen? Diese phantasievolle und grundarme Sprache, in der die Disciplinen gelehrt werden, diese witzelnde Vergleiche, die für Beweise gelten, diese mystischen Ahnungen — sollen sie denn ruhig Wurzel fassen dürfen? — Warlich es ist die Pflicht jedes wahrheitliebenden Mannes, und deren Zahl ist Gott sey Dank, troz der mystischen Stimmführer noch groß genug, bei jeder Gelegenheit sich dem Strome zu widersetzen und der Lüge die Larve vom Gesicht zu reißen. Wie einst Cato keine Sentenz schloß, ohne an die Nothwendigkeit der endlichen Zerstörung Karthago's zu erinnern, so muß jeder freie denkende Mann in Deutschland jetzt jede Veranlassung ergreifen, um die Gespenster zu verscheuchen, die sich in allen möglichen Gestalten Mühe geben, den Geist der Völker zu verwirren und zu verführen.

Der Verfasser glaubt übrigens, mit diesem Bande die Bearbeitung der Physiologie geschlossen zu haben. Er hat ihm einen besondern Titel gegeben, weil er auch für sich Interesse haben kann für alle, die, ohne grade das medicinische Studium zu wählen, die Natur des Menschen kennen zu lernen wünschen, in sofern er vorstellendes Wesen ist. — Möge man das Streben nach Wahrheit in diesem Werke nicht verkennen! Kann der Mensch mehr? Er weiß, daß es ihm nicht gelingt, sein Ziel so zu erreichen, wie er es doch eifrig wünscht: aber er weiß auch, daß er keinen höheren und würdigeren Gebrauch von seinen Kräften und seinem Leben machen kann, als wenn er alles thut, sich ihr so viel ihm möglich ist zu näheren.

Inhalt

Das

Das Vorstellungsleben.

Einleitung.

Den Zweck der Bildung hat das Thier mit der Pflanze gemein; der Zweck der Vorstellung zeichnet sein Leben vor dem der Pflanze aus, und der Unterschied zwischen Thier und Pflanze beruht darauf, daß diese mit ihren Selbstthätigkeiten den Bildungszweck allein, jenes einen doppelten Zweck befolgt.

Durch das ganze Thierreich ist der Vorstellungszweck dem Bildungszweck untergeordnet; die Mittel zur Befriedigung der thierischen Bedürfnisse, der Ernährung, der Vertheidigung und der Fortpflanzung, sind die einzigen Gegenstände des Begehrens der Thiere. Ihre Sinne sind allein auf das Aufsuchen dieser Mittel, ihr Wollen auf ihr Benutzen gerichtet. Die Pflanze zieht aus dem Boden und aus der Atmosphäre ihre Nahrung; sie wurzelt in jenem und in diese streckt sie ihre Blätter hinaus; was sie bedarf ist nothwendig mit ihr in Berührung. Das Thier muß seine Nahrung suchen, und sein Vorstellungsleben ist ihm nothwendig zu seiner eigenthümlichen Ernährungsweise. Je tiefer das Thier steht, desto weniger ist es irgend einer Vorstellung fähig, die sich nicht auf den thierischen Instinct bezieht, desto beschränkter sind diese Instinkte selbst, wie denn die Raupe lieber verhungert, als ein Blatt frißt, denn das der ihr ausschließlich angenehmen Pflanze, ohne Zweifel, weil sie unfähig ist, sich eine andere Pflanze als begehrenswerth vorzustellen.

Allein in dem Menschen unter allen Erdgeschöpfen ist der Bildungszweck dem Vorstellungszweck untergeordnet; er hat nicht Sinne, damit er die Gegenstände seines thierischen Bedürfens aufsuche, sondern damit er jede Art von Erscheinung wahrnehme; das wahrgenommene regt nicht einzig sein Gelüsten oder Verabscheun auf, sondern kann seine vorstellenden Kräfte auf vielfache andre Weisen beschäftigen. Die innern Thätigkeiten seiner Vorstellungskraft, welche durch die Erscheinung erregt werden, sind nicht ausschließlich durch die Beziehung bestimmt, in welcher diese Erscheinung mit der Erhaltung seines Bildungslebens steht, sondern sie haben ihre eigene Gesetzgebung, nach welcher sie gerichtet sind, die gar nichts mit dem Bildungsleben zu thun hat. Indessen ist der Mensch auch Thier, und manche Erscheinungen erregen sein Gelüsten eben so, als bei diesem, was auch seyn muß, da er mit dem Thiere gleiche Ernährungsweise theilt; nur daß diese niedere Aeußerung seines Vorstellungslebens nicht seine einzige ist, und daß er auch einer viel höheren fähig ist, die sich nicht mit Erreichung dem Bildungsleben verwandter Zwecke beschäftigt, sondern mit dem Streben nach Wahrheit, nach dem Rechten und dem Schönen, endlich durch Erreichung des Höchsten, als welches die idealischen Zwecke der inneren Gesetzgebung für das Vorstellungsleben des Menschen allein unter allen Geschöpfen der Erde sind.

Diese Aeußerung der Selbstthätigkeit des Menschen schien den Gelehrten so weit über die anderen Aeußerungen derselben erhaben, daß sie sich berechtigt glaubten, anzunehmen, in seiner Natur müssen sich zwei ganz heterogene Naturen vereinigen, um so große Erhebung möglich zu machen. Eine ursprünglich vom Körper verschiedne, körperlose Seele sey in die Materie eingesenkt, und durch unbegreifliche Bande von ihr gefangen. Diese bringe aus einer unbekannten, höheren Welt, ihre Ideale in diese niedere mit, werde oft troz ihrer reinen Natur in den Schlamm der Sinnlichkeit herabgezogen, und sehne sich nach ihrer Befreiung.

Mit dieser Ansicht der Philosophen verband sich das Interesse der Priester, die bald einsahn, daß über den Menschen keine Gewalt ist, denn die seiner Meinung; daß diese durch nichts leichter zu leiten ist, als durch die in ihm wohnende Ahnung des Uebersinnlichen, Unbekannten, und aus der hypothetischen Annahme einer immateriellen Seele wurde ein Dogma.

Gleichwohl finden wir, je genauer wir mit dem Leben und der menschlichen Natur bekannt werden, daß alle geistige Aeußerung des Menschen keinen höheren Charakter in sich trage, als den der Selbstthätigkeit. Jede Selbstthätigkeit hat einen innern Zweck, und muß ihn haben, weil sie nicht das Resultat äußerer Factoren ist. In so fern dieser Zweck ihre Aeußerungen bestimmt, ist er deren Gesetz. Das Bildungsleben äußert sich im Mischen und Bilden, das Vorstellungsleben im Erkennen und Handeln. Wenn also dieß durch eine innere

Gesetzgebung bestimmt wird, deren Zweck dem Menschen allein eigenthümlich ist, so beweiset sich dadurch seine Homogeneität mit dem Bildungsleben, welches sich auch nach dem Menschen allein eigenthümlichen inneren Zwekken richtet, also ist gerade das Gegentheil der Meinung dadurch erwiesen, nach welcher diese innere Gesetzgebung der Vorstellungsthätigkeiten auf eine von der körperlichen heterogene Substanz des Denkenden schließen lassen soll.

Ja wir finden sogar, daß das geistige Leben eben so abhängig und beschränkt sey, als das Bildungsleben. Denn wir können einem Körper nur dann vollständige, freie Selbstthätigkeit zuschreiben, wenn er ganz allein aus sich, ohne alle Mitwirkung der Außenwelt, seine Thätigkeiten beginnt. Aber dieß gilt von keinem auf der Erde vorkommenden Körper. Diese sind vielmehr sämmtlich an Einwirken der Außenwelt zum Hervorbringen der Erscheinung ihrer Selbstthätigkeit gebunden, und haben nur ein bedingtes, beschränktes, kein absolutes und selbstständiges Leben. Das Bildungsleben erhält von der Außenwelt den Anreiz sowohl, als das Material zu seinen Verwandlungen und Bildungen; mit dem Vorstellungsleben verhält es sich genau eben so. Das Material aller möglichen Vorstellungen liefern die Sinne, aus der Außenwelt; und ohne den Anreiz von diesen kann keine Vorstellung, auch kein Wille statt finden, welcher nichts anders ist, als die Richtung der vorstellenden Kraft nach einem äußeren Object. Man kann nicht denken, ohne etwas zu denken; man kann nicht wollen, ohne etwas zu wollen. — Es ist unbegreiflich, wie bei der höchst einleuchtenden Wahrheit dieses Grundsatzes jemals der Idealismus hat aufkommen können, da doch die Realität der Außenwelt nicht nur durch die eigne Existenz des Menschen, sondern auch durch die Grundbedingung alles Vorstellens beglaubigt wird.

Hieraus folgt zugleich, daß die Irritabilität das gemeinschaftliche Mittel für beide Lebenszwecke, und die Vorstellung ganz eben so, wie die Bildung, an sie als an ihre Bedingung geknüpft ist. Man hat die Irritabilität, in so fern sie sich auf das Vorstellungsleben bezieht, Sensibilität genannt, oder richtiger: man hat also genannt die Fähigkeit, auf den Reiz von außen vorzustellen, während man die Fähigkeit des Vorstellungslebens, vom Centrum aus in die Peripherie zu wirken, Irritabilität im engeren Verstande nannte. Dieser Unterscheidung liegt nichts zum Grunde, denn die Vorstellung ist ja ebenfalls lebendige Thätigkeit, und die Sensibilität ist keine besondre Kraft, in nichts von dem Vermögen unterschieden, selbstthätig zu werden auf Anreiz von außen. Am allerwenigsten ist sie von der Willenskraft verschieden, denn auch der Wille ist auf ein Object gerichtet, welches allemal etwas äußeres ist, nur daß die Wirkung hier vom Centrum nach der Peripherie, beim Auffassen der Erscheinung aber von der Peripherie nach dem Centrum geht.

Man sieht, wie weit entfernt von der Wahrheit die Meinung derer ist, die plastische Kraft, Irritabilität und Sensibilität als die drei wesentlich verschiednen Hauptkräfte des Lebens annehmen. Es giebt deren nur zwei, Expansibilität und Contractilität. Ein Körper, der beide enthält, d. i. der sich selbst expandirt und contrahirt, ist eben darum lebendig, und die abwechselnde Wirkung beider Kräfte unterhält sein Leben. Ist aber ihr Thätigwerden an einen Anstoß von außen geknüpft, den man Reiz nennt, und welcher von passivem Ausdehnen und Zusammenziehn himmelweit verschieden ist, so ist das Product der Wechselwirkung beider antagonistischen Kräfte Reizbarkeit. Durch sie werden die inneren Zwecke des selbstthätigen erfüllt, und diese sind im Thiere Bildung und Vorstellung.

Wenn man also Reizbarkeit und Sensibilität als zwei verschiedne Kräfte angesehn hat, so hat man gänzlich geirrt; Sensibilität kann nichts anders seyn, als die Reizbarkeit der Sinnennerven. Bestimmt man den Begriff des Wortes also, so ist gegen dessen Gebrauch nichts einzuwenden, denn warum soll man nicht die verschiedenen Aeußerungen der Reizbarkeit in verschiedenen Organen auch besonders benennen dürfen?

Daß die Selbstthätigkeit der Sinnorgane ein andres Resultat hat, als die des Gefäßsystems und aller andern dem Bildungsleben zugehörenden Theile, liegt nicht darin, daß die Bedingungen ihres Wirkens wesentlich verschieden sind, als welches unerweislich ist, sondern darin, daß das Thier außer dem Bildungszweck noch einen andern befolgen sollte, und die Sinne zu dem System der Organe dieses zweiten Zwecks gehören.

Jeder Theil des Lebendigen lebt sein eigenthümliches Leben für sich. Aber daraus folgt nicht, daß es eben so vielerlei Leben gebe, als es Organe giebt, sondern daß die Selbstthätigkeit eines jeden eigenthümliche Zwecke befolgt. Die Selbstthätigkeit an sich aber ist stets an einerlei Grundbedingung gebunden, an das Vorhandenseyn der beiden antagonistischen Grundkräfte in einem Körper, und, die irdischen Körper betreffend, an die Fähigkeit, eine von beiden, und eben dadurch auch die entgegengesetzte, zur Thätigkeit zu wecken durch Anreiz von außen. So wie also das Leben einen generellen Character hat, den des selbstthätigen Wirkens eines Körpers, ohne Bestimmung durch äußere Factoren, so hat es auch ein generelles Gesetz, das des Antagonismus, da ohne den ursprünglichen Gegensatz zweier Grundkräfte weder Existenz, noch Leben begriffen wird, und das irdische Leben hat eine generelle Bedingung, die des Anreizes von außen, der zwar nicht Factor der erfolgenden Thätigkeiten, indessen doch das beschränkende ist, welches den Character des niederen und abhängigen Lebens im Gegensatz zu einem höheren, kosmischen bildet.

Daß trotz dieser beschränkenden Bedingung das Vorstellungsleben im Menschen sich so hoch erhebt, berechtigt nicht zu dem Schlusse, daß eine andre, unbekannte Natur zu seiner irdischen sich geselle, um sein Wesen zu vollenden, sondern es ladet uns ein, zuerst genau zu untersuchen, wie sein Vorstellungsleben sich thätig zeige, dann aber die Organe zu beobachten, deren Textur und Structur sein Vorstellungsleben bedingt.

Körper geht der Anschauungsform Raum an, Thätigkeit der Anschauungsform Zeit. Aber nach dem Grundsatz, daß keine Thätigkeit seyn kann, ohne ein thätiges, ist die Thätigkeit das accidens, das durch sein substans, durch den thätigen Körper bedingt ist. S. Thl. I. p. 19.

Man kann also nicht sagen, der lebende Körper und seine Thätigkeiten seyen bloß Auffassungen derselben Erscheinungen unter verschiedenen Anschauungsformen, wie ein sehr verdienstvoller neuerer Schriftsteller gethan hat *), sondern was uns im Raum erscheint, enthält den Grund und die Bedingung dessen, was in der Zeit erscheint.

Wir werden also das Vorstellungsleben nicht begreifen, ohne vorher die Organe zu kennen, als deren Thätigkeit es erscheint. Allein früher muß untersucht werden, was es heiße, das Leben äußere sich gemäß dem Zwecke der Vorstellung.

Vom Bildungsleben können wir keine bessere Erklärung geben, als daß es aus Selbstthätigkeiten bestehe, deren Resultat die Gestaltung und die Erhaltung des selbstthätigen Körpers sey. Wenn dieser das Vermögen zeigt, sich selbst von andern Körpern zu unterscheiden, indem er entweder diese andern Körper bloß bemerkt, oder, indem er zugleich ein Streben zeigt, selbst auf sie zu wirken, so schreiben wir ihm Vorstellungsleben zu, und nennen ihn Thier.

Vorstellung beruht also auf dem Unterscheiden des Vorstellenden von der Außenwelt; Bewußtseyn ist sein allgemeinster Charakter. Die Auster könnte ihre Schaalen nicht öffnen, um ihre Beute zu empfangen, wenn sie nicht vermöchte, sich selbst von dieser Beute zu unterscheiden.

Das Bewußtseyn selbst erscheint nicht als ein äußeres; es ist folglich unmöglich, eine Realerklärung desselben zu geben. Aber höchst irrig haben es viele dem Menschen als ausschließlichen Vorzug angerechnet, da er es doch mit allen Thieren, auch den allerunvollkommensten gemein hat.

---

*) S. Carus Gehirn. S. 13.

Aus der eben gegebenen Erklärung vom Vorstellungsleben gehn folgende Sätze hervor:

1) Das Vorstellungsleben setzt das Bildungsleben voraus, und haftet in ihm als in seinem Grunde. Denn das Selbstthätige muß erst vorhanden seyn und sich selbst erhalten, ehe es sich von der Außenwelt unterscheiden kann. Auf der Erde erscheinen nur solche Körper als vorstellende, deren Bildungsleben sich äußert als fortdauernder Act der Gestaltung, die an Stoffewechsel und anhaltend antagonistische Wechselwirkung der beiden Grundkräfte gebunden sind, deren Zusammentreffen in Einem den Grund des Lebens ausmacht. So ist denn die Erscheinung des Vorstellungslebens auf Erden nicht bloß bedingt durch selbstthätige Gestaltung, sondern durch fortwährende Reizbarkeit des Vorstellenden.

2) Das Vorstellungsleben ist in nothwendiger Abhängigkeit von der Außenwelt. Es mag sich nun im Anschaun und Urtheilen, oder im Wollen äußeren, so muß es ein Object haben, es muß e t w a s anschaun, über e t w a s urtheilen, e t w a s wollen. Dies e t w a s ist aber allemal und nothwendig ein äußeres, folglich ist die Vorstellung durch die Außenwelt bedingt.

Hieraus erhellt zuerst auf's deutlichste der Ungrund aller idealistischen Vorstellungsweise im Philosophiren, da sie mit der Grundbedingung alles Vorstellens im directen Widerspruche steht. Die Außenwelt ist nothwendig real für ein Wesen, das sein inneres nur als Gegensatz gegen die Außenwelt gewahr wird. Das Nicht Ich, um mit Fichtens Worten zu sprechen, besteht sehr wohl ohne das Ich, nicht aber das Ich ohne das

Nicht Ich. Dies, könnte man sagen, setzt jenes, nicht umgekehrt. Sich selbst, seinen Körper, wird der Mensch nur als ein äußeres gewahr, und eben so stark fühlt er seine Abhängigkeit von diesem äußeren. Dies, die Welt, ist ihm also als ein reales gegeben, und seine Vorstellungen von ihr allenthalben durch äußere Bedingungen bestimmt. Wäre die Erscheinung abhängig von dem Ich, so wie im Traume, so gäb es keine Wahrheit im Erkennen und kein Recht im Handeln, denn beide Ideale des Wirkens der menschlichen Vorstellung sind durch das äußere begründet. Es gäb also gar keine Philosophie (s. Thl. I. S. 9. 10.). Es könnte in keiner Anschauung Richtigkeit, in keiner Erkenntniß Wahrheit seyn, und es gäbe im Handeln keine Sittlichkeit, da diese nothwendig ein Wirken nach außen ist, nach innerem Gesetz.

Ferner zeigt sich das Vorstellungsleben in doppelter Abhängigkeit, nämlich vom Bildungsleben und von der Außenwelt zugleich. Es ist also, wie es auf Erden vorkommt, noch unvollkommner, als das Bildungsleben, das wenigstens nur von der Außenwelt allein abhängt, und an die Bedingung des Reizes gebunden ist. Daher ist es auch durch die ganze thierische Natur mehr nicht als ein Beförderungsmittel des Bildungslebens, Nahrung, Vertheidigung, Fortpflanzung die einzigen Zwecke, nach welchen seine Aeußerungen gerichtet sind, und der Mensch mit seinen Idealen und Ansprüchen steht in der ganzen Natur allein, selbst nicht verstanden, ja verspottet von der großen Zahl der gemeinen Menschen, die eben darum gemeine heißen, weil ihr Vorstellungsleben nach denselben Zwecken gerichtet ist, die dem Menschen mit allen Thieren gemein sind. So reißt ihn denn das Geheimniß seiner eignen Natur und die Erkenntniß, daß er trotz seiner erhabnen Ansprüche auf Freiheit, Wahrheit, trotz seines Strebens nach dem Höchsten und Beßten auf einer der niedrigsten Stufen der Entwicklung des Vorstellungslebens stehe, zu der Ueberzeugung fort, daß es außer ihm im Weltall Wesen geben müsse, in welchen es viel vollkommner entwickelt ist, und daß es in seiner höchsten Entwicklung völlig frei, der Urquell alles Gesetzes, und weit entfernt sey, durch das Bildungsleben bedingt zu werden, alle Bildung selbst bedinge, d. i. die freie Ursache der Welt sey, der Vereinigungspunct der Kräfte, deren Trennung die nothwendige letzte Ursache alles Erschaffenen ist.

3) Dem Vorstellungsleben ist Centricität wesentlich. Es ist ein Wirken des Aeußeren auf ein Inneres, und Rückwirken des Inneren auf das Aeußere, Auffassen der Erscheinung und Einwirken auf sie. Folglich ist es ein Wirken von der Peripherie nach dem Centrum, und vom Centrum nach der Peripherie. Das Centrum ist das Innere, das Ich; ob ihm auch ein räumlich vorhandener Mittelpunct respondire, welchen das anatomische Messer nachweißt, darauf kommt nichts an. Genug, daß ein äußerer Reiz auf den Sinn wirken muß, damit Vorstellung entstehe, und daß diese sich selbst als wirkend in das Aeußere setzen muß, damit Wille möglich sey.

In den Pflanzen und ihrem Leben stoßen wir auf gar nichts, was einem Centrum ähnlich sähe; somit ist der Begriff von Individualität in ihnen äußerst locker bestimmt, und ihre räumliche Begränzung allein, die den allergrößten Veränderungen ausgesetzt ist, stellt sie als Einzelwesen dar. Im Bildungsleben der Thiere ist der Resorptionsproceß dem Pflanzenleben vollkommen analog, und ohne alle Centricität. Im Verdauungssystem der etwas vollkommneren Thiere finden wir die erste Spur eines Centrums im Magen, doch ist dieselbe in jeder Rücksicht noch höchst unvollkommen. Viel vollkommner ist schon die Centricität des Systems der Blutvertheilung im Herzen, indessen wirkt nicht einerlei Organensystem sowohl peripherisch, als central, sondern es ist für jede Art der Wirkung ein besondres Organensystem.

Alle Nervenbildung, auch im untersten Thier, ist symmetrisch, folglich giebt die Vereinigung der beiden Hälften in allen, auch den einfachsten Thieren, ihrem Nervensystem ein Centrum. In eben dem Verhältniß, in welchem dieß sich räumlich ausbildet und erhebt, erhebt sich auch das Vorstellungsleben, bis es endlich im Menschen den höchsten Grad seiner irdischen Entwicklung erreicht.

Schwerlich kann es ein interessanteres Geschäft geben, als die Stufen der allmähligen Ausbildung des Nervensystems durch die Reihe der Thiere zu verfolgen. Es sind in demselben in neueren Zeiten große Fortschritte geschehn, die die dankbarste Achtung verdienen. Ehe wir ihnen folgen, drängt sich die Bemerkung auf, daß das Vorstellungsleben nicht immer und nothwendig an das Daseyn eines Nervensystems gebunden ist, denn es giebt Thiere, ja sogar sehr große Thiere, in deren Bau keine Spur von Nervenbildung zu finden ist, und die gleichwohl höchst unzweideutige Beweise geben, daß sie das Aeußere bemerken und auf dasselbe zu wirken streben, d. i. daß sie vorstellen. Die Infusionsthiere, die Polypen, haben weder Sinne, wie die höheren Thiere, noch eine Spur von Nerven, noch eigentliche Muskeln; gleichwohl fallen sie ihre Beute feindselig an; sie bemerken also deren Daseyn, und zeigen sehr bestimmten Willen.

Aber durch die ganze lange Stufenreihe der Thiere, die wir eben darum vollkommnere nennen, weil in ihnen das Vorstellungsleben mit seinen Organen sich immer höher und höher ausbildet, weil also der zweite Lebenszweck, der sie zu Thieren macht, und ihren Vorzug vor den bloß einfachen Lebenszweck befolgenden Pflanzen enthält, sich immer mehr und vollständiger und feiner entwickelt, ist das Vorstellungsleben an das Nervensystem organisch gebunden. Es war also der schaffenden Natur möglich, vorstellende Wesen, Thiere darzustellen, die aus homogener Masse bestehn, und in welchen die beiden verschiednen Lebenszwecke nicht auch verschiedne Organe haben. Im Infusionsthiere und im Polypen ist die ganze Masse mit Nervensubstanz durchknetet, und es findet noch keine Absondrung derselben in besondre Formen statt. In den Würmern und Weichthieren zeigt sich zwar diese Absondrung schon deutlich, aber wir dürfen mit großer Wahrscheinlichkeit annehmen, daß sie nicht vollständig sey, daß vielmehr die Nervensubstanz sich formlos mit der ganzen Thiermasse gemischt, und nur in einigen Puncten concentrirt befinde. Erst die mit Wirbelsäule versehenen Thiere haben ein vollständig abgesondertes Nervensystem.

Erster Abschnitt.

Sinnliche Eigenschaften des Nervensystems.

Thierische Masse, die man als aus kleinen Kügelchen bestehend betrachtet, die bald weiß, bald röthlichgrau gefärbt erscheint, die sich bald zu kugelichten Formen conglomerirt, bald einer Membran ähnlich, sich ausbreitet, bald, durch feines Zellgewebe verbunden, längliche Fibern darstellt, nennen wir Nervenmasse. In welchem Thiere wir sie nur finden, macht ihr Haupttheil das innerste aller Organe des Thieres aus, und von ihm her verbreiten sich Zweige solcher Substanz nach anderen, weiter nach außen gelegenen Organen hin. Die Summe der ganzen Nervenmasse eines Thiers ist dessen Nervensystem. Durch alle Thierarten weicht die Form desselben aufs mannichfaltigste ab.

Man hat das Nervensystem chemischen Analysen unterworfen, und außer Stickstoff und den Bestandtheilen des Blutes, welche dieß dahin mitbringt, auch Schwefel in demselben entdeckt. Der Verfasser hat schon oft genug erklärt, daß er Forschungen dieser Art zwar als Beweise gelehrten Fleißes achtet, aber ihnen für die Erkenntniß der Wirkungsart der Organe keinen Werth zutrauen kann.

Weit wichtiger ist es, die stufenweise Ausbildung des Nervensystems durch die Reihe der Thiere zu verfolgen. In diesem höchst mühsamen Geschäft sind seit Swamerdam, welcher in demselben zuerst bemerkens- und dankenswerthe Fortschritte machte, Riesenschritte geschehn, und man ist bereits auf einen Standpunct vorgedrungen, von welchem aus sich für die Erklärung der Thätigkeiten des Nervensystems höchst schätzbare Resultate ergaben. Besonders das menschliche Gehirn und die mannichfaltigen Formen seiner einzelnen Organe kannte man zwar schon lange, und beschrieb sie ziemlich genau, aber man verstand nichts von ihrer Bedeutung. Gall hatte das große Verdienst, die allgemeine Aufmerksamkeit darauf zu leiten, und in den wenigen Jahren seit seinem öffentlichen Auftreten, hat der rühmliche Fleiß der Forscher, besonders durch die vergleichende Anatomie geleitet, Licht und Verständlichkeit über die sichtbare Werkstätte der menschlichen Gedanken verbreitet.

Es hat lange gedauert, ehe die Menschen erkannt haben, daß das Gehirn die organische Bedingung des Empfindens und Vorstellens enthalte. Zu Homers Zeit hielt man das Herz für den Sitz des Vorstellungslebens, die Leber für den Sitz der Leidenschaften, und diese Meinung erhielt sich sehr lange. Selbst Hippokrates hatte keine bessere. Der erste, bei welchem wir deutlich ausgesprochen finden, das Hirn sey das vorstellende Organ, ist Platon, doch hat er noch eine zweite unvernünftige Seele in den Präcordien. Auch war man so weit entfernt, seiner Meinung gebührende Gerechtigkeit widerfahren zu lassen, daß Aristoteles, dieser gelehrteste und scharfsinnigste aller Denker des Alterthums, sich doch gerade in diesem Hauptpuncte der Physiologie völlig irrt, das Denkgeschäft unbedenklich dem Herzen zuschreibt, und gar nicht recht weiß, was er mit dem Hirn anfangen soll; er läßt es die subalterne Rolle eines abkühlenden Schwammes spielen, der durch seine feuchte Kälte die Hitze des Herzens mäßige, und zum Schleimabsondern gut sey. Erst durch die Alexandrinische Schule ist die Kenntniß von der wahren Wirkung des Hirns festgesetzt worden. Der erste, welcher es mit einiger Genauigkeit anatomisch untersuchte, war Herophilus, dessen Namen die Anatomie, wie billig, in Benennung eines Hirntheils aufbewahrt. Aber das Verdienst, den Zweck und die Verrichtungen des Nervensystems außer Zweifel gesetzt zu haben, gebührt nicht ihm, sondern seinem Collegen Erasistratus, Professor zu Alexandrien. Dieser unterschied zuerst die Nerven von den Flechsen, mit welchen man sie bisher verwechselt hatte, doch glaubte auch er noch, die Empfindung sey das Geschäft ihres Marks, die Bewegung das ihrer Häute, ein Irrthum, in welchem er noch vor gar nicht gar langer Zeit Nachfolger gefunden hat. Galen war über Hirn und Nerven schon so weit unterrichtet, wie die meisten Aerzte jetzt sind, und zu seiner Zeit war eine richtigere Hirnlehre allgemeines Eigenthum der Schulen.

Der Verfasser hat bei Beschreibung der Organe des Bildungslebens sich der Vergleichung der menschlichen Formen mit den ähnlichen der Thiere und der Erklärung der ersteren aus den einfacheren Anfängen in den niederen Thierclassen enthalten, theils weil er nichts

hätte

hätte thun können, als wiederholen was andere vor ihm besser und ausführlicher beschrieben haben, theils weil er den Umfang seiner Arbeit nicht allzusehr anschwellen wollte. Allein in Beschreibung der Formen des Nervensystems muß er von den Entdeckungen der Zoologen in den Reihen der Thiere Gebrauch machen, weil sie erklärend sind für die Thätigkeit des menschlichen Geistes.

Ein Nervenring um die Speiseröhre — dieß ist die erste Spur des Nervensystems im Körper der wirbellosen Thiere, zugleich der Hauptheil desselben durch diese ganze so zahlreiche Thierklasse, in welcher sich auch schon longitudinale Nervenstränge und Knoten von mancherlei Form bei mehreren Species ausbilden. — Nur zum Begehren des Fraßes ist in diesen Thieren das Vorstellungsleben Mittel, dem Bildungsleben tief untergeordnet, das sich besonders in der Welt der Insecten und Schaalthiere oft so herrlich entwickelt; obgleich das Vorstellungsleben nicht mehr der Totalität der lebendigen Masse eigen ist, wie im Polypen, sondern schon eigenthümliche Organe hat, so äußern doch diese keine höhere Thätigkeit, als die wir auch im Polypen finden.

Zwar finden wir schon mehrere ausgebildete Sinne bei den Insecten und einigen andern Weichthieren, aber für die Nerven dieser Sinnorgane finden wir kein gemeinschaftliches Centrum. Der Nervenknoten über dem Nervenring um die Speiseröhre soll dessen erste Andeutung seyn, doch ist er zuweilen nicht zu finden, und sehr oft sind andre Nervenknoten viel mehr ausgebildet. So wie es durch das ganze Reich der wirbellosen Thiere noch kein Rückenmark giebt und geben kann (als welches erst mit der Wirbelsäule entsteht) so giebt es auch noch kein Hirn, und der Kopf soll nichts mehr seyn, als das Organ des Ausspähens und Aufnehmens der Nahrung.

Auch im Muskelsystem der wirbellosen Thiere ist keine Spur von Centricität; nirgends ein Vereinigungspunct der nervigen Bildungen, die das Wesen der Muskelthätigkeit erfordert. Darum dauert auch diese Thätigkeit in den einzelnen Muskeln fort, obschon das Thier lange zerstückelt ist. Die Fliege fliegt ohne Kopf, der ausgerissene Fuß der Spinne zuckt.

Man kann unstreitig das Nervensystem der wirbellosen Thiere am füglichsten mit dem System der sympathischen Nerven im ausgebildeten Säugethiere vergleichen, wenn man einmal vergleichen will. Eben so unsymmetrisch, wie dieses, gehört es den Verdauungsorganen an, und läuft längs derselben hin, hie und da Knoten bildend, die mit dem Gehirn der vollkommneren Thiere keine Aehnlichkeit haben.

Erst im Reiche der Fische treffen wir ein Nervensystem an, das ein Centrum hat, und in Hirn, Rükkenmark und Nervenverzweigungen ausgebildet ist. Doch ist hier das Rückenmark viel mehr entwickelt, als das Hirn, hohl, lang und breit, während der Kopf nichts enthält, als die Ganglien der Sinnen- und Kiefernerven, nebst dem Ganglion des Rückgraths. Deutlicher Gegensatz von drei verschiednen Nervensystemen, vom System des sympathischen Nerven, vom System des Rückenmarks und dem des Hirns, welcher in der Folge in allen Thieren immer mehr ausgebildet ist, findet in den Fischen zuerst statt, mit großen Abänderungen des Verhältnisses dieser drei Systeme in den verschiednen Fischarten, doch stets mit überwiegender Ausbildung des Rückenmarksystems, während in den wirbellosen

Thieren das System des sympathischen Nerven entweder ganz allein vorhanden, oder doch bei weitem das überwiegende vor.

Durch das Reich der Amphibien findet im Ganzen dieselbe Organisation des Nervensystems statt, wie bei den Fischen, doch erhebt sich hier schon in einigen Arten die Prävalenz des Hirns über das Rückenmark merklich, ob es gleich noch lange nicht an das der vollkommneren Thiere hinaufreicht.

Diese, die Vögel und Säugethiere, zeigen durchaus die Prävalenz des Hirns vor dem Rückenmark, und dabei entwickeln sich im Hirn immer mehr und neue Organe.

Im Vogel ist jedoch das Rückenmark im Verhältniß zum Hirn immer noch viel größer und bedeutender, als im Säugethier, vorzüglich in den Vögelarten, die einen langen Hals haben. Auch erweitert sich der Canal desselben an zwei Stellen, nämlich da, wo die Flügelnerven abgehn, und innerhalb der Kreuzbeinwirbel, wo diese Erweiterung, die sich nach der innern Furche des Rückenmarks erstreckt, den sinus rhomboidalis bildet.

Das Gehirn der Vögel zerfällt in drei Hauptmassen, deren erste die Ganglien für die Riechnerven sind. Sie ist größer, als die beiden folgenden, und nähert sich in ihrer Form den Hemisphären des Menschen. Ihre beiden Hälften liegen zwar an einander, doch sind sie nur durch die vordere Commissur mit einander verbunden. Aus einer Anschwellung an ihrem vorderen Ende gehn die Riechnerven hervor. Sie sind hohl und der gestreifte Körper erhebt sich, größer als nach Verhältniß im Säugethier, in ihren Höhlen, deren innere Wandung einige Analogie mit dem septum pellucidum der Säugethiere hat.

Die zweite Hauptmasse des Vogelgehirns erklärt Carus, der Hauptschriftsteller über diesen Gegenstand, dessen mühevolle und verdienstliche Arbeit hier durchgängig benutzt ist, für analog den Sehehügeln, welchen er mit vielen anderen Physiologen die Bestimmung für den Gesichtssinn ganz abspricht, indem er sie Ganglien der Hemisphären nennt. Sie sind hohl, und auf ihnen sitzt die Zirbeldrüse auf, aus ihnen entspringen die vier Nervenpaare, welche dem Gesichtssinn gehören.

Zur Bildung der dritten Hauptmasse entsteht im Rückenmark eine dem sinus rhomboidalis ähnliche Erweiterung seiner Höhle, welche so zur vierten Hirnhöhle wird. Ueber diese wölbt sich diese dritte Masse als kleines Hirn oder als Hauptganglion des Rückenmarks, während der递haupttheil des Rückenmarks selbst in das verlängerte Mark übergeht, und der Verbindung der drei Hauptmassen des Hirns dient. Aus dem kleinen Hirn entspringt der Gehörnerv mit seinen Hülfsnerven, während daß die Kiefernerven aus dem verlängerten Mark ihren Ursprung nehmen.

Wir sehn also im Vogel die Nerven der drei in Entfernung wirkenden Sinne aus dem Hirn entstehn, während alle Bewegungsnerven ihren Ursprung im Rückenmark und in dessen Verlängerung finden, das System des sympathischen Nerven aber völlig für sich und ohne Verbindung mit dem Hirn besteht, außer den Vereinigungen seiner Fäden in den Ganglien und mit den Stimmnerven.

Wir sehn die Masse des Hirns, welche den Geruchssinn aussendet, sehr hervorstehend über die übrigen, zum deutlichen Beweis, daß das Vorstellungsleben noch untergeordnet und Mittel zur Aufsuchung des Fraßes ist, obgleich in die Augen fällt, daß diese große Masse, aus welcher sich im Menschen endlich das große Gehirn gestaltet, schon eine viel höhere Bedeutung im Vogel haben muß, als die Sensationen des Riechsinns. Eben die Größe dieser Masse selbst ist der Beweis dafür, und wenn das Gewicht des Hirns mit dem Gewicht des übrigen Körpers verglichen wird, so zeigt sich, daß die Vögel, besonders in einigen Arten, ein sehr großes Hirn besitzen. Sehr viele Vögel, z. B. die Nachtigall, der Canarienvogel, überraschen uns durch Beweise von Gelehrigkeit, Ueberlegung und einer Stärke des Empfindungs- und Vorstellungsvermögens, welche auf eine große Ausbildung ihres Hirnlebens mit Sicherheit schließen läßt.

Die faserige Substanz ist jedoch nur noch in den Nerven und dem Rückenmark der Vögel vorherrschend, während wir im Hirn keine Markfibern, sondern die kugelichte Gangliensubstanz angetroffen, welche, mit Gefäßen reichlich vermengt, dem Bildungsleben mehr angehört, als die Medullarsubstanz, die vorherrschende in den höheren Thierordnungen.

Die drei Nervensysteme, nämlich das System des sympathischen Nerven, das des Rückenmarks und das des Hirns, dauern auch in den Säugethieren und im Menschen parallel neben einander fort, doch also, daß das System des Hirns über die beiden andern immer mehr hervortritt, das System des sympathischen Nerven immer tiefer zurücktritt, bis endlich im Menschen jenes den höchsten Grad auf Erden vorkommender Ausbildung erreicht und die beiden andern sich unterwirft, ohne daß das sympathische Nervensystem noch tiefer herabsinkt, als es in den Quadrupeden schon gesunken ist.

Das Rückenmark der Säugethiere ist noch vom Anfang bis zu Ende mit einem feinen Canal durchzogen, welchem die graue Substanz zu beiden Seiten liegt, während der größte Theil aus fibröser Medullarsubstanz besteht. Es hat noch die hintere Spalte, die an den Thieren der niedern Gattungen bemerkt wird, und schwillt noch, wie in diesen, oben in der Gegend, wo die Bewegungsnerven der obern Gliedmaaßen ausgehn, und unten am Kreuzbeinende an, an letzterem stärker oder gleich stark, als am ersteren.

Das System des sympathischen Nerven ist bei ihnen weniger genau untersucht, als bei dem Menschen und bei den wirbellosen Thieren. Indessen ist die obige Behauptung von dessen tieferem Zurücktreten in den oberen Thiergattungen auf den ersten Blick klar, denn in den Weichthieren ist es ganz allein vorhanden, weiter hinauf wenigstens bei weitem vorherrschend, und während in den höheren Thiergattungen das Rückenmarksystem zuerst, dann endlich auch das Hirnsystem, sich immer höher ausbilden, bleibt dieß auf derselben Stufe der Ausbildung stehn. Wir dürfen hoffen, durch Rudolphi's verdienstvolle Bemühungen unsere Kenntnisse hierüber bald sehr bereichert zu sehn.

Die Erhebung des Hirnsystems und dessen höhere Entwicklung läßt sich nicht durch das Gewichtsverhältniß desselben gegen den übrigen Körper bestimmen, wie man früher geglaubt hat, denn in den niedrigsten Säugethieren treffen wir oft ein verhältnißmäßig viel grö=ßeres Gehirn an, als in den edelsten Gattungen. So macht das Gehirn in der Maus den 32sten, in der Ratte den 76sten, im Fuchs nur den 205ten, im Pferde den 400sten und im Elephanten, diesem, seiner Klugheit wegen so berühmten Thiere, gar nur den 500sten Theil der ganzen körperlichen Masse aus. Nur in den cetaceis und im Affen erreicht das Hirn wieder eine Größe, die der des Menschen sehr nahe kommt. Weit sicherer erkennen wir die Erhebung des Hirns aus der inneren Ausbildung seiner einzelnen Theile und aus dem Verhältniß desselben zum Rückenmark, welches in den Negern und niedern Säugethieren noch sehr groß und stark, in den edleren immer geringer, in dem Affen und cetaceis noch geringer wird, bis es endlich im Menschen fast zur Bedeutung eines bloßen Nerven herabsinkt. Darum ist auch das kleine Gehirn, das Ganglion des Rückenmarks, wie Carus es nennt, um so größer, je tiefer das Thier steht. In der Maus verhält es sich zum großen Gehirn, wie 1 zu 2, in der Ratte wie 1 zu $3\frac{1}{4}$, im Maulwurf wie 1 zu $4\frac{1}{2}$, im Affen wie 1 zu 6, und im Menschen wie 1 zu 9. (Cuvier.)

Anlangend die innere Ausbildung des Hirns, so ist die Verbindung der beiden Hemisphären in den Säugethieren weit stärker, als in den niederen Thieren; statt eine bloße Commissur zu seyn, wird sie verstärkt durch zwei neue Organe, den Hirnbalken und die Varolische Brücke. Die großen Hemisphären nehmen immerfort an absoluter, wie an relativer Größe gegen die übrigen Hirngebilde zu, und statt daß sie vorher nicht mehr waren, als die Ganglien der Riechner=

ven, sondern sich diese als Riechkolben von ihnen ab, und bleiben nur durch eine Commissur mit ihnen verbunden. Ueberhaupt aber sinkt das Gangliensystem im Enkephalon. Die Sehhügel selbst, die nebst den gestreiften Körpern fast den Haupttheil des Vogelgehirns ausmachen, verlieren ihre Höhlung, werden kleiner und unbedeutender. Eben so nehmen die übrigen Ganglien der Sinnennerven ab, der Kiefernerv hat gar keins, wofern man es etwa nicht bloß verkennt, und das verlängerte Mark verliert an Ausdehnung.

Die aus den Ganglien der Geruchnerven sich im Säugethier entwickelnden Hemisphären bestehn aus Medullarsubstanz, drängen die graue Substanz an ihre Oberfläche und hören auf, ganglienartige, kugelige Massen zu seyn, was die ihnen analogen Organe im Vogel waren.

Die Höhlenbildung in den großen Hemisphären erreicht dagegen den höchsten Grad der Vollkommenheit, und es zeigt sich hierdurch, daß das Hirn aufhöre zu seyn, was es in den niedern Thieren war, Ganglion der Sinnennerven, daß wenigstens ein Organ in demselben sich entwickle, welches über die Ganglien herrsche, dessen Bedeutung gleich weit von der eines Ganglions, als von der eines Nerven unterschieden sey. Um dies alles deutlicher ins Auge zu fassen, ist nöthig, über Nerven, Ganglien und höchste Nervengebilde im Allgemeinen zu erwähnen, wie viel wir bisher davon wissen.

So wie wir nur in der thierischen Schöpfung eigne Gebilde für den Zweck des Bildungslebens wahrnehmen, so finden wir sie theils als auslaufende Fäden, theils als gleichsam verdickte Stellen dieser Fäden: wir finden diese Gebilde theils von fibröser, theils von globulöser

Structur. Die erstere Art nennen wir eigentliche Nerven und die zweite Ganglien. Diese doppelte Bildung ist dem Wesen des Vorstellungslebens vollkommen angemessen, welches in der Unterscheidung des thätigen von der Außenwelt besteht. Das thätige] mag aber die Außenwelt blos wahrnehmen oder sich als auf sie wirkend setzen (empfinden oder wollen), so muß in demselben eine Stelle seyn, auf welche der äußere Eindruck reflectirt, von welcher aus nach außen gewirkt wird; ferner muß eine Leitung seyn, welche von der Außenwelt bis ins Innere reicht und von diesem nach außen. Das Vorstellungsleben ist seiner Natur nach und nothwendig centrisch, oder vielmehr, als in Empfinden und Wollen getheilt, centrisch und peripherisch zugleich. Die ihm zugehörenden Organe müssen daher eben so nothwendig aus leitenden bestehn und aus solchen, zu welchen geleitet wird, oder von welchen die Leitung ausgeht. Die leitenden Organe sind allewege die Nerven und die zweiten nennen wir Ganglien. Es folgt auch hieraus, daß alle Ganglien innerlich und vor jeder andern Berührung mit der Außenwelt, außer der durch die ihnen eigenthümliche Leitung möglich geschützt seyn müssen: eine Einrichtung, welche die Erfahrung eben so sehr bestätigt, als sie die Vernunft als nothwendig anerkennt.

In den untersten Thieren, die nichts wahrnehmen können, als die Annäherung des Fraßes, nichts wollen, als dessen Fang, sehen wir nur einen Nervenknoten am Schlunde. So hat ihr Nervensystem ein einfaches Centrum, gerade wie in den vollkommensten Thieren, nur mit dem Unterschied, daß dies bei ihnen die Folge der Armuth ihres Nervenlebens ist, während in den letzteren die größte Mannichfaltigkeit der Nervenbildung zur Einheit verbunden ist. Man kann indeß wohl sagen, daß die vollkommensten Thiere zwar ein höchstes Centrum haben, aber nicht daß es einfach sey, vielmehr zerfällt es in viel einzelne Gebilde.

Diese Einheit des Centrums geht in den folgenden Reihen der Thiere wieder verloren. Es bilden sich schon in den Mollusken, sobald sie nur einen Kopf haben, Sinne aus, die Organe, die fähig sind, specielle Arten der Einwirkung der Außenwelt zu empfinden: jeder Sinn hat seinen besondern Leitungsapparat und sein besonders Ganglion. Die mannichfaltigen Organe des Bildungslebens nehmen an dem Vorstellungsleben Theil: jedes hat seinen Leitungsapparat und sein Ganglion. Die Menge der Bewegungsorgane nimmt immer mehr zu: jedes hat seinen Leitungsapparat und jeder Bewegungsnerv sein Ganglion. So giebt es immer mehr Centraltheile für das Vorstellungsleben in einem Individuum, wie sich allmählig die Organisation höher und complicirter ausbildet.

Doch stehn alle diese Ganglien und Leitungsapparate in einem doppelten Zusammenhang. Erstlich in einem allgemeinen, kraft dessen alle Organe des Vorstellungslebens im Individuum zu einem gemeinschaftlichen Ganzen verbunden sind, nicht blos durch die Aehnlichkeit ihrer Bildung und ihres Zwecks, sondern durch wirkliche, sichtbare Verbindungsfäden, deren sehr viele und starke zunächst das Rückenmarksystem mit dem sympathischen verknüpfen, während jenes mit dem System der Sinnennerven gleichfalls durch starke Commissuren verbunden ist. Zweitens stehn sie in einem näheren Zusammenhang, welcher sie in drei besondere

Nervensysteme vereinigt, ins System des sympathischen Nerven, welches unmittelbar nur die Functionen des Bildungslebens zum Zweck hat und diese mit dem Nervenleben verbindet; ins System der Rückenmarksnerven, dessen Zweck und Wesen die Bewegung der Muskeln ist, und ins System der Sinnennerven, die der Empfindung angehören.

Doch darf man sich ja nicht vorstellen, als seyen die Functionen dieser drei Systeme so scharf getrennt, daß das eine System in die der beiden andern gar nicht hinüberschreiten könne, oder dies höchstens nur im pathologischen Zustande thue. Nur das Vorstellen ist ausschließlich Thätigkeit des Hirns, aber alle drei Nervensysteme wirken in das Bildungsleben ein, alle drei empfinden, alle drei wirken Bewegung, allein in sehr verschiedenem Verhältniß, und eben so überlegen, als die Empfindung der Hirnganglien der Empfindung der Ganglien des sympathischen Nerven ist, eben so überlegen ist des letztern Eingreifen ins Bildungsleben dem des Hirnsystems.

Wenn von drei Nervensystemen die Rede ist, so darf man nie vergessen, daß die eigentlichen Nerven blos Leitungsapparate und die Ganglien allein und ausschließlich der Sitz der ausgezeichneten Thätigkeit sind, deren organische Bedingung in diesen Systemen ruht. Zwar sind die Nerven allerdings auch selbst thätig, wie jedes lebendige Organ, allein nur Leiter der Empfindung, der Bewegung, und wahrscheinlich auch der Wirkung ins Bildungsleben, wie wir daraus mit Sicherheit wissen, daß wir durch Unterbindung das Fortleiten der Empfindung und Bewegung hemmen können.

Die Ganglien jedes Nervensystems haben eigenthümliche Structur und Textur. Die Ganglien jedes sympathischen Systems sind sämmtlich platt und membranenartig, die des Rückenmarksystems sind kurz, kolbig und klein, die des Hirns nähern sich der sphärischen Gestalt. Die Folgen dieses verschiedenen Baus können wir nicht anders als nach den verschiedenen Erscheinungen in den drei Systemen beurtheilen.

So wie also die Natur Geschöpfe mit speciellen Sinnen bildete, mußte sie ihnen auch einen Kopf geben, nicht blos damit die Sinne selbst eine von den Organen des Bildungslebens gesonderte Stelle hätten, sondern damit die sphärischen Sinnenganglien nicht mitten unter den Nervenknoten des Bildungslebens und der Bewegung ihre besondere Bestimmung verlören. Da das Sinnenleben der untersten Thiere keinen andern Zweck hat, als das Aufsuchen des Fraßes, und die Erhaltung auch der höchsten Gattungen an das Ausmitteln der Nahrung durch die Sinne gebunden ist, so wurde mit den in Entfernung wirkenden Sinnen zugleich das Kiefernsystem räumlich verbunden, und aus diesem, aus den in Entfernung wirkenden Sinnen und ihren Ganglien der Kopf gebildet.

Das allgemeine Gesetz, nach welchem die Ganglien innere Organe sind und vor aller Berührung der Außenwelt möglichst bewahrt werden müssen, schuf das Bedürfniß der harten Kopfbedeckungen als Isolatoren der Sinnenganglien.

Durch eine lange Reihe von Thieren sehen wir nichts anderes bestehn, als dies. Endlich finden wir, wie sich die Ganglien der Geruchnerven vor den übrigen sehr vorzüglich entwickeln, ohne daß deswegen der Geruchssinn dieser Thiere vorzüglicher wird. In eben dem

Grade aber zeigen die Thiere auch größere Bildungsfähigkeit, weiteren Umfang ihres Vorstellungslebens. Wir sehn, wie allmählig die übrigen Sinnenganglien kleiner werden und ihre Höhlung verlieren, während dieß immer größer wird, und seine Höhlung eine viel vollkommnere Ausbildung erhält. Endlich sehn wir, wie sich das eigentliche Geruchganglion ganz von der großen Masse, die sich in zwei Hemisphären theilt, absondert, und wie die äußere Oberfläche dieser Hemisphären Unebenheiten erhöht.

Dies ist die Gränze der Hirnentwicklung, an welcher der Mensch sie von der thierischen Schöpfung aufnimmt, und weiter vollendet. Gewiß wird man noch Nüancen finden, wenn man einst Gelegenheit nimmt, das Hirn eines Lappländers, eines Negers, eines Kalmycken, eines Menschen von der kupferrothen Raçe, mit dem eines Menschen von der weißen Raçe zu vergleichen: für diese Voraussetzung bürgt schon der von außen bemerkbare Unterschied der Schädelform, noch mehr aber die durch die Geschichte des Menschengeschlechts seit allen Zeiten, deren sie gedenkt, beurkundete Ueberlegenheit der geistigen Thätigkeiten des weißen Menschen vor den übrigen, die noch jetzt überall auf Erden, außer in dem entlegenen, durch seine große Masse, wahrhaftig aber nicht durch die Vorzüge seiner Einwohner imponirenden China, von einer Handvoll Europäer Gesetze annehmen und in Bewaffnungsmitteln, Künsten und Regierungsentwicklung sehr weit hinter diesen zurückgeblieben sind, ob sie gleich zum Theil mehr als tausend Jahre früher angefangen haben, sich zu bilden und durch klimatische Vortheile weit mehr begünstiget werden.

Die drei Nervensysteme sind im Menschen auf folgende Weise gebildet:

1. Das Hirnsystem.

Man macht hier dieselbe Bemerkung, welche man bei der allmählichen Entwickelung aller anderen Organe macht, daß das Hirn des Fötus und Kindes thierähnlicher ist, als das Hirn des erwachsenen, ausgebildeten Menschen. Besonders sind im Fötus die Windungen in den beiden großen Hemisphären flacher, und diese sind es gerade, in welchen sich der Hauptunterschied des Menschengehirns von dem Thiergehirn am auffallendsten ausdrückte. Denn in den niederen Thieren findet man keine Spur solcher Windungen: erst bei einigen Säugethieren trifft man deren an, aber wie flach, wie breit, wie wenig zahlreich sind sie nicht. Sie sehn blos zwei oder drei über die Hemisphären hinlaufenden wulstigen Streifen ähnlich, die kleine flache Vertiefungen neben sich lassen, nicht den tiefen mannichfaltigen Windungen des Menschengehirns.

Auch ist im erwachsenen Menschen das Verhältniß der Medullarsubstanz im Enkephalon zur Ganglien- oder grauen Substanz anders als im Kinde: je näher dies seinem Ursprung ist, desto größer sind dessen Hirnganglien im Verhältniß zu den Hemisphären, welche sich zuletzt unter den Hirnorganen entwickeln und in ihr Normalverhältniß setzen. Auch in den Hemisphären ist die graue Substanz im Fötus und im Kinde weit dicker und reichlicher vorhanden, als im Erwachsenen.

Im Systeme des sympathischen Nerven bestehn alle Ganglien aus Corticalsubstanz, denn sie erscheinen gar nicht von fibröser Structur, sondern von conglomerirter, und die Gefäßbildung ist in ihnen sichtbar; eine Menge sehr zarter Blutgefäße ist in ihre Substanz verwebt. Darum erscheint ihre Farbe dunkler und nach dem Tode bleiben noch die kleinen Blutgefäße dem Auge erkennbar. Betrachten wir die Blutgefäße als die Träger des Bildungslebens, so ist klar, wie nahe sie kraft dieser Structur demselben angehören. Im Rückenmarksystem ist der Antheil von Corticalsubstanz durch das ganze Thierreich viel unbedeutender, als die Masse der Medullarsubstanz.

In dieser letztern erscheinen die kleinsten sichtbaren Theile der Nervenmasse nicht als Kügelchen, sondern als Fibern, die selten oder nie zwischen sich Blutgefäße haben, welche dem Auge sichtbar bleiben. Sie ist daher weißer, als jene, und gehört offenbar dem Bildungsleben weniger an, da dessen Träger in ihr sparsamer vorhanden und dem Träger des Vorstellungslebens tiefer untergeordnet sind.

Die Medullarsubstanz nähert sich der Substanz der eigentlichen Nerven, in deren allergrößten Theile sich der Gegensatz des Gefäßsystems sichtbar ausdrückt, die folglich weiß und gefäßlos, in Absicht auf ihre Bestimmung zum Fortleiten fremder Thätigkeiten aber in longitudinale Fibern gestreckt erscheinen.

So lange das Hirn der niederen Thiere nichts weiter ist, als das Aggregat der Ganglien der Sinnen- und Kiefernerven, so lange findet sich in demselben keine Spur von Medullarsubstanz.

Allein in den höheren Thieren befindet sich deren immer mehr und mehr, bis sie endlich in den menschlichen Hemisphären ganz entschieden die Oberhand gewinnt und die Corticalsubstanz, gleichsam als ihre nährende, ihr dienende Decke an ihre äußerste Gränze drängt und in eine membranenartige Hülle verwandelt. Nur in den Ganglien der Sinnen- und Kiefernerven, überhaupt im ganzen Gangliensystem des Enkephalons, erscheint die Corticalsubstanz entweder vorherrschend vor der Medullarsubstanz, oder mit dieser vermischt. In den Vierhügeln, Sehehügeln und Olivenkörpern, lauter Hirnganglien, nimmt sie eine gelbliche Farbe an. In den gestreiften Körpern ist sie an Masse der Medullarsubstanz gleich, im kleinen Gehirn, dem größten aller Ganglien, ist die Medullarsubstanz ihr an Masse überlegen, wodurch sich dessen Annäherung an eine höhere Dignität zu erkennen giebt.

Die einzelnen Theile des menschlichen Enkephalons hat man, in neueren Zeiten fleißiger als je, bald von oben, bald von unten verfolgt und beschrieben, durch mancherlei Hülfsmittel sie dem Auge deutlicher dargestellt, und fast jeder hat ihnen andere Bestimmungen und Thätigkeiten zugeschrieben.

Es ist keinem Zweifel unterworfen, daß die Methode den Bau des Hirns vom verlängerten Mark, von seiner Basis aus, zu untersuchen, für den Anatomiker viel besser und belehrender ist, als die alte, welche die Untersuchung von oben anfängt. Anders ist dies für den Physiologen, welcher die Kenntniß der Struktur des Hirns voraussetzt und blos seinen Zwecken und Ansichten gemäß die Anordnung der Hauptmassen desselben zu übersehn hat. Wenn daher hier der alten Ordnung gefolgt wird, so geschieht es keineswegs aus Verachtung der wesentlichen Verbesserung der Methode, das Hirn zu zerlegen, welche seit Gall gewöhnlich worden ist.

Wenn die Kopfhöhle geöffnet ist, erscheinen uns zuerst

zuerst die beiden großen Hemisphären mit ihren tiefen, mannichfaltigen, zahlreichen Windungen, dergleichen kein Thiergehirn hat, wie denn auch keines so große Hemisphären, besonders nicht so große und hohe vordere Loben zeigt.

Der sichelförmige Fortsatz der harten Hirnhaut begiebt sich zwischen die beiden, äußerst symmetrisch gebauten Hemisphären, die nach unten durch die Grube des Sylvius in zwei ungleiche Theile getrennt sind; der vordere ist nämlich viel kleiner, als der hintere, welcher von manchen nochmals in zwei Loben getheilt wird.

Sie bestehn ihrem allergrößten Theile nach aus Marksubstanz und sind von der corticalen, grauen Substanz, wie von einer ziemlich dünnen Rinde oder Membran an allen äußeren Flächen umgeben. Ihre Bedekkungen und die Art, wie sich Gefäße in sie vertheilen, werden uns weiter unten beschäftigen. Zuerst von ihren Höhlen und von ihren Verbindungen unter sich.

Der oberste Theil ihrer Masse ist nicht hohl; erst tief hinab nach ihrer Basis zu, beginnen sie hohl zu werden. Ihre Höhlung erstreckt sich in dreifacher Krümmung durch die ganze Substanz der Hemisphären und ist mit Gefäßen ausgekleidet: man nennt sie die großen, auch wohl die Seitenhöhlen des Hirns. In ihnen findet man fast bei allen Leichnamen mehr oder weniger farbelose, oder gelbliche, oder röthliche Flüssigkeit, welche in der Hitze gerinnt, folglich Eiweißstoff enthält.

Diese Seitenhöhlen beider Hemisphären sind durch das sogenannte septum pellucidum getrennt, so daß nirgends Gemeinschaft zwischen denen beider Seiten statt findet. Dieß septum pellucidum ist selbst hohl und hat eine geringe Menge Flüssigkeit zwischen seinen beiden Lamellen.

Verbunden werden also die beiden Hemisphären nicht durch das septum pellucidum, welches vielmehr selbst in zwei Hälften zerfällt. Das erste ihrer Verbindungsorgane ist der Hirnbalken oder die Hirnschwüle, Corpus callosum, welcher unter dem sichelförmigen Fortsatz der Hirnhaut längst zwischen beiden Hemisphären hin liegt, an Substanz fester als das übrige Hirn ist, gar keine Corticalsubstanz in sich hat und nach vorn und hinten sich mit der Marksubstanz beider Hemisphären innig verbindet. Der Mensch hat den größten Hirnbalken; außer bei den Säugethieren kommt bei Thieren nichts diesem Organe analoges vor.

Unter der Hirnschwüle liegt das zweite Verbindungsorgan der beiden großen Hemisphären, das Hirngewölbe mit seinen vier Markschenkeln, welche nach den vorderen und hinteren Loben der großen Hemisphären ausgehn. Das Corpus fimbriatum und die processus digitales sind nichts als accessorische Theile der hinteren Markschenkel.

Dies Hirngewölbe bedeckt die zweite Hirnhöhle, die sehr klein ist im Verhältniß gegen die großen Seitenhöhlen der Hemisphären. Ihr wesentlicher Zweck scheint blos, das Hirngewölbe zu isoliren. In ihrem Grunde liegt die Zirbeldrüse (glandula pinealis) mit ihren Gefäßumgebungen, bedeckt mit Markstreifen, welche zwar isolirt sind, aber der Richtung der Streifen der hinteren Markschenkel folgen. Am vorderen Ende, zwischen den vorderen Markschenkeln, befindet sich das vordere Hirnbändchen (Commissura anterior) unter der Zirbeldrüse das hintern Hirnbändchen

(Commissura posterior), beides markige Streifen, welche die beiden Hemisphären mit einander verbinden, indem sie aus einer in die andere gehn.

Die große Dignität des Hirngewölbes erhellt aus dieser Organisation, welche es offenbar zum Centrum der großen Hemisphären macht. Gelegen in der Mitte des Hirns, isolirt durch eine besondre Höhle, mit allen Theilen der Hemisphären in vielfacher Verbindung, bildet es die Gränze des Hemisphärensystems und liegt unmittelbar über den Hirnganglien, die unter ihm zum Vorschein kommen. Noch ist es mit einem eigenen Apparat für sein Bildungsleben versehn, der Zirbeldrüse mit ihren Gefäßen, die dem Mittelpunkt des Vorstellungslebens das mit ihm innig verbundene regulative nahe rückt und zu seiner Beschützung und Erhaltung wahrscheinlich bestimmt ist, wofern sie nicht einen Theil des Systems der Hirnganglien ausmacht. Ihrer Lage nach scheint sie zu den Vierhügeln zu gehören.

Das System der Hemisphären ist mit dem Hirngewölbe und seinen Schenkeln geendet und unter ihm sieht man nicht mehr markige, sondern mit grauer Substanz vermischte, mehr oder weniger rundliche Ganglien, die Vierhügel, die streifigen Körper, die Sehehügel. Letztere, die im Menschen kleiner, wie in niederen Thieren, und nicht hohl sind, werden von Carus für die Ganglien der Hemisphären erklärt. Ich bekenne, daß ich ihn hierin nicht verstehe. Meiner Ueberzeugung nach sind die Hemisphären mit ihren Centralorganen ein System für sich, und die Hirnganglien auch eins für sich, und Ganglien der Hemisphären aber giebt es nicht und kann es nicht geben. Ehe können die Sehehügel das Centrum des Systems der Hirnganglien seyn.

zwischen ihnen ist der Secretionsapparat für das ganze Hirn befindlich. Die dritte Hirnhöhle nämlich, in deren Grunde die große Schleimdrüse *) des Hirns auf dem Körper des Keilbeins liegt, und welche sich durch die Wasserleitung des Sylvius, einem horizontalen, engen Canal, mit der vierten Hirnhöhle, der Höhle des Rücken- oder verlängerten Marks, verbindet, die, im Thiere größer als im Menschen, sich als ein langer Canal durch das ganze Rückenmark fortsetzt.

Aber bei weitem das größte Ganglion des ganzen Körpers und des Enkephalons insbesondere ist das kleine Gehirn, welches mit dem ersten äußeren Anblick den Bau der Hemisphären nachahmt. Verhältnißmäßig ist es in den vollkommneren Thieren größer, als im Menschen, wie überhaupt alle Hirnganglien. Es hat auf seiner Oberfläche eben solche Windungen, wie die Hemisphären, nur sind sie viel kleiner und liegen enger an einander. Eben so wie diese, ist es in zwei symmetrische Hälften getheilt. In seiner Structur ist die Corticalsubstanz allenthalben mit der markigen schichtweis vermischt, woraus der schöne Anblick des sogenannten Lebensbaums entsteht, indem diese Schichten sich dendritisch vertheilen. Die Medullarsubstanz ist in der Mitte am reichlichsten vorhanden und wird immer sparsamer nach der Peripherie hin.

Das kleine Gehirn liegt auf dem Rückenmark, welches, so wie es in die Kopfhöhle tritt, den Namen des

*) Diese große Schleimdrüse, auch der Hirnanhang, ist ohne Zweifel nichts anders, als ein Hirnganglion, und hat nichts mit irgend einer Absonderung zu thun.

verlängerten Marks annimmt, unmittelbar auf, und ist offenbar nichts anders, als das Ganglion desselben, nicht hohl, wie die Hemisphären, aber wie sie erhaben, das Centralorgan des gesammtem Empfindungslebens und Bewegungssystems, dem Organ der Intelligenz gegenüberstehend und dessen Bildung nachahmend.

Zwei starke Markschenkel des Rückenmarks verbinden dies Organ mit den Hemisphären, in welche sie so übergehn, daß man sie als die Wurzeln des großen Gehirns betrachten kann, wenn man das Rückenmark als den Stamm ansieht. Indessen ist es offenbar falsch, zu sagen, das Hirn entspringe aus dem verlängerten Mark, wie es falsch ist, das verlängerte Mark als aus dem Hirn entspringend anzusehn, denn beide Organe sind selbstständig, zwar verbunden, aber nicht einander untergeordnet, außer in wie fern die Intelligenz die höchste Kraft und ihr Organ folglich das höchste und erste des ganzen Organismus, das höchste Produkt des Lebens auf Erden und die Basis seiner edelsten Erscheinung ist. Im ganzen verlängerten Mark ist Ganglien-substanz mit den streifigen Markfibern gemischt, allein fünf Ganglienkörper liegen unmittelbar auf demselben auf. Diese sind nach unten die Varolsche Brücke, nach oben die beiden Pyramidalkörper und die olivenförmigen Körper. Erstere, wie die Hirnschwüle, also der Lage nach die unterste wie die oberste Verbindung der beiden Hälften des vorderen, großen Hirns, finden sich nicht in den niederen Thieren und sind folglich Verstärkungsmittel der organischen Verbindung beider in den Thieren höherer Ordnung.

So sehn wir denn in den niederen Thieren ein Enkephalon, welches aus nichts anderem besteht, als aus einer Verlängerung des Rückenmarks selbst, auf welchem einige Nervenknoten aufliegen, die Reflexoren des Sinnenlebens. Diese wachsen allmählig an, bis sie aufhören, Nervenknoten zu seyn, und zu selbstständigen Organen der Vorstellung werden. Im Menschen erreichen diese ihre höchste Vollendung und Größe, und dominiren über das Gangliensystem, das unter ihnen, in der Hirnbasis und nach hinten, noch immer eben so wie im Thier die Thätigkeiten der Empfindungs- und Bewegungsnerven beherrscht. Es ist also sichtbar ein doppeltes Organensystem in der Kopfhöhle des Menschen:

1) Das System der Hemisphären. Nicht in Nerven getheilt, obgleich aus Longitudinalfibern bestehend, nach der Peripherie hin in Windungen aufgehoben, welche die einzelnen Parthien derselben unter sich isoliren, vom Bildungsleben unter allen Organen am weitesten, und so weit entfernt, als ein Organ, das selbst wächst und vegetirt, nur seyn kann, in ein eigenthümliches Centrum sich vereinigend, das auf zwei centralen Commissuren ruht, und eine gleichfalls centrale Decke hat, selbst ohne alle Gangliarbildung, aber auf Ganglien ruhend, nur durch diese in Verbindung mit dem übrigen Nervenleben, übrigens völlig isolirt von der Außenwelt, und von den übrigen Organen des Körpers, ist es offenbar das Organ, welches die höchsten Exertionen des Vorstellungslebens bedingt, seine Eindrücke zwar nur von der Außenwelt her, durch die Ganglien, erhält, aber durch sie zu eigenthümlichen Thätigkeiten gereizt wird, welche es bald peripherisch, bald central fortzuleiten und mannichfaltig zu verbinden vermag, und welches ursprünglicher

Thätigkeiten fähig ist, die da beherrschend und bestimmend in das Gangliarsystem wirken.

2) Das System der Hirnganglien. Seine Lage nach hinten und nach dem Grunde der Kopfhöhle weißt ihm auf den ersten Blick den zweiten Rang an. Aber es ist früher vorhanden, als das System der Hemisphären, viel näher mit dem Bildungsleben verwandt, und nothwendig zur Fortdauer des letzteren, während jenes sogar theilweis zerstört werden, während es ganz fehlen kann, ohne den Tod zu veranlassen. Es ist ohne eigenthümlichen Mittelpunkt, bloß aus einzelnen Organen bestehend, deren jedes central und peripherisch wirken kann. Aus jedem einzelnen laufen Nerven aus, und wenn die Anatomie nicht von allen dies nachgewiesen hat, so hat sie es doch so offenbar von den meisten gethan, daß nicht zu zweifeln ist, die übrigen werden nach denselben Gesetzen gebildet seyn. Sie stehn also, jedes einzeln, in mittelbarer Berührung mit der Außenwelt und andern Organen, während ihre andre Seite den Hemisphären, als der eigentlichen Centralmasse des Nervensystems zugekehrt ist.

II) Das Rückenmarkssystem.

Es ist auf den ersten Blick auffallend, daß der Mensch unter allen Thieren im Verhältniß zur Größe seines Gehirns das kleinste Rückenmark hat, sowohl seiner Länge nach, als nach seiner Stärke: bei genauerer Betrachtung finden wir es auch in ihm viel unvollkommener organisirt, als in den übrigen Thieren.

Schon in den Säugethieren zeigt sich das Uebergewicht des Hirns über des Rückenmark, während, besonders in den Fischen, dieß letztere das Gehirn überwiegt. Im Menschen erreicht das Uebergewicht des Hirns den höchsten Grad, eine Bemerkung, die schon vor langer Zeit Sömmerring machte, der zuerst lehrte, daß der Mensch unter allen Thieren im Verhältnisse seines Hirns die feinsten Nerven und das kleinste Rückenmark habe.

Er hat auch das kürzeste im Verhältniß zum Wirbelcanal. Denn während in den Thieren das Rückenmark sich durch den ganzen Wirbelcanal fortsetzt und ihn ausfüllt, hört es im Menschen schon in der Gegend des ersten oder zweiten Lendenwirbels auf und spaltet sich in einzelne Nerven, die im Wirbelcanal bis zu ihren Intervertebrallöchern fortgehn. So wird der sogenannte Pferdeschweif gebildet, der in der Bildung der niederen Thiere nichts analoges hat.

Das ausgebildete Rückenmark des Menschen ist nicht hohl, wie das aller Thiere: die vierte Hirnhöhle setzt sich nicht durch dasselbe fort. Nur im Fötus fand Carus das Rückenmark hohl, überhaupt thierähnlicher. Ist es gegründet, daß das Hohlseyn eines Nervengebildes dessen höhere Dignität begründet, so ist auch in diesem Mangel des Rückenmarkcanals im Menschen ein Beweis der niederen Ausbildung und Unterordnung desselben unter das Hirn.

Als besondere Auszeichnung des menschlichen Rükkenmarks vor dem thierischen bemerkt Carus die größere Anschwellung des Rückenmarks in seiner Mitte, während das thierische immer unten mehr als in der Mitte verstärkt und dicker ist. In den niederen Thieren, in welchen das Enkephalon nicht viel mehr ist, als die Anschwellung des Rückenmarks an dessen oberem Ende, entspricht das entgegengesetzte, untere Ende an

Stärke dem oberen; im Menschen bildet sich hier der Pferdeschweif und die Anschwellung in der Gegend des Ursprungs der Armnerven ist die einzige bedeutende im Laufe des Rückenmarks.

Doch darf man nicht vergessen, daß zu dem gesammten Rückenmarkssystem ein sehr bedeutender Theil des Enkephalons mitgehört, namentlich das kleine Hirn und das verlängerte Mark, zusammt der Varolschen Brücke, den Olivenkörpern und den Pyramidalkörpern. Die zwei Markschenkel, welche das verlängerte Mark gegen das große Gehirn aussendet, sind dessen Verbindungsorgane, zunächst mit dem Gangliensystem des Hirns, mittelbar auch mit den Hemisphären. Sollten nicht die sogenannten Sehehügel die Ganglien dieser Markschenkel seyn? Die Hemisphären wenigstens scheinen keiner Ganglien zu bedürfen. In allen Organen des Rückenmarksystems ist die graue Substanz mit der fibrösen Marksubstanz gemischt, doch in verschiedenem Verhältniß. Im Rückenmark des Menschen überwiegt die Medullarsubstanz, welche den ganzen Umfang einnimmt, während die graue Substanz in langen Streifen neben der Mitte herabläuft, neben der Stelle, die im Fötus ein hohler Canal war und beim erwachsenen Menschen aus dichter gedrängten Markstreifen besteht. Wie sie im kleinen Gehirn, im verlängerten Mark und durch die Ganglien des letzteren vertheilt sey, ist schon oben bemerkt worden.

Aus dem gesammten Rückenmarksystem entspringen fast alle Nerven. Von den sogenannten Hirnnerven entspringt nur das erste und zweite Paar gewiß aus den Ganglien des großen Gehirns, nämlich der Geruchnerv, der aus dem Riechkolben, dem vordersten Ganglion des großen Gehirns herkommt und selbst ganglienartig bleibt; dann der Sehnerv, der aus dem vorderen Paar der Vierhügel, nicht aber, wie man ehedem annahm, aus dem Sehhügel hervorgeht. Den Ursprung der übrigen Hirnnerven verfolgt man ohne Mühe bis zum verlängerten Mark. Käm der Gehörnerv aus dem hinteren Paar der Vierhügel, oder aus den gestreiften Körpern, so könnte man die Ganglien des großen Gehirns als die Sitze der in Entfernung wirkenden Sinne, die Rückenmarksnerven aber als die Bewegungs- und Gefühlsnerven ansehn. Allein die Natur hat nicht so genau getheilt, wie es das System verlangt. Das große Gehirn hat fünf Paar Ganglien, und zwei einzelne, aus denen nur zwei Sinnennerven kommen: das verlängerte Mark und Rückenmark giebt alle übrigen Nerven, auch die des Tonsinns, des Geschmacksinns und der Sprachorgane. Wir müssen eingestehn, daß wir die Bedeutung der meisten Ganglien innerhalb der Kopfhöhle gar nicht kennen. Doch ist möglich, daß man sich über den Ursprung der Nerven irrt und Verbindungsfäden, welche von einem Hirntheil zum andern gehn, für Fäden ansieht, die man als den wahren Anfang der Nerven weiter zu verfolgen habe. Die Anatomie ist uns hier noch Aufklärungen schuldig, die sie gewiß leisten wird; dafür bürgen Forscher, wie Mekel, Carus und mehrere, denen wir bereits so viel verdanken.

Jeder Nerv, der aus dem verlängerten Mark oder aus dem Rückenmark hervorgeht, hat Hülfsfäden, die sich durch die Organe mit ihm zugleich vertheilen und vereinigen. Der Sehnerv hat deren drei, wo nicht vier, der Riechnerv allein hat keinen, der Hörnerv einen. Alle Bewegungsnerven haben solche Hülfsnerven. Indem nämlich die Masse des Rückenmarks ein wenig anschwillt, um Markfibern den Oeffnungen des Wirbelcanals entgegen zu senden, verdicken sich diese zu einem kleinen kolbigen Knoten, aus welchem der Nerv hervortritt, der sich hernach durch die Organe vertheilt. Aus der hinteren Seite des Rückenmarks kommt dann ein zweiter Faden, der sogleich aus dem Wirbelcanal austritt, nicht in ein Ganglion anschwillt, sondern als Beinerv den Hauptnerven entweder begleitet, oder dessen Masse verstärkt. Die genaue Beschreibung der Nervenvertheilung durch die Organe, besonders die der Bewegungsnerven, ist Sache der Anatomie; von den Sinnennerven wird noch weiter unten die Rede seyn.

III. Das System des sympathischen Nerven. In den Thieren niederer Art, in den Mollusken, ehe die Natur an die Anlage eines Hirns oder Rückenmarks denket, bildet sich der sympathische Nerv mit seinen vielfachen Knoten, freilich nicht in der Vollkommenheit, die er weiter hinauf im Gebiet der Thiere erreicht, indessen ist er durch das System der Mollusken das Hauptorgan des Thierlebens. Wenigstens sind die Nervenknoten, die man bei ihnen wahrnimmt, eher dem sympathischen, als dem Cerebralsystem der vollkommneren Thiere ähnlich. In den Thieren, die ein Rückgrath haben, laufen die sympathischen Nerven jeder Seite parallel mit diesem und längs der beiden Seiten desselben hinab, doch im höchsten Grade unsymmetrisch und in scheinbar ganz regelloser Form. Es fehlt dem ganzen System des sympathischen Nerven durch alle Thiergeschlechter hindurch der Hauptcharakter, welcher das Hirn- und Rückenmarkssystem überall auszeichnet, der symmetrische Bau in beiden Hälften des Körpers.

Eben so fehlt ihm ein gemeinschaftliches Centrum. Zwar wirken alle Theile, alle Zweige und Aeste desselben central und peripherisch, wie die übrigen Nerven; allein jeder einzelne Zweig, oder doch nur einige zusammen, haben ein Centrum für sich, deren wir im Menschen neun große neben sehr vielen kleinen zählen. Unter allen ragt zwar das halbmondförmige große Bauchganglion hinter der Nebenniere als das größte und wichtigste hervor; allein das große Halsganglion ist wenig kleiner und es fehlt uns aller Grund, zu behaupten, daß ein Ganglion des sympathischen Systems über die andern einige Superiorität ausübe.

Alle diese einzelnen Ganglien sind unter sich vielfach verbunden, indem stets Fäden von einem zum andern gehn, und der ganze sogenannte große sympathische Nerv selbst ist nichts als eine Menge solcher Verbindungsfäden. Ueberhaupt würde sich der Nicht-Anatom eine sehr unrichtige Vorstellung machen, wenn er sich unter dem großen sympathischen Nerven einen stattlichen Nervenstamm vorstellte, der längs dem Rückgrath herab eine Menge Knoten bildete, aus welchen Fäden in die Organe ausgehn. Hier ist kein Stamm, keine Regelmäßigkeit, nichts centrales, nichts das einem Hauptorgan gliche; sondern nur eine Menge von bald mehr, bald minder starken Fäden, bald mehr bald minder großen Ganglien, die durch Fäden verbunden sind und deren in die Eingeweide aussenden.

Dieß so schwer zu überblickende Nervensystem steht mit den meisten Nerven des Hirns und Rückgraths in Verbindung und mannichfaltiger Verzweigung, namentlich mit dem fünften, sechsten, achten und neunten Paar der Hirnnerven und mit fast allen Rückgraths- und Lendennerven, die durch Fäden mit seinen vielfachen Ganglien verbunden sind, so daß allenthalben Zusammenhang zwischen ihm und dem Hirnsystem ist, doch nicht auf einem einzigen Wege, durch Ein Verbindungsorgan, sondern auf sehr vielen einzelnen Puncten. Aber mit großem Unrecht hat man ehedem geglaubt, das sympathische System entspringe aus dem Hirnsystem, da es vielmehr in den Thieren früher vorhanden ist, als dieses, und in Bildung und Thätigkeit vom Hirnsystem gänzlich abweicht.

Die Ganglien entspringen nicht aus dem sympathischen Nerven, eben so wenig als aus dem Stimmnerven: sie sind selbstständige kleine Gehirne, die durch jene Nervenfäden theils unter sich, theils mit dem Cerebralsystem verbunden sind.

Zur Beschreibung der das Nervenleben ausschließlich enthaltenden Centralgebilde gehört wesentlich die der sie einhüllenden Organe, und die der sie ernährenden Gefäße.

1. Von den Hüllen des Hirns und Rückenmarks.

Als Centralorgane des Individuums nehmen Hirn und Rückenmark die innersten Stellen des Körpers ein: ihre Bestimmung erforderte, sie so genau als möglich zu isoliren, vor allem mechanischen Einwirken der Außenwelt sie zu schützen und sie so anzulegen, daß alle übrige Organe sich frei bewegen können, ohne sie zu stören.

Darum mußte der Kopf, der das Hirn umschließt, aus den stärksten Knochen des ganzen Körpers bestehn, die eine Höhle einschließen, welche nichts enthält, als das Hirn selbst, während daß das Kiefersystem unmittelbar an dem Hirn anliegt, doch durch starke Knochen von ihm gesondert ist und mit den Sinnen, die in Entfernung wirken, verbunden, den Kopf ausmachen hilft, der als wichtigster Theil des Thieres auch die Oberstelle in dessen Bildung einnimmt.

Durch die ganze Reihe der Thiere ist die Hauptbestimmung des Vorstellungslebens, daß es dem Bildungsleben diene als Mittel zum Aufsuchen der Nahrung und übrigen Gegenstände des thierischen Bedürfens. Diese Bestimmung dauert auch im Menschen, als die niedere neben einer höheren fort, und darum mußte das Kiefersystem den edlen Sinnen und dem Hirn selbst so nahe liegen. Nur daß es nicht als Hauptorgan vorgezogen ist, nur daß es zum Zeichen, daß hier das Hirn mehr leisten solle, als Nahrung aufsuchen, zurücktritt und den kleineren Raum des Kopfes einnimmt. Das Pferd gehört schon unter die edleren Thiere und es giebt viele, deren Kiefern weit größer sind, aber man vergleiche den Kopf eines Pferdes mit dem eines Menschen! Man sehe, wie an jenem der kleine Raum der Hirnhöhle neben den ungeheueren Kiefern kaum bemerkt wird und wie umgekehrt beim Menschen das Kiefernsystem nur als ein kleiner Anhang an der großen Hirnkapsel erscheint! Hierauf beruht der Adel der menschlichen Bildung hauptsächlich, und jemehr die Präponderanz der Hirnhöhle vor den Gesichtsknochen zunimmt, desto höher steigt dieser Adel. Darum sieht der Affe so thierisch aus, trotz seiner menschenähnlichen Bildung im übrigen; darum ist der Neger und der Kalmyk unter dem Europäer, darum die weiße Raçe die erste des

Menschengeschlechts und dieß bestimmt die Schönheit und Würde der einzelnen Menschen unter dieser.

Der Fötus bedarf so wenig des Vorstellungslebens, als er vorzustellen fähig ist, und in ihm sind die Knochen des Schädels noch verschiebbar, weich und getrennt. In den ersten Monaten nach der Geburt dauert diese Verschiebbarkeit der Schädelknochen mit allmähliger Verminderung fort und erst wenn sie sich beträchtlich gemindert hat und die Fontanellen sich dem Schließen nähern, beginnt für ihn das Hirnleben aus dem dunkeln Schlummer zu erwachen. Der Schrei des Bedürfnisses wechselt im Kinde mit Schlaf ab: das sympathische System ist in ihm entwickelter, als das Hirnsystem: dieß kann noch jetzt unglaubliche Quetschung und Anhäufung des Bluts während der Geburtsarbeit ohne Nachtheil ertragen, blos weil das Vorstellungsleben noch nicht erwacht ist. Aber gerade die starke Blutanhäufung während der Geburt trägt vielleicht zum schnelleren Festwerden der Schädelknochen wesentlich bei und beschleunigt so die Möglichkeit der Erweckung des Vorstellungslebens, indem ein gelinder, oft jedoch sehr merklicher Grad von Entzündung die Adhäsion dieser Theile befördert.

Das Thier läuft bald nach der Geburt und weiß seine Nahrung zu finden, während das hülflose Kind lange Zeit sich nicht aus der Stelle bewegen, noch weniger für sich sorgen kann, blos weil der Thierschädel klein ist und in der Geburt nichts leidet, folglich die gesammten Vorstellungsthätigkeiten bald zweckmäßig erfolgen, während das Kind zuerst zum thierischen, allmählig aber und nach langem Zeitverlauf auch zum menschlichen Leben erwachen soll, sein großes Gehirn aber, gedrückt und noch unsicher in seinen Hüllen, seine Verrichtungen langsam antritt.

In der fest gewordnen Knochenhülle ruht das Hirn sicher vor aller Einwirkung der Außenwelt und der übrigen Organe des Körpers. Diese Knochenhülle bildet es sich selbst, und wofern es nicht gewaltsam verhindert wird, theilt es ihr die Form mit, deren es bedarf.

Alle Entwicklung geschieht von innen nach außen und das weiche Hirn bildet die harten Knochenmassen, weil von ihm die bildende Kraft ausgeht. Darum sind in der Knochenhöhle des Schädels die Spuren der Windungen der Hemisphären eingedrückt; darum verdicken sich die Schädelknochen, wenn in Krankheiten, als in Epilepsie, Wahnsinn rc. das Gehirn verfällt und kleiner wird. Mit Recht schließt Gall auf die Form, die Windungen einzelner Hirntheile aus der Form des Knochenschädels. Bei Wunden des Schädels erscheint der Wiederersatz der verlornen Masse von innen nach außen dem Auge sichtbar.

Nicht ohne Bewunderung der weisen Vereinigung sich scheinbar widersprechender Zwecke, der Festigkeit nämlich und der Biegsamkeit, kann man den Bau des Rückgraths betrachten, das dem in seiner Höhle enthaltenen Rückenmark dieselbe Sicherheit giebt, welche das Hirn in der seinigen findet und doch vielfacher Bewegung fähig ist. Auch das Rückenmark liegt völlig isolirt von der Aussenwelt und von den Organen des übrigen Körpers in seinem festen, beugsamen, von innen nach aussen offnen, von aussen nach innen durch die mächtigsten Knochengebilde des Körpers verschlossenen Canal, und von ihm geht Leben und Bewegung in den ganzen Organismus aus.

Außer

Außer diesen Knochenhüllen werden Hirn und Rükkenmark noch isolirt von der festesten Membran des ganzen Körpers, welche besonders in der Kopfhöhle eine große Zähigkeit und Dichtheit annimmt, der harten Hirnhaut. Sie bildet nicht blos die allgemeine Kapsel des Enkephalons, sondern sie isolirt auch die einzelnen Hirnpartien von einander, namentlich das kleine Hirn von dem großen, die beiden Hemisphären von einander, die beiden Hälften des kleinen Gehirns unter sich; dann umhüllt sie auch das ganze Rückenmark und bildet eine feste Hülle um alle Nerven, die aus dem Hirn und dem Rückenmark ausgehn.

Sie gehört nicht unter die absondernden Membranen; ihre Hauptbestimmung ist zu isoliren und den weichen Nervenmassen Schutz zu geben. Ein Räthsel ist es, wozu sie dennoch so beträchtlicher Blutgefäße bedarf, als sie hat. Nerven hat sie gar nicht. In der Hirnhöhle bekleidet ihre äußere Fläche die ganzen Schädelknochen, an die sie durch Fibern, als innere Knochenhaut, sich anhängt, während ihre innere Fläche glatt und durch eine zarte Aushauchung schlüpfrig ist; diese Absonderung ist jedoch so unbedeutend, daß sie mit der Größe ihrer Schlagadern gänzlich nicht im Verhältniß steht, und sehr offenbar durch sie blos von der unter ihr liegenden Membran abgesondert bleibt.

Diese ist die sehr dünne, zarte, blos aus sympathischen Gefäßen gewebte Arachnoidea, welche dicht unter der harten Hirnhaut sich ausspannt und die Windungen des Hirns eben so wenig, als diese begleitet. Ihre Bestimmung ist Einsaugung, sie repräsentirt im Schädel das Lymphsystem, da außer ihr keine Lymphgefäße in diese Höhle und ihren Inhalt eingehn. Als Hirnbedeckung kann sie nur uneigentlich angesehn werden; vielmehr bezeichnet ihre Entfernung aus den Windungen des Hirns, daß hier im innersten Heiligthum des Nervensystems das Lymphsystem am weitesten zurücktritt. So wie die Arachnoidea das Lymphsystem der Schädelhöhle enthält, so ist die filamentöse Decke der Corticalsubstanz des Hirns, die dasselbe überall dicht umschließt, und jede Unebenheit umkleidet, der Sitz des Gefäßlebens im Hirn. Gewebt aus einer unendlichen Menge kleiner Blutgefäße ist die weiche Hirnhaut das Organ, durch welches das Hirn die Nahrungstheile aus dem Blute unmittelbar bekommt, weniger Decke, als Ernährungsorgan der Centralmasse des Nervensystems.

Die Spinnwebenhaut und weiche Hirnhaut begleiten die Nerven bei ihrem Austritt aus den Höhlen des Schädels und Rückgraths nicht, wohl aber die harte Hirnhaut, die ein großes, durch den ganzen Körper ausgedehntes System darstellt, welches die Physiologen vielfach beschäftigt hat. Man hat nämlich den Nervenscheiden, welche durch ihre Fortsätze und Umhüllungen der Nerven gebildet werden, mancherlei Antheil an den Functionen der Nerven zugetraut, während sie doch höchst wahrscheinlich nichts anders sind, als was ihr Name anzeigt, Scheiden, die mit ihrer Festigkeit dem weichen Mark der Nervenstämme zu Hülfe kommen und verhindern, daß die Organe, durch welche sie sich verbreiten, durch Druck dessen Thätigkeit hemmen.

Einen sehr wichtigen Nutzen für das Hirn leistet noch die harte Hirnhaut durch Entfernung des Blutes aus dem Hirn, auf dessen Vertheilung wir einen aufmerksamen Blick werfen müssen.

2. Von den Gefäßen des Hirns und Rückenmarks.

Das Vorstellungsleben ist zwar allerdings, so wie es sich im Menschen erhebt, die höchste Manifestation des Lebens auf Erden, allein gebunden, beschränkt und abhängig vom Bildungsleben, wie die Blüthe mit ihrer Farbenpracht von der unscheinbaren Wurzel abhängig ist. Es ist gebunden an ein Organ, als dessen specielle Thätigkeit es erscheint, beschränkt durch die Formen dieses Organs, die, wie sie sich in den Individuen modificiren und ändern, auch Modificationen und Aenderungen des Vorstellungslebens bedingen, abhängig vom Bildungsleben, welches sein Organ schafft, ausbildet, erhält und allmählig nach dem unwandelbaren Gesetz der alles Einzelne erzeugenden und vernichtenden Natur zerstört. Die Hauptorgane des Bildungslebens sind die Blutgefäße: wir müssen die zuleitenden Gefäße, ihre Umwandlung in kleine Gefäße und die Ansammlung dieser zu ableitenden betrachten, die alle im Nervensystem sehr viel eigenthümliches haben.

Auge und Gefühl überzeugen uns, daß die Fontanellen pulsiren: bei Verwundungen des Schädels haben wir Gelegenheit zu sehn, daß das ganze Enkephalon pulsirt, so lange das Leben dauert. Es verhält sich hierin, wie das Herz, doch mit dem Unterschied, daß seine Pulsation nicht eine eigenthümliche, von ihm selbst ausgehende, sondern eine mitgetheilte Bewegung ist.

Sie ist gleichzeitig mit der Pulsation des Herzens, besteht in einer mit dem Erweitern der Schlagadern gleichzeitigen Erhebung der ganzen Hirnmasse gegen die Schädeldecke nach oben, und hört auf, sobald die

Schlagadern, die in die Hirnhöhle dringen, verletzt werden.

Dieser Schlagadern sind vier: zwei von diesen laufen in einem knöchernen Canal neben dem Rückenmark aufwärts und gehn durch das große Hinterhauptsloch in die Hirnhöhle; zwei durchdringen das Schläfebein im Schädelgrunde und alle vier vereinigen sich zu einem Kranz, der das Hinterhauptsloch rings umgiebt. Obgleich dieser Lage nach eigentlich nur das kleine Gehirn durch das Pulsiren dieses Arterienkranzes in die Höhe gehoben werden sollte, so lehrt doch der Augenschein, daß sich diese Bewegung auf das ganze Enkephalon ausdehnt, woher nicht unwahrscheinlich wird, daß das Hirn durch die Arterien zwar den Anstoß zu derselben erhalte, allein aus innerer Kraft sie fortsetze. — Zu der Zeit, als man überall Muskelfibern suchte, wo man Bewegung sah, fiel es Niemand ein, daß die Pulsation des Hirns etwas anders als eine rein passive Bewegung seyn könne: jetzt, da wir wissen, daß Leben und Bewegung überall unzertrennlich sind, darf es uns nicht befremden, wenn wir auch in der reichen Hirnmasse die abwechselnde Ausdehnungs- und Zusammenziehungskraft dem Auge sichtbar sich äußern sehn.

Man hat besondere Wichtigkeit auf den Umstand gelegt, daß das Blut aus dem Herzen ins Hirn gerade aufsteigt, daß die Kopfschlagadern aus der aufsteigenden Aorta und ihrem Bogen entspringen. Ersteres ist nicht einmal ganz wahr, wenigstens nicht von der linken Karotis und kann höchstens zur Folge haben, daß der Blutstrom mit stärkerer Gewalt in die Hirnhöhle dringt, folglich die Pulsation des Hirns desto kräftiger angereizt wird. Auch verändert sich mit der veränderten Lage des Körpers, durch jede Neigung des Kopfs, bei den Thieren durch die horizontale Stellung, dies Geradeaufsteigen. Noch weniger Werth möchte ich auf den Umstand legen, daß die Kopfarterien nahe am Herzen entspringen. Woher will man beweisen, daß die Qualität des Bluts in der Kniekehlenschlagader weniger edel und schlechter gemischt sey, als in der Kranzschlagader des Herzens? Ist das Arterienblut nicht eine homogene Masse? Eben so wenig, als das Blut der Hypogastrica darum besser ist, weil über derselben die Nierenschlagader ausgeht, die in das Hauptorgan der Blutreinigung leitet (denn das in den Nieren gereinigte Blut gelangt durch die Hohlvene zum Herzen, nicht aber unmittelbar in den Stamm der Aorta zurück) eben so wenig kann man das Blut der obern Aorta besser als das der absteigenden nennen.

Aber höchst wichtig ist die Vertheilung des Blutes durchs Hirn aus dem Arterienkranze der Schädelbasis. Nur die edleren Sinne erhalten einige, noch dazu dünne, Aeste: die ganze große Stammarterie verwandelt sich übrigens auf der Stelle in kleine Gefäße, ohne sich vorher in zuleitende Gefäße von kleinerem Durchmesser zu verengen, wie doch sonst allenthalben im Körper geschieht. Nirgends ist außer dem Gehirn ein Beispiel von Umwandlung so großer Stammgefäße in kleine, ohne Mittelglieder.

Die ganze große Blutmasse, welche unaufhörlich durch die Hirnschlagadern in das Gehirn gebracht wird, vertheilt sich schnell, und so, daß sie das beobachtende Auge beinahe verliert, in eine unendliche Menge von kleinen Gefäßen (s. Thl. I. S. 300.) durch die ganze weiche Hirnhaut, aus welcher Hirn und Rückenmark seine Nahrung empfängt. Aus ihr nämlich setzen sich die kleinen Gefäße in die Hirnsubstanz fort, reichlicher in die graue, als in die weiße. Wo die Masse der Marksubstanz zu dick wird, als daß nicht die sparsame Gefäßvertheilung ihre Ernährung hindern sollte, da wird sie hohl und umschließt in ihrer Höhle membranöse Bildungen, die voller Gefäße sind. Insofern, als mit der Masse der Gebilde auch die Energie ihrer Thätigkeit zunimmt und diese größere Masse ihre Höhlung der Ernährung wegen nöthig macht, hat Carus recht zu sagen, Höhlenbildung in den Nervenmassen sey ein Zeichen ihrer Vorzüglichkeit. Die Bestimmung der zweiten Hirnhöhle ist wohl mehr das Isoliren des Gewölbes, demnach allerdings auch die Würde dieses Organs bezeichnend.

So schnell das Arterienblut durch die ganzen Centralmassen des Nervensystems vertheilt wird, eben so schnell wird es auch nach seiner Verwandlung in Venenblut wieder entfernt, und die Natur hat nicht genug eilen können, es aus der Schädelhöhle wieder los zu werden. (S. Thl. I. S. 296 u. f.) Sie bedient sich dazu eben dieser harten Hirnhaut, die in ihren Duplicaturen Zwischenräume übrig läßt, welche das Blut aufnehmen und theils durch die Emissoria Santorini, theils durch den grade absteigenden kurzen Canal der Drosselvenen schnell der obern Hohlvene zuführen. So wie im ganzen Körper die Venen mit den Arterien in Opposition stehn, so ist dies auch hier der Fall, nur mit dem Unterschiede, daß die Venen hier mehr dem gleichen, was anderwärts die Arterien sind, und umgekehrt. Denn wie sonst die Venen viel weicher sind, als die Arterien, so sind hier die Arterien äußerst weich, die

Venen aber in der härtesten Membran des ganzen Körpers, deren Befestigung an den Knochen ihr nicht die geringste Bewegung erlaubt, in aller Ausdehnung und Anschwellung widerstehenden Canälen ausgespannt. Und wie anderwärts oft die Venen einen geschlängelten Gang haben, die Arterien aber gerader in ihr Organ eindringen, so sind hier die Arterien sogleich aus den Stammgefäßen in eine unglaubliche Menge der zartesten Gefäße mit unendlichen Schlangenwindungen zertheilt, während die Venen so gerad und fest als möglich das Blut wieder entfernen. Es ist also offenbar darauf abgesehn, daß viel Blut dem Hirn zugeführt, aber auch so schnell als möglich wieder abgeführt werden möge.

Sondert das Hirn aus dem Blute außer den Ernährungstheilen seiner Substanz etwas ab? Man hat dies vielfach behauptet: man hat geglaubt, es werde ein Nervensaft abgesondert, dem der größte Zergliederer unserer Zeit, Sömmerring, da, wo er in den Hirnhöhlen vorkommt, eine große Rolle zutheilte. — Daß die Nerven, so wie die Centralmassen ihres Systems, feucht sind, haben sie mit allen Organen des Körpers, sogar mit den Knochen gemein und dazu bedarf es wohl keiner speziellen Absonderung. Die Flüssigkeiten in den Hirnhöhlen, deren Vorkommen so ausnehmend variirt, besonders in Absicht auf Quantität, sind wohl schwerlich etwas anders als Producte der Exhalation der Hyaloidea und überhaupt der Hirnhäute, die, obzwar nicht absondernde Membranen in dem Sinn, als die Schleimhaut der Nase u. dgl., doch nothwendig aus ihren kleinen Gefäßen etwas, bald in Gasgestalt, bald in flüssiger verhauchen müssen, damit sie nicht fest wachsen. Die Nerven sind keine Canäle, noch weniger sind die Hirnfibern hohl. Was aber von einem galvanischen oder diesem ähnlichen Fluidum gelten möge, das das ganze Nervensystem durchdringt, davon wird weiter unten ausführlicher gehandelt werden.

Sind die Zirbeldrüse und der Hirnanhang, genannt Schleimdrüse des Hirns, absondernde Organe, oder sind sie Ganglien? Große Anatomen haben das erstere geglaubt; dem Anschein nach hat die letztere Meinung mehr für sich. Der Sand in der Zirbeldrüse ist wohl kein Beweis, daß sie ein Absonderungsorgan ist. Man findet ihn nur nach Eintritt der Pubertät, nicht in jüngern Gehirnen. Sollte er eine Veränderung bezeichnen, die mit der Zirbeldrüse in diesem Alter vorginge? Es wäre der Mühe werth, zu untersuchen, ob er auch in Castraten vorkommt. — Die wichtigsten neueren Physiologen erklären die beiden genannten Hirnhäute unbedingt für Ganglien.

Während des Einathmens pulsirt das Hirn etwas höher, als während des Ausathmens; es scheint sich etwas mehr nach dem Schädelgewölbe zu erheben, doch ist weder an den Fontanellen der Kinder, noch bei Verwundeten, diese dem Athemholen gleichzeitige Hirnbewegung immer und merklich zu sehn, nur zuweilen, und bei tiefen Inspirationen scheint es so. Diese Bewegung läßt sich kaum anders erklären, als daß das Blut der Drosselvene während des tiefen Einathmens nicht so schnell in die Hohlvene sich ergießen könne, als während des Ausathmens, daß also während des ersteren auch die kleinen Hirngefäße nicht so schnell ihren Inhalt in die Sinus der harten Hirnhaut ausleeren können und so ein geringes Anschwellen der Hirnmasse veranlassen. Doch ist diese Bewegung auf jeden Fall von sehr geringer Bedeutung. Daß sie dieß sey, erhellt auch daraus, daß bei, an Lungenknoten leidenden Kranken, die Hirnfunctionen unverletzt bleiben, obgleich die Drosselvenen sehr ausgedehnt sind und der Rückfluß des Blutes aus denselben beständig äußerst erschwert ist.

Das System des sympathischen Nerven ist allenthalben von sehr großen Gefäßen begleitet: eben so befinden sich alle Hauptganglien da, wo sich die Hauptstammgefäße verzweigen. Dasselbe findet man auch bei den Nervenstämmen, die vom Rückenmark ausgehn, ja, bei den Nerven der Sinne: kein Nerv, der nicht in seinem ganzen Verlauf von einer Schlagader begleitet würde. Doch sehn wir nicht, daß diese Nerven in die Arterien selbst gehn oder ihnen Aeste geben, vielmehr sehn wir, daß die Arterien durchaus nicht mit Nerven vom Hirn- und Rückenmarkssystem, sondern vom sympathischen System versehn sind: die sympathischen Nerven gehn deutlich in das Gewebe der Stammgefäße selbst ein, wie die Cerebralnerven mit den kleinen Gefäßen, besonders der Muskeln und der Haut sich verbinden. Dynamisch wirken Nerven und Gefäße überall ineinander und der sehr auffallende Antagonismus zwischen der Energie der sympathischen Nerven und der Stammgefäße, der Cerebralnerven und der kleinen Gefäße, hat gewiß in diesem Verhältniß der Verbindung beider Organe seinen anatomischen Grund.

Zweiter Abschnitt.

Thätigkeiten des Nervensystems.

In diesem Abschnitt kann nur die Rede von den Thätigkeiten des Nervensystems seyn, welche das Vorstellungsleben ausmachen. Wie dies auf das Bildungsleben einwirkt und wechselseitig vom Bildungsleben aus bestimmt wird, ist Gegenstand besonderer Betrachtung.

Man sagt zuviel, wenn man behauptet, ohne Nervensystem wären die sämmtlichen lebendigen Geschöpfe blos Pflanzen, denn es giebt Wesen mit Empfindung und Willen, ohne Nerven. Allein bei allen Thierbildungen der Erde, die sich nur etwas über die Polypen erheben, ist Empfindung und willkührliche Bewegung an das Daseyn der Nerven gebunden.

Eben so ist das Denken der höheren Thiere organisch bedingt durch das Daseyn eines Gehirns.

Wir nennen die innere Thätigkeit, welche jeder Empfindung, jeder willkührlichen Bewegung, jedem Denken zum Grunde liegt, und welche wesentlich in der Unterscheidung des Objects vom Subject besteht, welches entweder als etwas anderes als das Subject bemerkt wird, oder in welches das Subject zu wirken strebt, oder von welchem das Subject sich Begriffe bildet, mit einem allgemeinen Namen Vorstellen und den Inbegriff aller von ihm ausgehenden Selbstthätigkeiten Vorstellungsleben.

Wir haben also das Nervengebäude zu untersuchen zuerst als Organ des Vorstellens überhaupt, dann als Organ der Empfindung, der Bewegung und des Denkens.

Erstes Capitel.

Das Vorstellen überhaupt.

Es ist schon im vorigen bemerkt worden, daß das Wesen des Vorstellens in Unterscheidung eines äußeren und inneren, eines Objects und Subjects und in einer Beziehung beider auf einander bestehe. Eine Wiederholung des schon früher gesagten, wird hier durch den Zusammenhang nothwendig.

Die Raupe kann eben so wenig nach einem Blatt kriechen, um es zu fressen, ohne das Blatt als außer sich und begehrenswerth vorzustellen, als der Philosoph über das Ich und Nicht-Ich philosophiren kann, ohne dies zum Object seines Denkens zu machen. Denken ist nur eine Art des Vorstellens; dies ist das Allgemeine, welches Empfinden, Wollen und Denken umfaßt.

Hätte man immer hieran gedacht, so wäre die eitle Frage der Philosophen nie vorgekommen, ob das Subject das Object bilde, (das Ich das Nicht-Ich setze) oder ob das Object das Subject erst zum Daseyn bringe. Object und Subject sind gleich wesentlich, damit der Act des Vorstellens erfolge, und in beiden muß der Grund einer wechselseitigen Beziehung liegen, damit er statt habe. Folglich sind Object und Subject gleich real und jeder Gegensatz des Idealismus und Materialismus ein grundleeres Spiel des menschlichen Scharfsinns ohne Zweck und Werth.

Die Außenwelt wirkt auch in die Pflanzen, welchen Irritabilität eben so wesentlich eigen ist, als den Thieren, welche durch den Reiz der Außenwelt eben so wie diese zu Selbstthätigkeiten veranlaßt werden. Diese Selbstthätigkeiten sind aber nicht der Art, daß die Pflanze ihre Individualität von der Außenwelt unterscheidet. Der Fötus des Thieres gleicht ihr hierin, auch er unterscheidet nicht. Allein sobald nach der Geburt seine Sinne von der Außenwelt berührt werden, merkt er, daß etwas außer ihm da ist und somit ist er zum Thierleben erwacht. Er setzt sich die Außenwelt so wenig, als diese ihm das Vermögen mittheilt, sich als von ihr unterschieden zu merken, sondern die Beziehung beider auf einander, ist eine Manifestation des Lebens, der Selbstthätigkeit besondrer Körper auf Erden, in den höheren Thieren begründet durch ihren Nervenbau, der neben dem Bildungszweck noch einen zweiten, höheren Lebenszweck befolgt. (S. Th. I. S. 30.)

Die Irritabilität ist die gemeinschaftliche Bedingung des Bildungs- und Vorstellungslebens zugleich. Denn auch dieß beruht, wie jenes, auf dem Vermögen des Lebendigen, zu Selbstthätigkeiten veranlaßt zu werden durch äußere Einwirkung. Ohne letztere ist das Vorstellen eben so unmöglich, wie das Wachsen.

Allein die Irritabilität äußert sich als Bildungsleben in allem, was Organ ist, in allen Theilen der Pflanzen- und Thierkörper. Als Vorstellungsleben äußert sie sich, wenigstens in allen Thieren, die sich über den Polypen erheben, und einen Kopf haben, blos in den Nervengebilden innerhalb der Kopfhöhle der Thiere. Man hat sie deswegen mit dem besondern Namen Sensibilität belegt. Diese Sensibilität haben die meisten als eine besondre thierische Kraft angesehn und von der Irritabilität unterschieden, ja, man ist so weit gegangen, Sensibilität, Irritabilität und Bildungstrieb als drei besondere Kräfte des Lebendigen neben einander zu stellen, welcher Irrthum gänzlichen Mangel am Eindringen in das Wesen der Irritabilität verrieth. Andre haben die Sensibilität für eine besondre Art der Irritabilität gehalten. Dieß ist eben so wenig richtig, denn die Thätigkeit der Nervengebilde erfolgt ganz so, wie jede lebendige, auf äußeren Anreiz, nach innerem Gesetz. Aber sie erfolgt nach einem doppelten Zweck, da die übrigen Organe nur nach einem, nach dem Bildungszweck, sich selbstthätig bewegen. Reiz ist also die gemeinschaftliche äußere Bedingung aller Selbstthätigkeit und Denken, Empfindung, Bewegung, eben so gut nur abhängige, nicht absolute, nur mitgetheilte, nicht freie Lebensäußerung, wie denn auf der Erde das Leben durchaus nur bedingt und gebunden erscheint, im Hirn eines Cicero oder Kant so gut, als im Aufwachsen eines Mooses. Eben so beruht Vegetation und Bildung so gut auf einem inneren Gesetz des Thätigen selbst, als das Denken, folglich sind Wachsthum, Ernährung, Absonderung, Denken, Empfinden, Wollen, durchaus nur Aeußerungen Einer Kraft, an einerlei Bedingung gebunden.

Der Unterschied liegt blos in dem Zweck, den das innere Gesetz befolgt, welcher hier kein Bilden ist, sondern Unterscheiden des Thätigen von dem Reiz, den es als äußeres und von sich selbst verschiedenes gewahr wird.

Das erste, was alle Thiere unter sich gemein haben, ist demnach das Innewerden der Individualität. Sie unterscheiden sich als thätig, werden inne, daß sie sind, und daß außer ihnen etwas ist. Eigne Realität und Realität der Außenwelt ist die Grundbedingung alles Vorstellens, welche unmittelbar aus ihrem Wesen fließt.

Zweitens, ist allen Thieren gemein, daß sie sich selbst in einer doppelten Beziehung auf den Außenreiz inne werden. Nämlich, sie werden entweder den Reiz gewahr als thätig auf sich, oder sie werden sich gewahr als thätig auf den Reiz. Nennen wir das erstere, wiewohl, wegen Mangelhaftigkeit der Sprache, nur uneigentlich, Empfinden, das zweite Wollen.

Drittens, ist allen Thieren gemein, daß sie, da ihre eignen Organe als Reize auf sie wirken, sich selbst, als das thätige auf den Reiz von ihren eignen Organen unterscheiden. Dies folgt nothwendig aus der allgemeinen Einrichtung, daß jedes Theilorgan sein eigenthümliches Leben lebt, folglich die Thätigkeit des einen allemal als Reiz wirkt auf die übrigen. Wenn sich aber das Thier als das Thätige auf den Reiz unterscheidet, seine eignen Organe und ihre Bewegungen aber Reize sind, so muß es nothwendig sich inne werden als von seinen Organen verschieden. Nicht der Mensch allein wird seinen Körper als ein äußeres gewahr, sondern eben so jedes Thier, das ja außerdem keines seiner Glieder nach Absicht bewegen, nicht einmal seine Nahrung zum Munde führen könnte. Hätte das Thier Sprache, so würde es, so gut wie der Mensch, sagen können: mein Auge, mein Maul, mein Fuß, d. i. es unterscheidet sich von seinen Organen.

Dies ist es vorzüglich, was den fast allen Völkern allgemeinen Glauben an das Daseyn einer Seele hervorgebracht hat. Die rohen dachten sie sich höchst materiell, selbst die Griechen, mindestens sehr viele ihrer Philosophen. Doch wurde der Begriff einer Seele zuerst in Griechenland, dann später von den scholastischen Philosophen bis zum Immateriellen geläutert und endlich eine geistige, ursprünglich active Substanz für sie postulirt, welche der materiellen, ursprünglich urthätigen, gegenüber stehe. Hinfort war man nur verlegen über die Erklärung der Verbindungsart beider so ganz heterogener Substanzen.

Diesem ganzen Betrug liegt nichts zum Grunde, als die falsche Anwendung eines Axioms, dessen Gewißheit ein Gesetz des menschlichen Denkens ist, kraft dessen die Bewegung ein Accidens ist, das nur dem Substans zukommen kann. Keine Thätigkeit ohne ein Thätiges! (S. Th. I. S. 19.) Man hielt dafür, weil der Mensch sich von seinen Organen unterscheide, so müsse etwas außer seinen Organen dieser Thätigkeit zum Grunde liegen, es müsse ein Substans seyn, dem dies Unterscheidungsvermögen als Accidens zukomme. Der Körper könne dies nicht seyn, da er mit allen seinen Theilen diesem Vermögen als äußeres gelte. „Es muß doch Etwas in uns seyn, das empfindet, das will, das denkt, und so wenig, als ich sagen kann, meine Hand denke, eben so wenig bin ich berechtigt, zu sagen, mein Gehirn denke, folglich muß es eine Seele seyn!"

Die Menschen kamen früh genug zu der Einsicht, daß das Denken, Wollen, Empfinden durch das

Hirn organisch bedingt sey. Sie glaubten aber, daß es blos das Bindungsorgan sey, mittelst dessen die immaterielle Substanz in die übrige Materie wirke.

Abgesehn von der Unmöglichkeit, die Frage zu beantworten, wozu die immaterielle Substanz eines besondern Bindungsorgans bedürfe, indem durch dasselbe die Schwierigkeit der Verbindung des absolut heterogenen nicht geringer wird, dachte man nicht daran, daß, was vom Menschen gelte, auch von den Thieren wahr seyn, folglich allenthalben da Verbindung der immateriellen und materiellen Substanz statt finden müsse, wo Empfindung und willkührliche Bewegung wahrgenommen wird. So hätte denn in vielen Myriaden von Geschöpfen der Erde die mystische, unbegreifliche Verbindung der immateriellen und materiellen Substanz nichts höheres zum Zweck, als daß sich das Unsterbliche, Ewige äußere als Freßlust, als Vertheidigungs- und Geschlechtstrieb!

Möchten indessen die Unwahrscheinlichkeiten und Schwierigkeiten der Annahme einer immateriellen Substanz noch so groß seyn, so würden sie ihrer Richtigkeit keinen Eintrag thun, wenn das Raisonnement fest stünde, auf welches sie sich gründet.

Allein paßt denn das Axiom, daß keine Thätigkeit sey ohne ein Thätiges, auf das Vorstellungsvermögen? Dieß ist wesentlich die Unterscheidung der Thätigkeit von dem Reiz, welcher sie veranlaßt, der Thätigkeit selbst, nicht eines thätigen Stoffs. Innere Thätigkeit und Leben ist gleich. In wiefern das Lebendige nicht vorstellt, erfüllt dessen Thätigkeit das Gesetz der Bildung oder ist nach demselben als nach seinem Ziele gerichtet. Reiz ist die gemeinschaftliche Bedingung aller abhängigen Lebensthätigkeit und keine absolute, keine höhere erscheint

bei

bei den Geschöpfen der Erde. In wiefern das Lebendige vorstellt, nimmt es sich als thätig wahr gegen den Reiz, es unterscheidet sich, die Thätigkeit sich selbst, von dem Reiz.

Woher kommt nun da die Nothwendigkeit einer immateriellen Substanz? Fehlt es denn an einem Substrat der Selbstthätigkeit? O nein, der ganze Körper ist lebendig und es giebt Thiere, in welchen das Vorstellungsleben nicht an besondre Organe gebunden sondern durch alle vertheilt erscheint. In allen höheren Thieren aber ist es an besondre Organe gebunden. Das aber heißt eben Vorstellen und drückt dessen Wesen aus, daß die Thätigkeit sich unterscheide von ihrem Organ.

Die von ihrem Substrat, von dem Körper, an den sie gebunden ist, sich selbst unterscheidende Thätigkeit, kann also allerdings das Hirn so gut als die Hand wie etwas außer sich betrachten, allein dadurch wird nicht nothwendig, daß sie ein andres Substrat haben müsse, als das Hirn. Hätte sie eins, so würde sie dies auch außer sich betrachten. Es ist nicht das Hirn, was vorstellt, sondern dessen innere Thätigkeit. Wäre eine Seele im Hirn, materiell, wie die der Alten, oder immateriell, wie die der Neueren, so wäre auch sie nicht Vorstellung selbst, sondern nur ihre Thätigkeit.

Wäre die Vorstellung eine Substanz, so wäre ihr Leben ein absolutes Leben und sie könnte nicht an den Reiz als an ihre Bedingung geknüpft seyn. Denn sie müßte der Voraussetzung nach ursprünglich thätig seyn, könnte also unmöglich zugleich abgeleitete Thätigkeit haben.

Nur indem sie nicht selbst Substanz, sondern blos Thätigkeit einer Substanz ist, wird sie fähig, auf Erden zu erscheinen.

Sagt man: wie begreifen wir, daß Thätigkeit des Lebendigen sich selbst unterscheide vom Reiz, der sie erregt, vom Lebendigen, indem sie vorgeht? so ist hierauf nicht weiter zu antworten, als daß wir factisch wissen, es sey so. Begriffen kann es nicht weiter werden; alles was wir zur Erklärung dieser hohen, wunderbaren und keiner andern analogen Erscheinung sagen können, ist Hypothese (S. Th. I. S. 40.). Diese Unterscheidung macht den allgemeinen Charakter der Thierheit aus, der im Menschen aufs höchste gesteigert ist.

Und haben wir nicht ein Beispiel, daß es Thätigkeiten giebt, die an Substraten, hervorgerufen durch Reize, gleichsam selbstständig erscheinen, rührend an das absolut thätige, obgleich auf Erden gebunden? Sind nicht das, was wir imponderable Stoffe nennen, solche Thätigkeiten der kosmischen Körper selbst? Wissen wir gewiß, daß es einen Lichtstoff, einen Wärmestoff, einen magnetischen Stoff gebe? Wir kennen wohl Licht, Wärme, Magnetismus als Erscheinungen, aber wir wissen für sie kein andres Substrat, als die kosmischen Körper. Das sind die Manifestationen des Lebens, der Selbstthätigkeit der großen Körper, auf deren einem wir jetzt wandeln, durch den wir unser abgeleitetes Daseyn empfangen. Electricität und Galvanismus sind dann noch besondre Manifestationen des Lebens der Erde, während jene drei den kosmischen Körpern gemein sind, die wir als Stoffe behandeln, um der Unvollkommenheit menschlicher Sprache und Vorstellung willen, die aber reine Thätigkeiten der Erde sind, von uns nur unvollkommen aufgefaßt, die unser Erscheinen bedingen, wie von Wärme und Licht offenbar ist, und wie eben so gewiß ist vom Galvanismus, der sich fast ausschließlich in den lebendigen Geschöpfen der Erde offenbart und ganz vorzüglich der Leitung der Nerven folgt.

Alle Aeußerung der Reizbarkeit ist ein Abwechseln der Expansion und der Contraction, als der beiden, den Urelementen entsprechenden, höchsten und ursprünglich sich entgegengesetzten Grundkräfte. Im Bildungsleben erscheint dies Abwechseln den Sinnen als Oscillation. In den Muskelfibern erscheint dasselbe auffallender und stärker, als in allen thierischen Organen, und ist die sichtbare Bedingung ihres eigenthümlichen Wirkens. In den Nerven und nervigen Gebilden erscheint solche Oscillation dem Auge nicht und ihre Thätigkeit scheint mit keiner räumlichen Veränderung in ihnen verbunden zu seyn. Dies vermehrt das Unbegreifliche ihrer Wirkungsart, denn Bewegung und Thätigkeit ist gleichviel; wie sollen wir da Thätigkeit anerkennen, wo wir keine Bewegung sehn? Man möchte dies für ein Argument für die Nothwendigkeit der Annahme eines geistigen Substrats der Vorstellung ansehn.

Allein die Ruhe des Hirns und der Nerven bei ihren Thätigkeiten ist blos scheinbar; es findet in diesen Organen ein sehr großer Wechsel von Expansion und Contraction statt, und jede Thätigkeit ist einer Expansionserhöhung des thätigen Nerventheils parallel.

Hierbei ist nicht an die Bewegung des Hirns zu denken, welche wir als dessen Pulsation schon früher betrachtet haben: welchen Werth diese von dem Herzen aufs Hirn übergehende Bewegung habe, wissen wir nicht. Sondern es ist die Rede von Erweiterung und Verengung der sensibeln Atmosphäre der Nerven und nervigen Gebilde.

Humbold war der erste, der bewies, daß die Nerven eine wirksame Atmosphäre haben, hierin gleich allen mit einem imponderablen Stoff stark angefüllten Körpern. An beiden Endpunkten breitet sich die Atmosphäre der Nerven viel weiter aus, als in ihrem Verlauf, und die Atmosphäre extendirt sich, sobald der Nerv thätig ist; im Zustand der Ruhe contrahirt sie sich. Je energischer die Thätigkeit der Nerven ist, desto größer ist die Extension seiner wirksamen Atmosphäre, je schwächer, desto kleiner.

Aeußere Kälte hindert und hemmt Empfindung und Muskelbewegung, weil sie die wirksame Atmosphäre der Nerven contrahirt. Furcht, Angst, Schrecken lähmt, weil alle diese Affecten nichts anders sind, als starke Contractionen einzelner Nervenatmosphären, veranlaßt durch die Erweiterung anderer. Schlagfluß und Lähmung sind nichts anders als der partielle Verlust des Vermögens einiger Nerventheile, oder des ganzen Systems, atmosphärisch zu wirken.

Nichts beweis't die Extension der Nervenatmosphäre durch und bei Erhöhung ihrer Thätigkeit unwidersprechlicher, als der sogenannte thierische Magnetismus, der sehr unschicklich diesen Namen führt, indem er mit dem Wechselanziehn der kosmischen Körper und ihrer Lebensäußerung im Inneren nichts gemein hat, sondern nichts anderes ist, als eben künstliche Erweiterung der Atmosphäre einzelner Nerven.

So begegnet sich denn die expandirende und contrahirende Kraft nirgends wirksamer, nirgends in schnellerem, mannigfaltigerem Wechsel, als grade im Nervensystem, zwar nicht gestaltend und formändernd, aber eben darum freier und lebhafter, weil kein Material sie aufhält und hemmt, denn nur die Atmosphären der Nervengebilde dehnen sich aus und ziehn sich zusammen. Aber diese Atmosphären sind allein das wirksame im System, und es ist sowohl durch alle Erscheinungen des Lebens, als selbst durch die nach dem Tode eine sehr wahrscheinliche Hypothese, das Nervensystem anzusehn als durchströmt vom galvanischen Fluidum, die Ganglien und die Ausbreitungen der Nervenenden als die beiden Pole seiner Wirksamkeit und die Nervenfäden als deren Leiter. (Ritter)

Ist sie gegründet, ist es kein Irrthum, alles, was die Sprache imponderable Stoffe nennt, anzuerkennen als die Erscheinung des kosmischen Lebens, ist also das galvanische Fluidum nicht ein Körper, nicht ein Stoff, nicht ein Fluidum, sondern unmittelbare Lebensaction der Erde, so schließt sich die höchste Aeußerung des Lebens der irdischen Gebilde unmittelbar an das allgemeine Leben der Welt an und der Gedanke des Menschen steht dem Weltgeist nahe.

Zweites Kapitel.

Die Empfindung.

Klarer wird die Einsicht in das Vorstellungsgeschäft durch Betrachtung der einzelnen Arten desselben, des Empfindens, des Wollens und Denkens.

Von diesen ist das Empfinden das allgemeinste und kommt zuerst in Betracht, weil es dem Wollen und Denken nothwendig vorausgeht. Denn erst muß ein Object auf das Vorstellungsleben reizend wirken, ehe das Thier wollen, d. i. seine Thätigkeit auf das Object richten kann. Und das Organ des Denkens, die beiden Hemisphären mit ihren Verbindungsorganen, sind allem Außenreiz vollkommen entzogen, denn jedes andre Organ und auf sie kann nichts reizend wirken, denn allein die Organe der Empfindung, (ausgenommen den Blutreiz, der ihr Bildungsleben unterhält.)

Auch darum geht das Empfinden aller andern Vorstellungsthätigkeit voraus, weil alle gebunden ist an den Reiz. Empfinden aber ist Wahrnehmen des Reizes.

Da es für das Vorstellungsleben äußere und innere Reize giebt, so folgt aus dieser Erklärung zuerst die Eintheilung der Empfindung in äußere und innere.

Da jede Vorstellung als abgeleitete Thätigkeit, nothwendig durch Reiz bedingt ist, folgt zweitens, daß jede mögliche Vorstellungsart mit einem Empfinden verbunden ist, oder daß sich bei jedem die Bedingung des Empfindens wiederholt.

Daß allein die Nerven die Organe der Empfindung sind, ist über allen Zweifel erhoben, weil ihre Unterbindung die Empfindung in den Theilen, die unterhalb derselben liegen, aufhebt. Aber wie empfinden die Nerven?

Die Nerven sind als Kegel anzusehn, deren Spitze an der Stelle ihres Ursprungs im Hirn oder Rückenmark, deren Basis an der Stelle ihrer Ausbreitung liegt; sie nehmen an Masse zu, indem sie sich von ihrem Ursprung entfernen. Gleichwohl nehmen sie nicht so an Masse zu, daß sie die ganze thierische Substanz erfüllen. Dennoch hat die ganze thierische Substanz, mit Ausnahme der Knochen, im gesunden Zustande, und einiger wenigen Organe Empfindung. Die ganze Haut namentlich hat Empfindung und sie ist auf allen Puncten dieselbe. Eine durch sie gestochne Nadel erregt gleichen Schmerz, sie mag durch die Stelle eines Hautnerven gestochen sein, oder durch eine, wo kein Nerv ist. Dies erklärt sich durch die atmosphärische Wirkung der Nerven.

Ist aber diese atmosphärische Wirkung gleich groß im ganzen Nerven, oder nur an dessen Endpuncten bedeutend?

Ganz offenbar ist sie an beiden Endpuncten viel größer, als längs dem Nervenstamme, schon darum, weil jeder Nervenstamm in seine Scheide eingehüllt ist, diese aber isolirt. Doch kann die wirksame Atmosphäre des Nerven diese wohl durchdringen, allein sie wird doch durch dieselbe geschwächt.

Alle Nervenscheiden sind Fortsetzung der harten Hirnhaut, einer ursprünglich unempfindlichen Membran.

Daß die Nerven nur an ihren Endpunkten volle Wirksamkeit haben, beweißt aufs deutlichste das Beispiel des Seh- und des Geruchsnerven, deren eigenthümliche Empfindlichkeit nur in ihrer membranösen Ausbreitung ist.

Es erhellt also deutlich, daß die Wirkung aller Nerven polarisch ist, daß blos die Enden wirksam und ihre Stämme und Vertheilungsfäden die Leiter dieser Wirksamkeit sind.

Alle anderen polarischen Wirkungen sind an ihren beiden Polen entgegengesetzt; der positive Pol zieht an, wenn der negative abstößt und umgekehrt. So bei allen. Ist dies Gesetz auch auf die Polarität der Nerven anwendbar? Geschieht am Vertheilungsende der Nerven etwas anderes, als am Ursprung? Und wo ist dieser? Man hat geglaubt, ein einziger Punkt im Hirn sey der letzte Ursprung aller Nerven und hier sey das sensorium commune. Hat man zu dieser Meinung Grund? und wo ist dies sensorium commune?

Nichts ist gewisser, als daß es kein sensorium commune giebt, sondern das jeder Nerv seinen eigenen inneren Pol hat. Ein negativer Grund wider dies sensorium ist schon, daß es seit so langer Zeit gesucht, aber nicht gefunden worden ist. Doch es giebt ganz unwiderlegliche positive.

Der stärkste von allem ist, daß es Thiere giebt, die gar kein nerviges Centrum, sondern lauter einzelne, unter einander wenig oder gar nicht zusammenhängende Ganglien haben. Aber alle Thiere empfinden, folglich würde ein einziges, das lauter einzelne Sensoria hätte, schon hinreichen, die Nothwendigkeit eines Sensorii communis zu widerlegen.

Ein zweiter Grund ist, daß die Annahme eines Sensorii communis nicht nur nichts erklärt, sondern die Erklärung, warum fast jeder Hauptnerv eigenthümliche, spezifische, qualitativ von den übrigen verschiedne Empfindung habe, erschwert. Dies wird nur dadurch begreiflich, daß jeder Nerv seinen besondern inneren Pol habe. Die Anatomie weißt diesen bereits bei den allermeisten nach und wird ihn sicher bei allen nachweisen.

Schon nach dem allgemeinen Satze, daß jedes Theilorgan sein eigenthümliches Leben lebt, läßt sich schliessen, daß die einzelnen Nerven keine Ausnahme machen werden.

Im System des sympathischen Nerven sehn wir eine Menge von Ganglien, die zwar unter sich Verbindung haben, allein von deren jedem eine Menge Nervenfäden peripherisch ausgehn, die sich in die Organe vertheilen.

Im System der Rückenmarksnerven sehn wir jeden gleich nach seinem Austritt aus dem Knochencanal in ein Ganglion aufschwellen und sodann sich vertheilen.

Die allermeisten Hirnnerven sind bis zu einem Ganglion verfolgt worden, aus welchem sie hervorgehn, und die, deren Ganglien noch nicht gewiß bestimmt sind, sehn dieser Berichtigung der Anatomie entgegen.

Man hat den Ganglien die Bestimmung zur Ernährung des Nerven zugetheilt. Allein abgesehn, daß dies nichts weiter als eine unerwiesene hypothetische Annahme ist, beweis't das Beispiel der Ganglien des sympathischen Systems, daß sie die Wirksamkeit der Nerven reflectiren und ihnen als innere Pole dienen.

Daß die Nerven des sympathischen Systems nur zuweilen und nur mittelbar mit dem Cerebralsystem in Verbindung treten, erklärt man sehr richtig aus ihren Ganglien und erkennt, daß diese den einzelnen Nerven des sympathischen Systems als kleine Gehirne dienen, d. i. als spezielle Centra der einzelnen Nerven. Warum soll nun die Natur der Hirn- und Rückenmarksganglien eine ganz andre seyn? Warum soll die Natur in ähnlichen Organen verschiedne Gesetze befolgen? Das thut sie nie.

Die Ganglien des Cerebral- und Rückenmarksystems sind allerdings unter sich viel genauer und inniger zu einem gemeinschaftlichen Ganzen verbunden, sind den Hauptmassen des Nervensystems viel näher, sind wieder einem großen Hauptganglion untergeordnet, haben also viel mehr Einheit, als die, des sympathischen Systems. Allein daraus folgt nicht, daß sie nicht eben so wie jene die Thätigkeiten ihrer Nerven reflectiren können.

Wir dürfen also keinen Irrthum fürchten, wenn

wir alle Ganglien ansehn als die Organe der Empfindung und jedes Betrachten als den inneren Pol seines Nerven, jeden Nerven ansehn als aus seinem eigenthümlichen Ganglion entsprossen.

Alle Ganglien stehn mit der Außenwelt allein in Verbindung durch ihre Nerven. Sie sind sämmtlich von aller äußeren Berührung isolirt, dem innersten Mittelpunkte des Thiers sehr nahe liegende Theile.

Die Außenwelt wirkt also auf die Verbreitung der Nerven, auf den äußeren Pol. Empfindet dieser?

Wenn ein Nerv unterbunden wird, hört dessen äußere Verbreitung sogleich auf zu percipiren. Das Empfindungsvermögen des Theils, zu dem er geht, hört auf.

Wenn ein Theil amputirt wird, so dauert die Empfindung grade eben so fort, als wenn der Theil noch da wäre. Der Verstümmelte fühlt z. B. Schmerz in den Zehen des abgeschnittenen Fußes, d. i., er hat ganz dieselbe Empfindung, als wären die Zehen, wie der ganze Fuß, noch vorhanden.

Daraus folgt klar, daß die Empfindung nicht im äußeren Pol des Nerven ist, sondern im Ganglion. So sehn und hören wir im Traum — mit den Ganglien der Hör- und Sehorgane. Nicht das Auge sieht, nicht das Ohr hört, sondern die Ganglien ihrer Nerven.

Jede Empfindung hat einen passiven und einen activen Theil. Der passive ist die Wirkung des Außenreizes, der active die Thätigkeit, welche sich von dem Reiz unterscheidet. Jenes gehört der Nervenverbreitung, dem äußeren Pol, dies dem inneren.

So sind denn die Thätigkeiten des äußeren und des inneren Endes des Nerven sich allerdings eben so entgegengesetzt, wie alle polarische Wirkung überhaupt.

Sehen wir ein Object, so wirkt das Licht auf unser Auge, d. i. dies verhält sich passiv gegen die vom Object her kommenden Lichtstrahlen. Allein in demselben Augenblick wird das Seheganglion activ und unterscheidet sich oder vielmehr dies Activwerden vom Object.

Setzen wir, daß die sensible Atmosphäre jedes Nerven an dessen der Außenwelt zugekehrtem Ende im Zustand der Expansion sey, so lang er ruht, daß er folglich bereit sey, den Eindruck eines Reizes aufzunehmen, so wird die sensible Atmosphäre am Ursprung des Nerven, in seinem Ganglion, im Zustand der Contraction seyn. In demselben Augenblick aber, in welchem ein Außenreiz die äußere Verbreitung der Nerven berührt, contrahirt sich da die sensible Atmosphäre, während die innere sich gleichzeitig expandirt, mit welcher Bewegung das Vorstellen des Objects, die das Unterscheiden dieser Bewegung selbst vom Reiz, der sie veranlaßt hat, auf eine nicht mehr erklärbare Weise, nach vitalem Gesetz nothwendig verbunden ist.

Indem wir also das Gangliensystem überhaupt als Organ der Empfindung, jedes einzelne Ganglion aber als Organ der einzelnen Empfindung durch seinen besondern Nerven ansehn, bahnen wir uns den Weg zur leichteren Erklärung der qualitativ verschiedenen Arten der Empfindung. Ehe wir aber zu dieser vorschreiten, müssen wir noch einmal das ganze Gangliensystem nach seinem Bau betrachten, und bedenken, zu welchen Schlüssen und Vermuthungen uns dieser in Absicht auf die Bedeutung dieser merkwürdigen Structur berechtigt. Gewißheit hat die Wissenschaft noch nicht zu geben.

Das Gangliensystem des sympatischen Nerven ist

ohne symmetrische Bildung, die einzelnen Ganglien in Größe sich sehr ungleich, aber alle platt und membranenähnlich. So liegen sie größtentheils in der Nähe der Körper der Wirbelbeine hin, und obgleich das halbmondförmige Bauchganglion sich vor den übrigen durch seine Größe auszeichnet, kann man ihm doch nicht mit Sicherheit einen dominirenden dynamischen Einfluß auf die übrigen zuschreiben. Oft sehn wir bloße Plexus: die Nervenfäden nähern sich, decussiren, scheinen sich zu einem Ganglion verbinden zu wollen, allein es kommt nicht zu Stande. Wir wissen nicht genau die dynamische Bedeutung dieser Structur, indessen zeigt sich im ganzen System Stumpfheit der Empfindung, Mangel an Einheit und Unterordnung, Unbestimmtheit in denen, die endlich zum Bewußtseyn gelangen, besonders aber Trennung dieser Empfindungen von denen des Cerebralsystems, welches im gesunden Zustand und bei der gewöhnlichen Energie seiner Thätigkeiten auf dies Gangliensystem gar keinen Einfluß zu äußern scheint, ob es gleich wesentlich mit ihm in Antagonismus steht, wie uns weiterhin deutlich werden wird,

Symmetrisch, in einer langen Reihe, längs der Wirbelsäule zu beiden Seiten, nahe am Körper des Rükkenmarks, liegen die Ganglien der Bewegungsnerven und des Rückenmarks, das endlich in die Kopfhöhle tritt, nach vorn seine Hauptmassen zum großen Gehirn schickt, selbst aber zu dem größten aller Ganglien, dem Cerebellum, sich ausbildet. Dies dominirt in allen Thieren über die Ganglien des Rückenmarks offenbar durch seine Größe und Lage, um so weniger, je niedriger die Thierbildungen stehn, so daß in diesen nach getrenntem Kopf noch Zuckungen, noch Empfindungen im Rumpf und seinen Gliedern fortdauern, um so mehr, je höher das Thier sich erhebt, bis im Säugethier endlich das Cerebellum in zwei Hemisphären, dem wahren Hirn ähnlich, sich ausbildet. Nur im Menschen, wo das große Gehirn im höchsten Grade dominirend hervortritt, wird es wieder etwas kleiner, im Verhältniß zum ganzen Rückenmarksystem, das in ihm gegen das des großen Gehirns zurück weicht.

Es fällt in die Augen, daß diese Einrichtung die Concentration der Empfindungen der einzelnen Nerven zur nothwendigen Folge haben müsse. Außerdem nämlich, daß die einzelnen Ganglien die inneren Pole der einzelnen Bewegungsnerven sind, leiten diese wieder die Empfindung nach dem Hauptganglion zu, das diese einzelnen Empfindungen zur Einheit sammelt und mit dem großen Hirn in Verbindung bringt. So hat denn das Rückenmarksystem deutlich ein thätiges Centrum, hierdurch dem sympathischen weit überlegen, und die Empfindung wird vom Nerven aus im Ganglion determinirt, welches sofort weiter nach dem gemeinschaftlichen Centrum der Ganglien wirkt und von da aus Eindrücke empfängt.

Obwohl es uns nicht vergönnt ist, das Innere dieses Zusammenhangs und das genaue Wechselverhältniß der Thätigkeiten der einzelnen Ganglien mit ihrem Hauptganglion einzusehn, so begreifen wir doch, daß Harmonie unter den einzelnen Thätigkeiten und Sammlung derselben zur Einheit, alles nach dem inneren Gesetz des Vorstellungslebens das Resultat derselben sey.

Weniger verständlich, als der Bau der Rückenmarksganglien, ist uns die Structur der Ganglien des großen Gehirns. Wir sehn eine Reihe derselben längs und über dem verlängerten Mark, und wissen nicht gewiß, ob wir diese noch zum Rückenmarksystem zählen und als dem Cerebellum untergeordnet ansehn, oder zu den Ganglien des großen Gehirns rechnen sollen. Sämmtliche letztere liegen an der Basis des Hirns und umgeben gleichsam die größten unter ihnen, die Sehhügel, welche wahrscheinlich zu den übrigen in demselben Verhältniß stehn, als das Cerebellum zu den Rückenmarksganglien. Es ist uns übrigens durchaus unmöglich, die Bedeutung jedes einzelnen Hirnganglions mit Gewißheit zu erklären; nur die des Riechkolben und des vordern Paars der Vierhügel wissen wir genau, als die der Organe des Geruchs und Gesichts. Der Scharfsinn der Anatomen ist uns hier noch Aufklärungen schuldig, die denen, die nach uns kommen, mehr Gewißheit in der wichtigsten Lehre der Physiologie geben werden, als uns vergönnt ist.

Alle Ganglien des großen Hirns und des Rückenmarks sind Organe der äußeren Empfindung: die aus ihnen gehenden Nerven sind mit ihrer Verbreitungsfläche der Außenwelt zugekehrt, und verliert sich theils in die Sinnorgane, theils in die Muskeln und Membranen des Körpers. Ihre Empfindungen sind unter sich qualitativ verschieden, und nichts ist bekannter, als daß der Mensch den Reiz der Außenwelt auf fünffach verschiedene Weise zu empfinden fähig ist. Der Außenwelt nämlich, in sofern sie mit der Oberfläche unseres Körpers in Berührung kommt. Denn es giebt noch einen sechsten Sinn, der unserm Hirn Empfindung von dem Zustand unseres eignen Körpers mittheilt, welcher für das Denkorgan zwar nie äußerlich ist, aber nicht für das Individuum. Die meisten Thiere sind ihm hierin gleich, allein einigen fehlen Sinne, die wir haben, andere haben welche, die uns mangeln. Von letzteren ist sehr schwer sich einen Begriff zu machen, sie dienen nur zum Beweis des übrigens unbestreitbaren Satzes, daß der Mensch durchaus unfähig ist, zu beurtheilen, auf wie vielfache Weise sich die Außenwelt einem empfindenden Wesen mittheilen kann, daß die Zahl der möglichen Sinne durch unsre fünf nicht erschöpft ist, und daß, vielleicht auf andern Weltkörpern, Wesen existiren können, die Sinne für Stoffe haben, welche nicht minder eigenthümlich und wichtig und ausgezeichnet sind, als für uns Licht und Schall, die also einer ganz andern Weltansicht und viel tieferen Eindringens in das Wesen der Dinge fähig sind, als der Mensch in seiner Beschränkung.

Das Gefühl.

Das Gefühl ist der allgemeine Sinn. Vom Empfinden ist es in sofern unterschieden, als auch Sehen, Hören, Riechen, Schmecken, zum Empfinden gehören, während das Fühlen nur die Empfindung bezeichnet, welche durch Berührung eines Nerven von etwas außer ihm, ohne Rücksicht auf specifische Reizbarkeit, erregt wird.

Gefühl wird erregt durch alle Nerven, also ist sein Sitz in allen Ganglien des ganzen Körpers. Auch der Seh- der Hörnerv fühlt; selbst sehr starker Schall, sehr grelles Licht, erregt Schmerz.

Man hat einen Unterschied festsetzen wollen zwischen dem allgemeinen Gefühlsinn und dem eigentlichen Tastsinn. Man hat gesagt, daß jener die Veränderungen anzeige, welche die äußeren Dinge in uns hervorbringen, dieser aber die Qualität der außer uns befindlichen Oberflächen bestimme. Aber sind denn diese Oberflächen keine äußeren Dinge, die wir eben dadurch wahrnehmen, daß sie in uns Veränderungen hervorbringen? Jeder Reiz hat eine passive Seite.

Der Mensch bildet sein Gefühl durch Uebung: durch Gewohnheit, durch die Berichtigung der höheren Sinne lernt er allererst fein unterscheiden. Stellen, die von der Epidermis entblößt sind, empfinden jede äußere Berührung als Schmerz; durch Gewohnheit lernen innere, sonst aller Berührung entzogene Theile so gut unterscheiden, als die Haut und werden nicht schmerzhaft afficirt. Man sieht dies bei Verwundeten, die, wenn sie lange chirurgischer Behandlung ausgesetzt gewesen sind, in den in etwas fest gewordenen Wundflächen, also im Muskelfleisch, die Berührung der Sonde, des Fingers, der Charpie ꝛc. sehr wohl ertragen und genau unterscheiden, womit sie berührt worden, ohne allen Schmerz. Man sieht es an solchen, deren Vorhaut wegen natürlicher Phimose hat zerschnitten werden müssen; die Berührung der noch ungewohnten Eichel durch Kleidungsstücke, die sonst hier niemand schmerzhaft empfindet, bringt bei ihnen die heftigsten Schmerzen und Convulsionen hervor.

Wäre das Empfindungsvermögen des neugebornen Kindes schon hell erwacht, so würde es durch die Berührung der Luft fürchterlich leiden. Aber es ist an dieselbe gewöhnt, ehe seine Nerventhätigkeiten zu wirklichen Empfindungen werden.

Daß man gewöhnlich mit den Fingerspitzen richtiger fühlt, als mit anderen Hautstellen, rührt blos von der Gewohnheit her. Es ist wahr, daß die Fingernerven sich in ihnen enden, allein es ist nicht wahr, daß sie

sie sich papillarisch in ihnen erheben. Und wäre es so, so würde sie dies gerade nicht außerordentlich viel empfindlicher machen, da sie mit einer so besonders starken, dicken Epidermis bedeckt sind. Weit eher unter den Nägeln finden sich Papillen der Nervenenden, wo sie uns zum Gefühlssinn weiter nichts helfen, als daß wir desto heftigere Schmerzen haben, wenn der Nagel beleidigt wird, und die ohnehin schlechte Brauchbarkeit dieser schwachen Waffen vollends durch diese große Empfindlichkeit auf nichts herabsinkt. Die Nerven unter den Nägeln sind eben so wenig Documente der vollkommnen Zweckmäßigkeit unsrer Organisation, als die Nerven in den Zähnen, die Männerbrüste und das Herabsteigen der Hoden durch den Bauchring.

Die Lebhaftigkeit des Gefühls ist durch die ganze Haut ziemlich gleich vertheilt, allein ihr Dämpfer ist die Epidermis, die von Natur ganz unempfindlich das Gefühl hindert und abstumpft, dadurch die Einwirkungen der Außenwelt auf die ganze Oberfläche des Menschen mindert und das Gefühl in den verschiednen Stellen der Haut modificirt. Denn es wird um so zarter und feiner, je dünner sie ist, namentlich an den Wangen, auf den Lippen, an den Brustwarzen, an allen Stellen, die wenig Friction erfahren. Dagegen wird es stumpfer an allen Stellen, die oft berührt werden, weil an diesen sich, eben durch die Friction, die Epidermis verdickt, und nur die inneren Flächen der Hände, die Fußsohlen, machen deswegen eine Ausnahme, weil hier so starke Nerven sich membranenähnlich ausbreiten. Von den Fingerspitzen ist schon gesprochen worden. Wenn Hogarth einen müssigen Prälaten, dessen Finger weich sind, mit der Spitze des vierten Fingers die Zartheit des Fleisches untersuchen läßt, so gilt dieß feine Gefühl nicht vom Arbeiter, der gerade in seinen Fingern weniger empfindet, als in allen übrigen Hautstellen: er faßt glühende Kohlen mit ihnen an, ohne den geringsten Schmerz zu empfinden. Nur weil wir, wenn wir darauf merken und uns üben, gerade in ihnen allmählig die Empfindung zur größten Deutlichkeit bringen, da sie es sind, mit welchen wir anfassen und tasten, bilden wir uns ein, sie seyen empfindlicher, als andre Theile, welches ganz wider die Wahrheit ist.

Würden andre Organe als die Haut gegen die Aussenwelt gerichtet, so wären diese Sinnorgan: die Haut ist es nicht, weil ihr specifische Reizbarkeit eigen ist, wie dem Auge, dem Ohr, sondern weil sie gegen die Außenwelt gekehrt ist. Doch begünstigt ihre Organisation diese Bestimmung, indem auf ihrer ganzen Oberfläche die Nerven sich in das Gefäßnetz ausbreiten, welches sie bedeckt.

Zwischen den Gefäßen, durch den schleimigen Ueberzug der Haut, erheben sich die Enden der Nerven in kleinen Wärzchen von verschiedener Form und constituiren hierdurch die Haut zum Sinnorgan. Gerade wie die Geschmackswärzchen der Zunge, nur kleiner und weniger sichtbar sind die der ganzen Hautoberfläche.

Wenn die Nerven eine sensible Atmosphäre haben, die noch überdieß fähig ist, sich zu erweitern und zusammenzuziehn: wie ist es erklärbar, daß dennoch der Mensch nur durch unmittelbare Berührung seiner Oberfläche fühlt? Warum fühlt er nicht in distans, um so mehr, da es die Ausbreitung, der äußere Pol seiner Hautnerven ist, welcher sich im Malpighischen Netze verbreitet? Ist diese Beschränkung des Gefühls auf unmittelbare Berührung nicht ein entscheidender Gegenbeweis gegen die Annahme einer sensiblen Atmosphäre? Müßte diese nicht die Haut in bald größerer, bald geringerer Entfernung umgeben, grade wie die elektrische Atmosphäre den geladenen Conductor?

Auf diesen sehr wichtig scheinenden Einwurf gegen einen der interessantesten Lehrsätze der Physiologie läßt sich folgendes antworten:

1. Das Gefühlsvermögen der Haut wirkt wirklich in distans, auch beim Menschen, nur viel dunkler und unbestimmter, als bei manchen Thieren. Bekannt ist das Beispiel der Fledermäuse, die, obgleich der Augen beraubt, dennoch im schnellsten Fluge nie an einen harten Gegenstand anstoßen, worauf man das Daseyn eines besonderen Sinns bei ihnen vermuthet hat, welcher aber gar nicht nöthig ist, indem der Gefühlssinn hinreicht, ihnen die Wahrnehmung außerhalb befindlicher Dinge auch in einiger Entfernung zu verschaffen. Blinde Menschen, deren Gefühlsvermögen überhaupt sehr viel schärfer ist, fühlen ebenfalls, wenn sie sich in der Nähe großer Flächen befinden, noch ehe sie diese berühren. Auch der gesunde, sehende Mensch, wenn er in einem ganz dunklen Orte sich befindet, z. B. im Keller, wird gewahr, wenn er sich der Wand nähert, ehe er sich stößt. Wenn man sich einem Schlafenden nähert und mit irgend einem Körper, einem Stückchen Papier, einem Tuche oder dem Finger selbst nahe über seine Haut hinstreicht, ohne ihn zu berühren, dies einigemal wiederholt, aber keine verstärkte Luftbewegung damit veranlaßt, so erwacht er, nachdem er sich einige male ängstlich bewegt hat. Offenbar fühlt er in distans. Noch viel auffallender sind die Erscheinungen der Somnambülen.

2. Die Haut ist wesentlich bestimmt, von der Atmosphäre umflossen zu seyn und fühlt auch sehr gut alle Veränderungen ihrer Bewegung und Temperatur, selbst in Entfernung, so wie sie die gasförmigen Effluvien fester Körper als deren Atmosphäre fühlt. So wie wir leuchtende Körper von einer Lichtatmosphäre umflossen sehn, so fühlen wir die Wärme, die Elektricität, die feuchte Atmosphäre der Körper. Wir schreiben dies wirklichen materiellen Ausflüssen der Körper zu, imgleichen dem Leitungsvermögen der Zwischenkörper, allein zum Theil wenigstens können wir mit gleichem Recht annehmen, daß wir per actionem in distans fühlen.

3. Tropfbar flüssige und feste Körper wirken viel weniger in distans auf unser Gefühl, als gasförmig flüssige; ja spitzige, schmale Endflächen derselben fühlen wir gar nicht in distans, gewiß größtentheils aus Mangel an Aufmerksamkeit auf unsere leisen Gefühle, und weil zwischen dem Grade der Wirkung derselben bei unmittelbarer Berührung der Haut und dem Grade ihrer Einwirkung in distans ein so großes Mißverhältniß statt findet, daß letzteres gar nicht zur Wahrnehmung gelangt. Dabei verwirren uns die drei in Entfernung wirkenden Sinne, die uns von der Nähe der soliden und tropfbar flüssigen Körper Kenntniß geben, so daß wir nicht wissen, ob wir durchs Gefühl, oder durch einen anderen Sinn sie vor der unmittelbaren Berührung wahrgenommen haben.

4. Am meisten und stärksten hemmt das ganze Gefühlsvermögen der Haut und besonders die Fähigkeit derselben, in einiger Entfernung zu fühlen, die Epidermis, welche blos dazu bestimmt ist, das Gefühlsvermögen zu mäßigen. Im ersten Theile dieses Werks, S.

332 u. f. ist von ihrer Structur schon gesprochen worden; hier nur noch so viel nachträglich, daß sie sich da, wo die meiste Berührung ist, am meisten verdickt und so das Gefühlsvermögen am stärksten abstumpft.

5. In Stellen, die von Epidermis entblößt sind, auf welchen sich jede äußere Berührung, so lange sie derselben ungewohnt sind, als Schmerz fühlbar macht, hat der Mensch vor der Berührung und bei bloßer Annäherung andrer Körper ein Vorgefühl, welches ihn unruhig macht und dem Schmerz nahe kommt, doch ist dies Gefühl undeutlich und wird um so weniger empfunden, je weniger der Mensch überhaupt gewohnt ist, auf sich Acht zu geben.

6. Wir müssen bedenken, daß wir bei weitem nicht alles fühlen, was uns berührt, sondern nur das, auf welches wir merken, gerade wie wir nicht alles hören noch sehn, wovon Lichtstrahlen und Schallwellen in unser Auge oder Ohr gelangen. Wir müssen mit einem Worte bedenken, das es nicht die Haut ist, welche fühlt, sondern das Hirnganglion oder Rückenmarksganglion, von welchem der Nerv ausgeht, dessen äußere Fläche berührt wird. Wenn wir also nicht in distans fühlen, so beweißt dies nicht, daß die Nerven überhaupt nicht in distans wirken, sondern daß die Sensationen, welche durch bloße Berührung ihrer Atmosphäre entstehn, nicht deutlich, bestimmt und stark genug sind, um eine so merkliche Reaction im inneren Pol des Nerven zu veranlassen, daß eine förmliche Sensation davon die Folge ist. Zuweilen ist sie es allerdings, wie sich denn in Krankheiten die Atmosphäre der Nerven so sehr erweitern kann, daß sie die Nähe von Personen, Thieren, Früchten, Blumen ꝛc. auf eine beträchtliche Entfernung fühlen. Allein

in der Regel wird das Gemüth, das neben den viel stärkeren Empfindungen der edleren Sinne, die des Gefühlssinns ohnehin nicht zu achten gewohnt ist, nur die Berührungen inne, die mit einigem Nachdruck in die Haut mechanisch einwirken.

In der That: wenn Jemand ohnmächtig wird, weil eine Katze in einem Winkel des Zimmers sitzt, die er weder sieht noch hört, wie wirkt das Thier auf ihn? Wie verkündigt es sich seinen Sinnen? Durch den Geruch? Solche Menschen erklären aber sehr bestimmt, daß sie nicht die Katze riechen, ja, das Thier versetzt sie in dieselbe unleidliche Stimmung, sie mögen durch Schnupfen den Geruch verloren haben, oder er mag in voller Schärfe statt finden. Welcher Sinn bleibt da aber übrig, als der Gefühlsinn? Man findet die Sache nur wunderbar, weil man nicht gewohnt ist, auf die Eindrücke in die Atmosphäre der Gefühlsnerven zu achten, da die übrigen Sinneneindrücke, und die mechanischen in die Netzverbreitung der Nerven selbst jene an Lebhaftigkeit weit überwiegen. Nur wenn einmal ein solcher Atmosphäreneindruck lebhaft wird, erregt er ein Gefühl, das der gewöhnliche Mensch sich gar nicht erklären kann.

Der Gefühlsinn ist der undeutlichste und unbestimmteste unserer Sinne, schon darum, weil er uns blos die Qualität und Temperatur der Flächen, die außer uns sind, anzeigt. (Auch hieraus erhellt, warum uns die atmosphärische Berührung selten zu deutlichen Empfindungen reizt, da sie uns nur von der Gegenwart, nicht von der Qualität der Flächen der Körper außer uns belehren kann.) Die Gestalt der Dinge lehrt er uns nicht da wir nur auf einmal von dem Theil ihrer Oberfläch

Kenntniß erhalten, den wir betasten, nicht vom Ganzen, folglich uns die Idee desselben erst aus den einzelnen Sensationen aneinander reihn und nach und nach zusammensetzen müssen, da der Gesichtssinn nicht nur sie selbst, sondern auch ihre Umgebungen auf einmal zeigt. Dem Gesichtsinn steht aber der Gefühlsinn am meisten gegenüber, da die Objecte beider die Flächen der Körper sind, die uns der eine beleuchtet zeigt, der andre nach ihrem mechanischen Einwirken auf die Haut kennen lehrt, zugleich auch das Verhältniß ihrer Temperatur zu der unsrigen anzeigt. Wir fühlen also, ob die Körper elastisch flüssig sind, wo sie uns keine deutliche Sensation geben, oder ob sie tropfbar flüssig sind, in welchem Falle sie uns auf allen ihnen ausgesetzten Punkten berühren, ohne in der Form zu beharren, die sie annehmen, oder ob sie solid sind. Da unterscheiden wir den Grad ihrer Härte, ihrer Rauheit oder Glätte und ihrer Temperatur. Wir berichtigen so den Gesichtsinn, der uns von letzterer gar nichts sagt, und belehren uns besonders von der Dicke, Schwere, Härte und Form der Körper, auch von ihrer Entfernung von uns, über welche uns der Gesichtsinn sehr leicht zu falschen Urtheilen verleitet. Dem Blinden bleibt die einzige Möglichkeit übrig, sich durchs Gefühl von der Oberfläche der Dinge außer ihm zu belehren, da sie ihm nicht mehr beleuchtet erscheint. Darum achtet er auch weit sorgfältiger auf seine Gefühlseindrücke und sie sind bei ihm weit schärfer, als bei Sehenden. So können Blinde bekanntlich helle und dunkle Farben, das Gepräge einer Münze u. dgl. sehr bestimmt und richtig durchs Gefühl unterscheiden. Uebung bringt die Sehenden eben so weit. Farcspieler wissen aufs genaueste, welche Karte sie mit ihren Fingerspitzen berühren.

Obgleich der Gefühlsinn in der Reihe der Sinne der unterste ist, so ist er doch der einzige, von welchem der Mensch rühmen mag, daß er ihn in größerer Schärfe und Vollkommenheit besitze, als die übrigen Säugethiere, die ihn größtentheils in den übrigen Sinnen übertreffen. Diese Bemerkung macht schon Aristoteles und hält dafür, der Mensch sey blos deswegen das klügste Thier. Er verkannte die Bestimmung des Gehirns. Doch könnte seyn, daß der Elephant dem Menchen im Gefühlsinn überlegen wäre, wenigstens berechtigen die höchst feinen und sichern Bewegungen des Fingerendes seines Rüssels, die nicht vom Gesicht geleitet werden, zu dieser Vermuthung. Auch von den Fledermäusen wird der Mensch im Gefühl wahrscheinlich übertroffen (s. S. 83.), ja sehr viele Thiere äußern Vorempfindungen der Veränderung der Atmosphäre, des nahen Todes eines Menschen oder Thiers, der Annäherung eines an einer gefürchteten Krankheit leidenden Thiers, welches sie kaum durch einen andern Sinn, als den des Gefühls, erhalten können, es sey denn, daß der Geruchsinn ihnen die Empfindungen errege, die sie zu den auffallenden Aeußerungen bestimmen, aus welchen man auf ihr Vorempfinden schließt. Wenn sich ein toller Hund naht, verbergen sich die Hunde ängstlich; wenn ein Mensch sterben will, heulen sie und verlassen ihn: dies kann sich auf den Geruch gründen, der ihnen vom Sterbenden und Kranken so widrige Eindrücke zuführt. Allein wie mag sie der Geruch von Veränderungen in der Atmosphäre belehren, die nach einem Zeitraum von 24 Stunden und mehr, erst eintreten? Möchte nicht eher noch das Vermögen ihrer Hautnerven, in distans zu fühlen, hiervon Ursache seyn?

Die mit Fühlhörnern begabten Thiere übertreffen den Menschen und die Säugethiere gewiß an Gefühl, schon deswegen, weil dieser Sinn bei ihnen ein bestimmtes Organ hat, dessen er bei den übrigen Thieren ermangelt.

Die mit Schuppen versehenen Thiere und die Vögel fühlen unstreitig unter allen am schlechtesten, besonders bei den Vögeln scheint sich der Gefühlsinn einzig auf das Vermögen der sensiblen Atmosphäre ihrer Nerven einzuschränken. Ihr harter Schnabel, ihre Füße sind gefühllos; durch die dicke Federdecke dringen mechanische Einwirkungen der Außenwelt nicht durch. Noch geringer ist die Ausbildung des Gefühlsinns in den mit Schuppen überall bedeckten, mit Fühlhörnern nicht begabten Fischen.

Der Mensch kehrt eine fast allenthalben haarlose, wenigstens, den Kopf ausgenommen, dünn behaarte Haut der Außenwelt zu. Seine Hand ist weich, seine Fingerspitzen enden nicht in Klauen oder Hufe, sein Fuß bedeckt die Erde mit einer breiten, sehr empfindlichen Fläche, dergleichen kein Thier hat. So ist er denn den Gefühlseindrücken viel offner, als alle übrige Thiere, die bald mit Haaren, bald mit Federn, bald mit Schuppen, bald mit harten Schalen am Körper, an den Füßen aber bald mit Klauen, Hufen oder Haaken, bald mit festen, hornartigen Schwielen gegen die mechanische Einwirkung der Außenwelt bewaffnet sind.

Der gemeinen Meinung nach ist die Haut der Frau empfindlicher als die des Mannes: das Gegentheil ist wahr. Männer haben ein weit lebhafteres und stärkeres Gefühl als Frauen, die aus demselben Grunde schmerzhafte Krankheiten mit viel größerem Gleichmuth ertragen.

Die Haut ist allenthalben mit Cerebral- und Rükkenmarksnerven versehn; mit dem sympathischen System steht sie in keiner Verbindung. Nur die innere Membran der Harnröhre, welche die Eichel äußerlich bekleidet, hat Nerven, die aus denen des Pferdeschweifs, dem Ende des Rückenmarks, und denen des Schamgeflechts gemischt sind: dieser Theil nähert sich also der Natur eines Plexus, eines Nervengewebes, dessen Massen verschiedener Art sind. Darum ist an dieser Stelle das Gefühl so äußerst undeutlich und lebhaft zugleich; darum setzt die Reibung derselben das ganze System des sympathischen Nerven in die höchste Erregung, so daß sie endlich die des Cerebralsystems an Energie überwiegt. Dasselbe gilt vom Muttermund und dem Kitzler des Weibes.

Von allen Gefühlserscheinungen ist kaum eine schwerer zu erklären, als die des Kitzels. Es ist ganz unmöglich, daß der Mensch sich selbst kitzle; die Hand eines andern muß ihn berühren, damit er gekitzelt werde. Dieß kann an den unempfindlichsten Hautstellen geschehen und er empfindet den lebhaftesten Kitzel, namentlich auf der Haut des Unterleibes und der Hypochondrien. Der Mensch tritt beherzt mit bloßen Füßen auf rauhe Flächen ohne Kitzel, berührt aber die Hand eines anderen seine bloßen Fußsohlen, so steigt dieß Gefühl bis zum unerträglichen. Einerlei, ob ihm dieß unerwartet kommt, oder ob er es voraus weiß. Das Gefühl selbst ist eine nicht schmerzhafte aber äußerst unbehagliche Empfindung in der berührten Hautstelle, die sich bis zu den Respirationsmuskeln fortpflanzt und Krampf in diesen erregt, so daß ihre Thätigkeit gehemmt wird: dabei geräth das ganze Muskelsystem in Anspannung. Es giebt Menschen, die gegen jede Berührung der Hand eines andern äußerst empfindlich sind; andre sind dagegen ganz unempfindlich. Die Phantasie erklärt etwas von diesen seltsamen Erscheinungen, aber bei weitem nicht alles: der ruhig Schlafende erwacht im Gefühl des heftigsten Kitzels, wenn er leise an der Fußsohle berührt wird, während derselbe Mensch andre mit der Fußsohle leise berühren kann, ohne alle ähnliche Empfindung.

Neben dem Kitzel steht der Schmerz: so heißt jede Gefühlserregung, die ein gewisses Maas überschreitet, dessen Gränzen Gewohnheit und individuelle Reizbarkeit stecken. Es ist dabei ganz gleich, welche Nerven die erregten sind und ob ihr Stamm oder ihre Verbreitungsfläche gereizt werde: nur zwischen den Cerebral- und sympathischen Nerven findet ein Unterschied statt, indem letztere zuweilen sehr starke Affectionen nicht durch Schmerz verkündigen. Allemal so oft die Außenwelt stark genug in einen Nerven wirkt, daß die Integrität seines Baus, seiner Textur in Gefahr kommt, so oft ein Nerv verletzt oder gedrückt wird, kündigt sich dieß als Schmerz an: die übrigen Körpertheile, namentlich die Blutgefäße, wirken auf die Nerven den fremden Körpern gleich, daher Gefäßanschwellungen, welche die Nerven drücken, Schmerz erregen. Schmerz ist nicht Krankheit, sondern Symptom, daß entweder Stoffe der Außenwelt oder die übrigen Organe des Körpers selbst widrig in die Nerven einwirken. Er durchläuft alle Grade vom Unbehagen bis zur fürchterlichsten Qual, im Verhältniß zur Heftigkeit der äußeren Einwirkung, zur Gewohnheit des Eindrucks und zur individuellen Empfindlichkeit des gereizten. Mechanische und chemische Einwirkungen erregen ihn.

Der Schmerz hat nicht da seinen Sitz, wo der Reiz in den Nerven wirkt, sondern wie alle Empfindung ihren Sitz im Ganglion hat, zu welchem der Nerv geht, so auch der Schmerz. Daher urtheilen wir oft so unrichtig über den Sitz des Schmerzes: wir betrügen uns, nicht über die Empfindung, nicht über das Leiden des Nerven, sondern über die Stelle dieses Leidens.

Es ist eine sehr schwer zu entscheidende Frage, ob innere dynamische Krankheiten der Nerven selbst, die weder mit chemischen noch mit mechanischen Zerstörungen derselben verbunden sind, sich durch Schmerz ankündigen, d. i. ob idiopathisches Nervenleiden schmerzhaft sey, oder blos deuteropathisches, bei welchem der Nerv an sich gesund ist und nur von außen verletzt wird, ob daher der Schmerz allewege eigenthümliche Krankheit sey, oder blos das Gefühl des normwidrigen Zustandes anderer Theile außer den Nerven, die, indem sie schmerzen, ganz normal wirken und ihrem Ganglion den Eindruck zuführen, den sie empfangen. Wir sehn die größten wahren Nervenkrankheiten, Convulsionen, Epilepsie, Lähmung, Hysterie, ohne allen Schmerz: bei der Entzündung sehn wir den Druck der Gefäße auf die Nerven, bei Gicht und Krebs neben diesem noch die sie chemisch zerstörende Schärfe als außer den Nerven befindliche Ursache des Schmerzes. Nur der Schmerz bei der Amaurose scheint zu beweisen, daß denn doch auch idiopathische Krankheiten der Nerven sich durch Schmerz ankündigen können, wenn nicht in den Fällen, wo die Amaurose mit heftigem Schmerz in der Tiefe der Augenhöhle verbunden ist, die Krankheit von der Centralarterie des Sehnerven ausgeht.

Der Geschmack.

Der Ordnung folgend, in welcher wir die allmählige Entwicklung der speciellen Sinnlichkeit mit ihrer rohesten, unbestimmtesten, eines eigenthümlichen Organs ermangelnden, auf alle Nerven verbreiteten Aeußerung begonnen haben, ist der Geschmackssinn der zweite, dessen Untersuchung uns beschäftigen muß. Er steht darum höher, als der Gefühlssinn, weil er an ein besondres Organ gebunden ist; ob er gleich noch nicht an die drei höheren Sinne reicht, schließt er sich doch dem niedrigsten derselben, dem Geruchsinn, sehr nahe an, und dem einen, wie dem andern, stehn chemische Stoffe als die ihn eigenthümlich und ausschließlich fordernden Reize gegenüber.

Das Organ, in welchem der Geschmackssinn seinen ausschließlichen Sitz hat, ist die Mundhöhle, in derselben vorzüglich die Zunge. S. 166 und 170 Th. I. dieses Werks sind die Mundhöhle und Zunge schon anatomisch beschrieben worden: hier kommt nur die besondere Bildung der Nervenwarzen nachträglich in Betracht, in welche wir die eigenthümliche Empfindung des Geschmacks setzen. *)

Dergleichen Nervenwarzen sehn wir auf der ganzen Zunge eine sehr große Menge und unterscheiden der Form nach drei Sorten. Die häufigste, die besonders an der Spitze und dem vorderen Theile der Zunge vor-

*) m. s. Sömmerrings meisterliche Abbildungen des Geschmacks-, Geruchs-, Gehörs- und Gesichtsorgans.

kommt, ist die konische oder pyramidenförmige. Größer als sie sind die linsenförmigen; aber am auffallendsten und ausgezeichnetsten sind die schwamm- oder vielmehr pilzförmigen gebildet, die an den Seiten der Zunge und an ihrer Wurzel, kleinen Pilzen sehr ähnlich, an einem kleinen Stiele sitzen und oben eine runde Scheibe darstellen. Alle drei Sorten gehn in einander über und es ist nicht zu behaupten, daß durch die verschiedene Form dieser Papillen auch eine besondere Sensation begründet sey, vielmehr sind sie sich im dynamischen Werthe ohne Zweifel völlig gleich.

Alle diese Papillen ragen über die Epidermis der Zunge hervor und sind nichts anders als Erhebungen der Nerven der Haut, welche die Muskeln der Zunge bekleidet. Diese Muskeln sind schon beschrieben worden, eben so, wie die Haut, die, nachdem sie die äußere Oberfläche des Körpers bekleidet hat, sich nach der inneren umbeugt, ihre Natur ändert und alle Theile der Mundhöhle, Schlund und Darmcanal überzieht. Wenn bei der äußeren Haut die Hauptsache die Cutis selbst und die Epidermis fast blos unorganische Decke derselben war, so ist innerlich die Cutis schwächer und von minderer Bedeutung, als die Epidermis. Diese verdünnt sich am Lippenrande, bleibt so dünn in der ganzen Mundhöhle und läßt allenthalben die kleinen Gefäße der Cutis durchscheinen. Durch diese Dünne werden aber auch die Nerven der Cutis in der ganzen Mundhöhle unbedeckter und freier und dienen allenthalben, obgleich weniger deutlich als an der Zunge, Sensationen des Geschmacks hervorzubringen.

Wie die Cutis die Zunge, besonders deren obere Fläche, erreicht, wird sie noch dünner, als an den übrigen Theilen der Mundhöhle, die Epidermis aber wird wieder dicker und fester. Dieß würde der Bestimmung zum Geschmacksorgan sehr schaden, allein die Nerven dringen hier durch die Epidermis als Papillen durch, von ganz dünnen Fortsätzen derselben überzogen und bilden so das äußerst empfindliche Geschmacksorgan, indem sie frei in die Mundhöhle vorragen.

Da die Geschmackssensation durch chemische Einwirkung der Stoffe auf die Geschmackspapillen bedingt ist, alle chemische Wirkung aber den flüssigen Zustand der in einander wirkenden Stoffe entweder geradezu fordert, oder doch durch denselben sehr begünstigt wird, hat die Natur für einen hinreichenden Vorrath von Flüssigkeiten gesorgt, welche die Zunge umkleiden und diesen noch besondere chemisch äußere Stoffe zersetzende und auflösende Eigenschaften gegeben, so weit dieß möglich war, ohne daß sie auf die soliden Organe selbst chemisch wirken.

Erstens öffnen sich in der ganzen Mundhöhle, am meisten auf der Zunge, eine große Menge ausdünstender kleiner Gefäße. Zweitens aber und vorzüglich liefern die **Speicheldrüsen** das Material der chemischen Auflösung der in die Mundhöhle gelangenden Nahrungsmittel. Ihre Structur ist bereits im I. Th. S. 169. u. f. beschrieben worden. Durch ihn wird ein doppelter Zweck erfüllt: die Vorbereitung der Speisen zur Verdauung und die Zersetzung derselben für die Wirkung der Geschmacksorgane.

Die Zunge ist zwar das Centrum der Geschmacksempfindung, allein der Geschmackssinn nähert sich darin dem Gefühl, daß er sich auf mehrere Organe ausbreitet, in welchen er jedoch schwächer und undeutlicher ist.

Die ganze innere Mundhöhle ist Geschmacksorgan, am meisten nächst der Zunge der Gaumen, dann auch die Wangen und Lippen: erst im Schlunde endigt die Geschmacksempfindung gänzlich.

Auch das hat der Geschmacksinn mit dem Gefühlsinn gemein, daß beide nicht auf Ein Nervenpaar beschränkt sind, vielmehr sich über mehrere Nerven erstrekken, die wiederum nicht etwa einzig dieser Sinnenempfindung angebören, sondern auch Bewegungs- und Gefühlsnerven zugleich sind, ja noch mehrere Functionen haben. Es giebt also eben so wenig eigentliche Geschmacks- als Gefühlnerven; eben so giebt es kein Hirnganglion, welches ausschließlich der Empfindung des Geschmacks gewidmet ist.

Der Hauptnerv für alle Theile der Mundhöhle ist bekanntlich das fünfte Paar, aus welchem die Kiefernerven ihren Ursprung nehmen, die alle Theile der Mundhöhle mit ihren Nerven versehn, mit Ausnahme der Zunge. Diese hat einen besondern Nerven vom dritten Ast des fünften Paars, welcher, vereinigt mit einem Zweige des Gesichtsnerven, in ein Ganglion anschwillt, das den Namen des Kiefergeflechts führt, sich mit dem eigentlichen Zungennerven vereinigt und in die Nervenwärzchen endet, welche die Zungenspitze so dicht besetzen.

Dieser Nerv ist also in sofern Geschmacksnerv und alle die Nerven vom fünften Paare sind es, die an den Gaumen und die Wangen gehn, vereint mit Aesten des Gesichtsnerven. Allein noch sind zwei Hirnnerven, die ausschließlich nach der Zunge gehn.

Aus den Olivenkörpern des verlängerten Marks entspringt ein Nervenpaar, welches unter dem Namen des

des Zungennerven nach der gewöhnlichen Zählung als das neunte Paar der Hirnnerven gilt. Mehrere Markfäden, die zum Theil aus den Pyramidalkörpern kommen, verbinden sich zu einem Stamm, der sich durch das Loch am Gelenkknopf des Hinterhaupts aus der Gehirnhöhle begiebt, mit dem Stimmnerven und dem zurücklaufenden Nerven sich durch Zweige verbindet und endlich an die Muskeln der Zunge geht. Es ist eine große Frage, ob dieser Nerv mit der Geschmacksempfindung irgend etwas zu schaffen hat: Sömmerring verneint sie, weil der Geschmack verloren gehn und die Bewegung der Zunge dabei völlig unverletzt bleiben könne. Derselbe Nerv verbindet sich auch mit dem ersten und dritten Paare der Halsnerven: mit dem Anfangsfaden des ersten bilden Zweige von ihm und dem rücklaufenden Nerven ein kleines Geflecht, aus welchem ein Ast herabsteigt, der mit dem dritten Halsnerven wieder ein Geflecht bildet.

Von dem Glossopharyngeus (gemeinschaftlichem Nerven der Zunge und des Schlundes) ist gewiß, daß er den Geschmacksinn enthält, denn von ihm kommen die Geschmackswärzchen an der Zungenwurzel. Auch dieser Nerv kommt hinter den Olivenkörpern vor, hat mit dem Stimmnerven, noch in der Hirnhöhle, einen Verbindungsfaden, tritt durch einen eignen Canal aus dem Hinterhaupt, bildet ein ziemlich großes Ganglion, das in einer eignen Grube liegt und aus welchem Verbindungsfäden zum Stimmnerven und zum Gehörorgan gehn, vielleicht auch (nach Huber) zum sympathischen System, verbindet sich dann noch mehrfach mit diesem System, dem Stimmnerven und dem Gesichtsnerven, verbreitet sich dann zum Theil in die Muskeln des

Schlundkopfs und der Zunge und sendet deutlich durch den Genioglossos Fäden in die Geschmackspapillen.

So haben wir denn zwar ein Ganglion des Hirns, die Olivenkörper, aus welchen wir die Geschmacksnerven herkommen sehn, aber aus demselben kommen auch noch andre, viel wichtigere Nerven. Wir haben zwei Geschmacksnerven, das fünfte Paar und den Glossopharyngeus, allein ersteres spielt als Kiefernerv seine Hauptrolle und letzteres ist offenbar weit mehr bestimmt, Muskeln zu versehn, als sich in die Geschmackspapillen zu begeben. Wir sehn diese Nerven verbunden mit dem sympathischen System, dem Stimmnerven, dem Gesichtsnerven und begreifen um so leichter, wie der Hunger auf den Geschmacksinn wirke, wie durch Reizung des Appetits die Stimme und die Züge des Gesichts verändert werden. Wir sehn ein eignes Ganglion des hintern Geschmacksnerven, welches die Unwillkührlichkeit der Wirkungen dieses Sinns erklärt. Aber wir sehn auch, wie niedrig der Geschmacksinn noch steht im Verhältniß zu den drei in Entfernung wirkenden Sinnen, indem er weder ein eigenthümliches Organ, noch eigenthümliche Nerven hat, sondern nur gelegentlich und nebenher von Nerven besorgt wird, deren Hauptbestimmung eine andre ist, und in Organen wohnt, die der Assumtion der Nahrungsmittel und der Stimme noch näher angehören. Desto auffallender ist es, daß bei vollkommner Integrität der Stimme und der Muskeln der Assumtionsorgane der Geschmack gar nicht selten verloren geht.

Er scheint aber weit mehr von der Beschaffenheit der Epidermis abzuhangen, welche die Zunge und Mundhöhle überkleidet, als von der Beschaffenheit der Nerven: größere Dicke und Festigkeit dieser Haut, durch welche die Nervenpapillen blos durchsetzen, macht ihn stumpf und vernichtet ihn wohl völlig, so gesund übrigens die Nerven seyn können.

Auch hierin zeigt sich die größere Würde der drei in Entfernung wirkenden Sinne, daß dem Geschmacksinn nicht eben so wie diesen eine eigenthümliche, besondre äußere Wirkung oder Substanz gegenüber steht, sondern daß der Geschmack eben so wie das Gefühl alles was mit seinen Organen in Berührung kommt, empfindet. Ganz falsch ist, wenn man sich verleiten lassen wollte, zu sagen, Oxygen und Hydrogen wirken auf den Geschmacksinn. Ganz oxygenirte Metalle wirken fast gar nicht auf denselben, als Mennige, Ocher, vollkommnes Spießglanz- oder Quecksilberoxyd. Die nicht oxydirten Metalle wirken allesammt stärker auf den Geschmacksinn, auch alle Verbindungen derselben mit Säuren. Die stickstoffhaltigen Körper wirken bald angenehm auf ihn, bald unangenehm, fast in demselben Verhältniß, in welchem sie den Geruchsinn bald angenehm, bald widrig afficiren. Alle Kalien, alle Säuren afficiren den Geschmacksinn sehr stark, eben so die neutralisirten Verbindungen beider, die Salze; doch war es ein großer Irrthum, wenn man glaubte, daß diese eigentlich dem Geschmacksinn eben so gegenüber stehn, als das Licht dem Gesichtsinn.

Ob dieß gleich von keinem Stoff gesagt werden kann, so giebt es doch zwei, die wir allein mittelst desselben kennen, den Zuckerstoff und den Bitterstoff. Wenn auch ersterer als entstehend durch ein gewisses Verhältniß des Sauer- und Wasserstoffs, einer weiteren chemischen Analyse fähig ist, so kennen wir doch die Empfindung des Süßen allein durch den Geschmack, der manche Dinge als süß empfindet, die nicht aus der oxygenirten Natur abstammen, nicht als dem Wasser verwandte Körper gelten können, namentlich die Verbindungen des Bleis mit der Essigsäure. Und der Bitterstoff hat gar kein anderes Reagens, als allein das Geschmacksorgan des Menschen: wir würden dessen Existenz nicht wissen, ohne dieses. Eine Modification der organischen oder aus den organischen Reichen abstammenden Körper wird als bitter empfunden, aber wir können nicht weiter aufklären, warum? — Der Extractivstoff der Pflanzen ist mehrentheils bitter, bisweilen indessen süß, bisweilen ganz anders schmeckend.

In der That kann man nicht ein einziges Princip der Geschmacksurtheile feststellen. Da dieser Sinn ganz unmittelbar der Assumtion der Nahrungsmittel angehört und bestimmt scheint, die Annehmlichkeit bei ihrem Genuß zu erhöhen, so sollte man glauben, je geschickter ein Körper zur Ernährung sey, desto angenehmer werde er ihn afficiren; je ungeschickter, desto unangenehmer. Aber das ist gar nicht der Fall. Mehl schmeckt zwar nicht unangenehm, doch auch nicht angenehm und sehr schwach: gleichwohl nährt es sehr gut. Talg schmeckt sehr widrig, und ist, unter Umständen, ein sehr gutes Nahrungsmittel. Ranziger Speck gehört unter die widrigsten Dinge für den Geschmack, aber zur Nahrung ist er nicht ungeschickt. Zitronensäure schmeckt sehr angenehm und nährt nicht. Noch angenehmer schmeckt der Bleizucker und ist ein Gift. Der Urin des Menschen kann in Krankheiten so verändert werden, daß er angenehm schmeckt. Alle Fleischspeisen beinahe haben nur eine schwache Wirkung auf den Geschmack und sind die beßten aller Nahrungsmittel: Zimmt, Vanille, Muscatennüsse sind keine.

Oder man sollte erwarten, daß wo nicht die Annehmlichkeit, doch der Grad der Affection des Geschmacks in irgend einem Verhältniß zur ernährenden Eigenschaft der afficirenden Stoffe stehe, aber dieß ist eben so wenig der Fall. Mineralsäuren, ätherische Oele, manche Pflanzenstoffe, als Koloquinten, Aloe, Rhabarber afficiren den Geschmack aufs allerheftigste und nähren nicht: Milch nährt, und afficirt ihn sehr schwach. Zucker und sehr viele süße Vegetabilien, Ingwer, Senf afficiren ihn sehr und nähren oder dienen als Digestive.

Es giebt bittere Stoffe, die nähren, andre, die als wohlthätige Arzneien wirken, andre, die vergiften; eben so süße. Das Bittre-Mandel-Wasser, alle Blausäure enthaltenden Vegetabilien, schmecken sehr angenehm und sind die fürchterlichsten aller Gifte.

Auch nicht der Grad der chemischen Einwirkung ins Lebendige bestimmt den Grad der schmeckbaren Eigenschaft der Körper. Weißer Arsenik ist das stärkste Agens auf das Lebendige, sowohl chemisch als vital, und er hat nur wenig schmeckbare Eigenschaft.

Vieles ist im Geschmack blos individuell. Der einen Thiergattung ist abscheulich, was der andern höchst angenehm schmeckt: das Pferd verhungert, ehe es frisches Blut genießt, was der Tiger mit der höchsten Wollust schlürft; dem einen Menschen schmeckt faules Fleisch und faulender Käse vortrefflich, dem andern im höchsten Grade widrig. Ja in Krankheiten schmeckt demselben Menschen bitter oder fad oder stinkend, was er sonst mit Lust genießt.

Hieraus folgt, daß kein Sinn weniger richtige,

weniger allgemeine, weniger auf das Wohlseyn des Individuums Bezug habende Urtheile veranlaßt, als der Geschmacksinn. Um so mehr ist zu bewundern, daß in mehreren Sprachen, auch in der deutschen, das Urtheil des Verstandes über Gegenstände des sinnlichen Wohlgefallens **Geschmack** genennt wird, daß man also die allgemeinsten Urtheile über das Schöne mit dem Namen des regellosesten, individuellsten aller Sinne benennt.

Bei dem Menschen ist seyn einziger Werth, daß er den Genuß bei Befriedigung des Bedürfnisses der Ernährung erhöhe, wofür er ihn aber zu künstlicher Bereitung von Speisen verleitet, die nicht selten auf Kosten der Salubrität den Geschmack reizen. So wird er denn oft dem Menschen zum schädlichen Geschenk. Möchte doch nichts wohlschmeckend seyn, als was gesund ist! möchte jede Speise um so wohlschmeckender seyn, je gesünder sie ist!

Da dies aber gänzlich nicht der Fall, sondern der ganze Sinn für anderweite thierische Zwecke, außer dem Genuß, den er unmittelbar verschafft, so gut als ohne Werth ist, so bleibt zu untersuchen, ob er im Menschen blos ausgeartet und so weit herabgesunken sey, und ob er in andern Thieren eine höhere Bedeutung habe.

Dies ist um so eher zu vermuthen, da das ganze Vorstellungsleben der Thiere blos um des Nahrungsbedürfnisses willen da ist, folglich der Sinn, der bei Befriedigung desselben unmittelbar wirkt, dem Scheine nach sehr wichtig seyn sollte.

Sieht man die große Ausbildung des Kiefersystems in einigen Thieren, den großen Vorzug desselben vor dem des Menschen in allen (denn der Mensch hat im Verhältniß seiner Größe zuverlässig das kleinste Kiefernsystem von allen Bewohnern der Erde) so wächst diese Vermuthung.

Betrachtet man nun genau die Organisation der Geschmacksorgane der Thiere, so findet man diese Voraussetzung nicht bestätigt, wenigstens ist es von den allermeisten Thieren zweifelhaft, ob sie allewege Geschmack haben, und von andern wahrscheinlich, daß ihr Geschmack sehr stumpf seyn und noch unbestimmtere Urtheile veranlassen müsse als beim Menschen.

Vom Geschmacksinn der Zoophyten und Würmer wissen wir gar nichts und von dem der Insekten nichts gewisses; es ist uns vielmehr gänzlich unmöglich, zu beurtheilen, ob ihre so künstlich und sorgfältig gebildeten Freßwerkzeuge ein besonders modificirtes Gefühl haben, oder nicht. In den Fischen ist wenigstens die Zunge wahrscheinlich nicht das Geschmacksorgan, sie ist sehr häufig mit Zähnen besetzt und schickt sich gar nicht zum Sitz einer feinen Empfindung. In einigen Amphibien und Vögeln finden wir zwar Spuren der Geschmackswarzen der Zunge, während bei andern die Zunge rauh, wohl gar hornhart, gegliedert und mit Knochen versehn ist, so daß sie wohl zur Nahrungsaufnahme, doch nicht zum Schmecken dienen kann. Selbst bei vielen Säugethieren, namentlich bei den Katzenarten, den Ameisenfressern, ist sie sehr hart und rauh, ja so weich, dünn und äußerst beweglich, wie die des Menschen ist sie bei keinem Thiere der Erde.

Da jedoch der Nerv, welcher zum Geschmack hauptsächlich dient, ein Ast des fünften Paares ist, und dies in allen Thieren, in Verhältniß zu ihrem Kiefernsystem, eine vorzüglichere Ausbildung hat, als beim Menschen, so ist sehr wohl möglich, daß der Geschmacksinn der

Thiere anderswo, als in der Zunge derselben, seinen Hauptsitz hat, und daß die Zunge nur in den Thieren, in welchen sie weich ist, vorzüglich im Menschen, zum Hauptsitz des Sinnes benutzt ist, der unstreitig in der ganzen übrigen Mundhöhle, wohin sich der Kiefernerv verbreitet, gleich bequem sitzen kann. Ob die verschiedne Form der Nervenwarzen der menschlichen Zunge auch verschiedne Bedeutung habe, ist völlig unbekannt: wenn Autenrieth meint, daß man das süße und saure vorn, das bittre und alkalische hinten an der Zunge schmecke, so hat er die Erfahrung gegen sich.

Die Chemie lehrt, wie bittere Substanzen urplötzlich einen süßen Geschmack empfangen: sie weißt die nahe Verwandschaft, wonicht die Identität des Kraftmehls und des Zuckers nach. Derselbe Stoff, der in der ersten Verwandlung durch die Atmosphäre, der er einen Antheil Kohlenstoff abgegeben und wahrscheinlich von ihr dafür Sauerstoff empfangen hat, süß und geistig schmeckt, wird sauer empfunden, wenn er noch mehr Kohlensäure absetzt, noch mehr Sauerstoff anzieht. So steht denn dem Geschmacksinn kein Stoff gegenüber, den die Chemie mit einiger Beständigkeit nachweisen könnte.

Die nahe Verwandschaft des Geschmacks mit dem Geruch beruht nicht sowohl auf den chemischen Eigenschaften der schmeck- und riechbaren Körper, als vielmehr auf der Nachbarschaft der Organe des Geruchs und des Geschmacks und besonders auf dem Uebergehn der Bekleidung der Nasenhöhle in die der Mundhöhle, wovon im folgenden Abschnitte mehr die Rede seyn wird.

Der Geruch.

Wir schreiten zu den drei in Entfernung wirkenden Sinnen vor und beginnen mit dem Geruch, den wir als den niedrigsten von ihnen ansehn, weil er dem Bildungsleben viel näher angeht, als dem Vorstellungsleben. Denn weit mehr als der Geschmack leitet der Geruch das Thier zur Wahl und zum Auffinden der Nahrungsmittel: der Geschmack macht blos den Genuß selbst angenehm oder widrig und hat darinnen nicht einmal den Zweck, daß er das nützliche lieblich und das schädliche verwerflich empfinden lasse; zum Auffinden der Speise, zum Erregen des Gelüstens nach Nahrung ist er völlig ungeschickt. Aber aus der Ferne wittert das Thier seinen Fraß und der Geruch erregt in ihm die Lust nach Beute: was ihm lieblich riecht, das ist ihm auch nützliche Nahrung und was seiner Nase anekelt, das ist ihm schädlich oder ungenießbar.

Nicht so dem Menschen: er kennt viele Wohlgerüche, die seinem Magen gänzlich ungenießbar sind, und manches riecht ihm widrig, was ihn sehr gut nährt. Der so fein und weit witternde Hund ist völlig gleichgültig gegen den Duft der Blumen, der Gewürze; mäßig faulendes Fleisch zieht ihn an. Dem Menschen riecht dies abscheulich, desgleichen manche Gewächse, als Zwiebeln, Kohlarten, Rüben; und doch dienen ihm diese Dinge zur Nahrung.

Im Thiere, dessen Vorstellungsleben nur ein Mittel zur Erreichung der Zwecke des Bildungslebens ist, hat der Geruchsinn viel höhere Bedeutung, als im Menschen: er ist der erste Sinn, und darum ist auch sein Organ weit vollkommner. Im Menschen sinkt er sehr zurück; das Organ wird unvollkommner und zeigt Reizbarkeit für Effluvien, die nicht auf die Thiere wirken.

Im Menschen nimmt der Geruchsinn nur wahr, was in der Atmosphäre aufgelößt ist. Die Bestandtheile der Atmosphäre empfindet er nicht, auch können sie ihr Verhältniß verändern, ohne daß er sie bemerkt, darum riecht er die kohlensaure Luft nicht, auch wenn sie ihn erstickt, eben so wenig Stickgas oder Sauerstoffgas. Nur das fremdartige, was in der Luft entweder aufgelößt ist, oder in ihr schwimmt, empfindet der Geruchsinn. Es ist unwahr, daß er allein Hydrogen empfinde; er nimmt sogar aufgelößte, oder mit der Luft vermischte Wassertheile wahr, z. B. in der Nähe von Strömen, am Meere, und Wasser wirkt weder als Hydrogen, noch als Oxygen. Am meisten reizbar ist er für alle in der Atmosphäre auflösbare Effluvien lebendiger oder aus den lebendigen Reichen abstammender Körper, gemäß seiner ursprünglichen Bestimmung, die Gegenstände der Nahrung, die nur aus dem Leben stammen, in der Ferne anzuzeigen.

Thiere, die im Wasser leben, müssen unstreitig riechen, was im Wasser aufgelößt oder ihm beigemischt ist, denn daß sie so gut riechen, als die Thiere der Atmosphäre, leidet keinen Zweifel. Alle Thiere riechen, selbst die, die keine Sinnorgane haben, wie z. B. die Polypen, wenigstens wittern alle ihre Nahrung aus der Ferne. Die Insekten riechen das Licht. So wie sich die Sonne birgt, verkriechen sie sich in dunkle Höhlen, aber kaum dringt der Strahl des Leben zeugenden und erhaltenden Gestirns wieder durch die Wolken, so erscheinen sie, nicht gerufen, durch das Auge, das ihnen nichts hilft in ihren undurchsichtigen Schlupfwinkeln, nicht durch das Wärmegefühl, da die Erde nicht so schnell von einem flüchtigen Sonnenblick erwarmt. Welcher Sinn sagt ihnen also, daß die Sonne scheint? Der Geruch!

Er ist bei den Insekten und Würmern aller Art sehr verschieden von dem der übrigen Thiere, denn ihnen fehlt ein den übrigen analoges Geruchorgan. Entweder sind die sämmtlichen Freßwerkzeuge oder die Fühlhörner seyn Sitz; wahrscheinlicher die ersteren.

In allen Thieren, deren Nervenbildung nur einigermaßen ausgebildete Form hat, ist dem Geruchsinn das erste Nervenpaar eigenthümlich, denn er ist ihr erster Sinn. Ja das ganze große Gehirn oder die Hemisphären sind weit hinauf in der Reihe der Thiere nichts weiter, als das Ganglion dieses ersten Nervenpaars. So groß ist die Dignität des Geruchsinns der Thiere, der mit der Bestimmung ihres Sinnenlebens in eins zusammenfällt.

Ein eigenthümliches Nervenpaar, ein besondrer Hülfs- oder Beinerv, ein eigenthümliches Ganglion, ein besondres Organ hat der Geruchsinn durch die ganze Reihe der Thiere. Wir beginnen von der Beschreibung des letzteren.

Es besteht wesentlich aus einer Membran, die in einer mehr oder weniger geräumigen knöchernen Höhle höchst uneben und schlaff ausgespannt ist. Die Unebenheit der Höhle vergrößert höchst bedeutend die Fläche der Membran.

Die Knochen, um welche die Geruchmembran sich faltet, sind die inneren Theile der Oberkiefer, die Gaumenknochen, das Pflugbein, die Nasenmuscheln, die Nasenknochen, die Siebplatte des Geruchbeins, die Höhle des

Grund- oder Hinterhauptbeins und die Höhlen des Stirnbeins. So nimmt denn der Geruchsinn unter den drei in Entfernung wirkenden Sinnen bei allen Thieren, selbst beim Menschen, den größten Raum ein, obgleich die viel kürzere Nase des letztern ihn mehr als bei den Thieren beschränkt.

An die Nasenknochen, die Oberkiefern und das Pflugbein setzen sich die Nasenknorpel fest, die ebenfalls mit der Geruchsmembran überkleidet sind. Diese steigt durch die hinteren Nasenöffnungen in die Mundhöhle hinab und geht in die auskleidende Membran, besonders in den weichen Gaumen über, welcher dem Geruch und dem Geschmack zugleich dient.

Die Menge von einzelnen Höhlen, welche durch die zwölf Knochen gebildet werden, über die sich das Geruchsorgan erstreckt, fließen in Eine zusammen, die zwei Oeffnungen nach außen und zwei in die Mundhöhle hat. Die nach außen sind mit einem Gewölbe überdeckt, das bei allen Thieren den am meisten in die Augen fallenden Theil des Gesichts ausmacht. Auch im Antlitz des Menschen ist die Nase die schönste Zierde, deren gelungene Form zum edlen Ausdruck des Gesichts unentbehrlicher denn alles ist; im Thier ist sie noch weit charakteristischer, in manchen außerordentlich groß, z. B. im Elephanten. Der Schnabel des Vogels, zugleich Nase und Assumtionsorgan, giebt dem Thiere seine Physiognomie: weniger thut dieß das Geruchorgan der niederen Thiere. Ueberall aber zeigt sich die Nase des Thiers gleich dem ersten Blick als dessen sehr vorzüglicher Theil und wenn beim Menschen Stirn und Auge den Geist mehr verkünden, so ist sie doch noch wichtiger für den Schmuck und die Würde seines Gesichts.

Die Nase ist jedoch nicht blos Geruchsorgan, sie ist auch der immer offne Weg für die zur Blutbereitung unablässig nöthige Luft; durch sie geht der Athem in die Lungen. Das Organ, das die der Luft beigemischten Substanzen unterscheiden sollte, mußte dem Durchgang der Luft offen seyn. Es mußte dazu nach hinten eben so zwei Oeffnungen haben, als nach vorn, damit es den Kehlkopf erreichte.

Mittelst dieser steht auch die Nase in offner, unmittelbarer Verbindung mit der Mundhöhle: mußte nicht der Sinn, der zur Assumtion der Nahrung reizt und die Speisen gleichsam prüfen und auswählen soll, mit den Organen der Assumtion eins seyn? Daher seine Verwandschaft mit dem Geschmack, die sich jedoch noch auf eine andre anatomische Verbindung gründet.

Wie beim Geschmack der Hauptnerv der Zungenast des fünften Paares und der Beinerv der Zungenschlundnerv ist, so ist der Nasenast des fünften Paares der Beinerv des Geruchnerven. Jeder Sinnennerv hat seinen Beinerven und vermuthlich ist es der Antagonismus dieser beiden, welcher das specielle, qualitativ verschiedene der Sinnenempfindung bedingt, denn die Sinnenthätigkeit hört sogleich auf, wenn auch nur einer der beiden Nerven verletzt ist. So ist denn das fünfte Paar, als der wichtigste Nerv des Geschmacks, zugleich als Beinerv des Geruchs wichtig und Verletzung der Integrität dieses fünften Paares hebt zugleich Geschmack und Geruch auf. Uebrigens bestehn oft beide Sinne in großer Unabhängigkeit von einander: es giebt Fieberkranke, die so gut als gar nichts schmecken, aber einen äußerst empfindlichen Geruch haben.

Außer der Haupthöhle der Nase sind zu bemerken:

1) die beiden Seitenhöhlen (antra Highmori). Sie nehmen die ganze Masse der Oberkiefer zwischen dem Zahnrand und den Augenhöhlen ein und öffnen sich in die Haupthöhle durch eine Oeffnung, welche von den Nasenmuscheln zum Theil verdeckt wird. Oben stehn sie mit den Siebbeinhöhlen in Verbindung.

2) Die beiden Stirnbeinhöhlen über den Augenbraunen. Auch sie sind mit den Siebbeinzellen verbunden, und viel enger, als vorige. Beim Menschen entwickeln sie und die vorigen sich erst spät, zwischen der Zeit des zweiten Zahnens und dem Hervorbrechen der vierten Backenzähne.

3) Die beiden Keilbeinhöhlen, die sich unter und in den Körper dieses Knochens bis ganz nahe an das Hinterhauptsloch erstrecken und beim Siebbein sich öffnen.

4) Die Siebbeinzellen. Sie dienen wesentlich zum Durchgang des Geruchsnerven und von ihnen beginnt die Geruchsmembran.

Diese Membran, die Schneidersche Haut von ihrem frühesten Beschreiber, auch die Schleimhaut der Nase genannt, kleidet die Haupthöhle der Nase nebst allen ihren Nebenhöhlen aus und erfüllt den doppelten Zweck als Absonderungsorgan und als Verbreitungsfläche des Geruchnerven. Sie erscheint als Fortsetzung der Epidermis, legt aber deren Natur gänzlich ab und wird zu einer weichen, markigen, weißen Haut, von ungleicher Stärke. Denn zart in den Nebenhöhlen, ist sie dick in der Haupthöhle. Mit kleinen Schleimbeuteln versehn, mit Gefäßen reichlich durchwebt, hängt sie durch sehr feines Zellgewebe fest an der Knochenhaut und geht an den vordern Nasenlöchern allmählig in die Oberhaut über, an den hintern aber verwandelt sie sich in die schleimabsondernde Membran des Gaumensegels und der hinteren Mundhöhle, und sie behält ihre Natur bei, nur daß sie aufhört, Verbreitungsfläche des Geruchnerven zu seyn.

Der Schleim, welchen sie absondert, dient zum Schutz der Nervenenden gegen die Rauhigkeit der Atmosphäre und zugleich zur Begünstigung der chemischen Wirkung des riechbaren in diesen Nervenenden. Im gesunden Zustande sondert sie ihn nur da ab, wo sie die Haupthöhle bekleidet, nicht in den Nebenhöhlen. Seine chemischen Eigenschaften sind merkwürdig genug: er enthält viel Natrum, färbt blaue Pflanzensäfte grün, zeigt Spuren von phosphorsaurem Kalk und kohlensaurem Ammonium, gerinnt nicht in der Kälte oder Hitze, trocknet an der Luft zu einem gummiähnlichen Körper aus und widersteht in diesem Zustande der Fäulniß. In der Kälte wird er in viel größerer Menge abgesondert, als sonst, und dieser trocknet nicht aus. Jede Veränderung des Zustands der Geruchshaut verändert auch diesen Schleim.

Außer durch diesen Schleim wird die Geruchshaut in einem großen Theil ihrer Ausbreitung auch von den Thränen befeuchtet, die, nachdem sie dem Augapfel ihre Dienste geleistet haben, in die Nasenhöhle abfließen, wie weiter unten umständlicher vorgetragen werden soll. Die Thränenknochen, auf welchen der Apparat von Organen liegt, die diesen Abfluß besorgen, gehören deßwegen auch zur Nase, die mit ihnen überhaupt vierzehn Knochen, zehn gepaarte und vier ungepaarte, einnimmt.

Arterien erhält die Geruchshaut aus der Gesichtsarterie und aus der Augenschlagader. Diese leztere entspringt aus der innern Karotis, jene aus der äußeren: es findet also eine innige Verbindung der Blutgefäße des Hirns und der Nase statt und Bluten aus letzterer entleert örtlich das Hirn. Zum Bluten ist aber das Gefäßnetz der Geruchshaut sehr geneigt, besonders in der Jugend: die kleinen Gefäße behalten hier einen beträchtlichen Durchmesser, und, wenn sie anschwellen, können sie sich nur nach außen erweitern, da sie von der inneren Seite an der knöchernen Wand des Geruchsorgans befestigt sind. Die Menge der Gefäße der Nase ist sehr bedeutend im Verhältniß zu der in den beiden andern Sinnorganen.

Von den Nerven der Geruchshaut ist der wichtigste der Geruchsnerv. Er ist der erste aller Hirnnerven, höchst ausgezeichnet durch Form, Ursprung und Verlauf, von allen der kürzeste, nämlich vom Riechkolben an gerechnet, und geht mit keinem andern Nerven irgend eine Verbindung ein.

In den niederen Thieren, selbst noch in den unteren Classen der Säugthiere, hat er kein anderes Ganglion, als das große Gehirn oder die Hemisphären selbst. In den ausgebildetsten Säugethieren und im Menschen bildet er sein Ganglion außer der Hirnmasse und ist selbst durchaus ganglionartig. Doch in allen entspringt er aus den Hemisphären. Sömmerring beschreibt ihn, wie folgt:

„Er zeigt seine längste und feinste äußere markige Wurzel am hinteren Rande des vorderen Hirnlappens, durch die Gefäßhaut des Hirns durchschimmernd, gleichsam in die graue Substanz eingelegt. Diese Wurzel wird im Fortschreiten allgemach breiter, und indem sie

sich

sich, um nach vorn zu gehn, umbeugt, vereinigt sie sich mit einem bis zwei andern, inneren kürzeren, aber ungefähr gleich breiten Markfasern, die tief aus dem Hirn, unfern des grauen Hügels, kommen, und mit einem aus der grauen Substanz des vorderen Hirnlappens abgehenden Hügelchen, das aber bald ebenfalls markig weiß wird, worauf er als ein dreieckiger, mit Gefäßhaut überzogener, vom Hirn abgesonderter, aber sehr weicher Nerv in einer eignen Furche des vorderen Hirnlappens liegt. Er nähert sich in seinem Fortgang immer mehr dem von der andern Seite, so daß er zuletzt blos durch die Sichel der harten Hirnhaut, die sich an das Siebbein setzt, von ihm getrennt ist, auch liegt er weniger tief in seiner Furche und wird breiter, aber dünner, hat ein streifiges Ansehn, als wenn drei Markfasern mit zwei grauen Fasern abwechselten, ändert seine dreieckige Form und geht mit einemmal mit dem Siebbein in eine sehr weiche graue Kolbe über, in welcher seine Markfasern durch graue Substanz nervenknotenartig von einander getrennt werden.

Drauf theilt er sich noch im Cranium in weiche zarte Aestchen unter verschiedenen Winkeln, scheint sonach von der festen Hirnhaut überzogen zu werden, tritt durch die Löcher der Siebplatte des Riechbeins, um in den Canälchen dieses Knochens sich zu zertheilen und mit an Dicke verschiedenen, in zwei Reihen geordneten Aestchen, die, nachdem sie durch den Knochen gedrungen sind, sich eben so hart und fest, als andre Nerven, zeigen, in der Riechhaut zu verbreiten."

Wie alle Sinnennerven Hülfsnerven haben, so hat er die seinigen in mehreren Zweigen des fünften Paars. Der erste Ast des großen Kiefernerven giebt einen Zweig ab, der sich mit den Ciliarnerven verbindet, sodann durch das Siebbeinloch ins Cranium zurückgeht, die Siebplatte durchdringt und sich zugleich mit dem Geruchsnerven in die Zellen des Siebbeins, in die Stirnhöhlen und in die Scheidewand der Nase verbreitet. Der zweite Ast des fünften Paars giebt der Nase zwei Zweige und der Gaumen- und Zahnnerv verbreitet sich zum Theil gleichfalls in die Geruchshaut.

Derselbe Kiefernerv also, den wir als Hauptnerven des Geschmacks bereits kennen, ist auch Hülfsnerv des Geruchs. Dieß ist der bereits erwähnte Hauptgrund der nahen Verwandschaft beider Sinne.

Wenn wir behaupten, daß der Geruchssinn im Menschen von seiner Dignität sehr viel verloren habe und in tiefer stehenden Thieren ungleich vollkommner entwickelt sey, so beruht dieß auf folgenden Beweisen.

1) In den niederen Thieren ist das Ganglion des Geruchsnerven die größte Hirnmasse selbst: in den Säugethieren und im Menschen besonders ist er selbst sein eignes Ganglion und hat zwar seine Wurzeln in den großen Hemisphären, aber kein weiteres Ganglion im Hirn.

2) Im dreimonatlichen Fötus ist der Geruchsnerv sehr stark und hohl. So bestätigt denn auch er, daß die Natur sich gefallen hat, den Fötus die niederen Thierbildungen durchgehn zu lassen und die höhere Entwicklung des Menschen auf Kosten der Organe herbeizuführen, die im Thiere auf einer höheren Stufe stehn. Umgekehrt liegt am Tage, daß er mit dem Fortschreiten des Ganzen nicht Schritt hält, sondern zurückgeht. Die Höhlenbildung ist allenthalben ein Zeichen größerer Vollkommenheit der Nervengebilde: der Geruchsnerv verliert

sie im sich entwickelnden Menschen, indem er zugleich kleiner wird, als er anfangs war.

3) So groß auch der Raum ist, den das Geruchsorgan des Menschen einnimmt, so ist es doch klein im Verhältniß der thierischen. Der Mensch hat von allen Thieren das kleinste Kiefersystem: dieß aber ist das Ganze, von welchem die Nase wesentlich nur einen Theil ausmacht; ihre Größe und Entwicklung nimmt zu, wie die des Kiefernsystems zunimmt und im Insect ist sie oder vielmehr der Geruchsinn gar nicht von ihm getrennt, sondern allenthalben durch dasselbe verbreitet, da das Insect keiner Nase zum Athmen bedarf, sondern überall offne Spiracula zum Einathmen der Luft hat.

4) Im Thier entwickelt es sich viel schneller, als im Menschen. Ehe das Thier von Gesicht und Gehör recht Gebrauch machen kann, zeigt ihm schon der Geruch den Weg zu seiner Nahrung. Das Kind riecht nicht. Erst in den Jahren der Mannbarkeit entwickelt sich die Nase mit ihren Nebenhöhlen vollständig: letztere sind im Kinde noch unentwickelt, in bloßer Anlage vorhanden. Im Erwachsenen ist die Haupthöhle der Nase an ihrem unteren Theil mit Haaren besetzt, die die Empfindlichkeit mildern, überhaupt auf größrres Vegetations- als Vorstellungsleben deuten. Die thierische Nase ist von Haaren frei, weich, mit der dünnsten Epidermis nach außen gedeckt, feucht, schlüpfrig, kurz auf den ersten Blick mit größerer Liebe von der Natur gebildet, als die des Menschen.

5) Das Thier wird von seinem Geruch viel richtiger geleitet, als der Mensch. Nichts zieht das Thier als wohlriechend an, außer was ihm gesunde, passende Nahrung gewährt. Dem Menschen riechen eine Menge

Dinge angenehm und einladend, die gänzlich ungeschickt zur Nahrung sind, namentlich alle Blumen, ätherische Oele, Gummen und Harze, Naphthen und Gewürze. Diese riechbaren Theilchen selbst, die ihm so angenehm sind, werden mehrentheils zugleich mit dem Hydrogengas entwickelt, einer Luftart, die ihn erstickt und tödtet: der Geruch verlockte ihn, sich gefährlichen Genüssen auszusetzen und einige höchst angenehm duftende Blumen, z. B. Tuberosen, verhauchen tödtliche Dünste in Menge.

Umgekehrt locken die besten Nahrungsmittel, die es für ihn giebt, seinen Geruch entweder nicht an, oder sie sind ihm gar zuwider. Alle mehlige Früchte ermangeln des Wohlgeruchs und constituiren doch offenbar die Classe der nützlichsten Nahrungsmittel des vegetabilischen Reiches für den Menschen. Nicht blos die Kohlarten und manche Wurzeln, die in der That auch geringen Werth als Nahrungsmittel haben, sondern selbst das frische Fleisch der Thiere, das beste und gesundeste Nahrungsmittel des Menschen, riecht ihm widrig; erst durch die künstliche Bereitung erlangt es Wohlgeruch, der jedoch sehr viel minder angenehm ist, als der Wohlgeruch mehrerer Obstfrüchte, die geringe Nahrung geben. Selbst von diesen sind die am lieblichsten duftenden, als Erdbeeren, Himbeeren, darum nicht ~~auch~~ die nahrungsreichsten. Mit einem Worte, wenn der Geruch den Menschen eben so zum Auffinden seiner Nahrung leiten sollte, wie er das Thier leitet, würde er ihn sehr verführen. Folglich hat der Geruchsinn für den Menschen keine Bedeutung: eben so, wie der Geschmack manches wohlthätige unangenehm und manches schädliche angenehm wahrnimmt, eben so empfindet auch der Geruch viele ungenießbare Dinge oder schlechte Nahrungsmittel, ja sogar manche giftige Substanzen angenehm, viele trefliche Nahrungsmittel gar nicht oder widrig, wenn das Thier durch den Reiz des Wohlgeruchs zu seiner Nahrung sicher geführt wird.

Nur darin kommt der Mensch mit den vorzüglicheren Thieren überein, daß ihm alle seine Excretionen höchst widrig riechen und der Geruchsinn hat allein dadurch für ihn wahren Werth, daß er ihn an die Pflicht der Reinlichkeit erinnert.

6) Was man auch immer von dem ausnehmend feinen Geruch wilder Völker rühmen möge, so ist doch gewiß, daß nicht nur die Zweckmäßigkeit, sondern auch die Intensität den Geruchsinn der Thiere weit über den des Menschen erhebt. Das Thier hat höchst klare und bestimmte Vorstellungen auf den Geruch und nimmt durch denselben eine Menge Veränderungen wahr, die uns gänzlich entgehn. Sie wittern voraus, wenn der Zustand der Atmosphäre sich verändern wird, sie unterscheiden, wenn ein Kranker sterben wird, wie hievon schon früher Erwähnung geschehen ist, außer so manchen andern fast ans wunderbare gränzenden Erscheinungen. Der Hund verfolgt die Spur des gejagten Thiers, die seines Herrn, mit der allergrößten Bestimmtheit, in erstaunlicher Weite: nicht Nässe, nicht Wind, nicht Frost vertilgt die einmal gefundene Spur. Der Mensch erlangt gar keine klaren Vorstellungen durch den Geruch: alles läuft bei ihm auf verschiedne Grade des angenehmen hinaus und er ist sehr geneigt, manche ganz disparate Dinge für einerlei riechend zu halten, z. B. Veilchenwurzel und Veilchen. Auch ist beim Geruch sehr vieles individuell und dem einen riecht angenehm, was dem andern widrig auffällt.

Sehr viele Körper riechen, nachdem sie gerieben oder befeuchtet worden: trocken und ruhig stehend riechen sie nicht. Die Elektricität, ihr Erweckung nämlich, erhöht die Riechbarkeit aller Körper. Sehr vieles riecht schlecht, wenn es in seiner vollen Stärke wirkt; sehr verdünnt wird es wohlriechend. So werden zu den feinsten Parfüms Moschus und Asand genommen, die, wo starke Quantitäten beisammen sind, den meisten Menschen sehr widrig riechen. Manche Menschen werden ohnmächtig durch gewisse Gerüche, die andern sehr angenehm sind, als Cascarillen, Erdbeergeruch.

Das Gehör.

Wenn wir bei Erklärung der Organe der speciellen Empfindung von den untersten begonnen haben und mit dem vollkommensten enden sollen, so ist ungewiß, ob nicht dem Gehörsinn eigentlich die höchste Stelle gebühre. Wir folgen der Gewohnheit, indem wir sie dem Gesichtsinn geben, da doch der Gehörsinn unstreitig im Menschen sehr hoch entwickelt und bestimmt ist, die Töne der menschlichen Stimme zu vernehmen, die unmittelbar das höchste Leben des menschlichen Wesens anregen.

Die Anatomie hat eine wesentliche Lücke gelassen, indem ihr noch nicht gelungen ist, das eigentliche Hörorgan im menschlichen Gehirn nachzuweisen. Wir hören im Gehirn, nicht im Ohr, und so wie wir im vorderen Paar der Vierhügel sehn, so haben wir gewiß auch ein ganz analoges Hirnganglion, in welchem wir hören, aber wir kennen es nicht mit Gewißheit.

Man verfolgt den Hörnerven, den siebenten, nach der Ordnung vom Geruchnerven an, bis in die vierte

Hirnhöhle und sieht ihn Faden von der Varolschen Brücke erhalten. Allein diese ist sicher nicht das Hörganglion, denn sie fehlt bei den Thieren, die sehr wohl hören, und außerdem giebt sie mehreren andern Nerven gleichfalls Fäden. Der Geruchsinn muß sein eignes Organ im Hirn haben, das keiner andern Nebenfunction angehört, so wie der Gesichtsinn. Conjecturen sind überflüssig; der Folgezeit ist aufbehalten, es mit Bestimmtheit nachzuweisen.

Wir können also die Beschreibung des so kunstreich und wunderbar gebildeten Hörorgans nur vom Hörnerven anfangen. Sein Ursprung ist schon genannt worden: an der Varolschen Brücke tritt er, überzogen von Gefäßhaut, vom Gehirn ab, behält eine sehr weiche Consistenz und bleibt sichtbar in drei Massen getheilt, die eine Rinne bilden, in welcher der Antlitznerv liegt, der jedoch nie sich durch Markfäden mit dem Hörnerven verbindet. An dem Felsentheile des Schläfebeins verläßt ihn der Antlitznerv und er tritt mit seinem vorderen, weichsten Ast zur Schnecke, mit den beiden übrigen in die halbkreisförmigen Canäle und übrigen Theile des inneren Ohrs.

Der Hülfsnerv desselben ist der Antlitznerv, der den Fallopischen Canal durchläuft, durch das eirunde Fenster ins innere Ohr tritt, allen Hörmuskeln Zweige giebt und die Chorda tympani bildet.

Dieß sind die Nerven, welche die Schallempfindung ins hörende Gehirn leiten. Aber diese Schallempfindung zu erregen hat die Natur ein äußerst künstliches Organ gebaut, dessen deutliche Beschreibung keine leichte Aufgabe ist.

Der unbedeutendste Theil derselben ist das äußere

Ohr, dessen Lage jedermann kennt, so wie dessen oft variirende Form. Fast bei allen Säugethieren hat die Natur dasselbe viel größer und zweckmäßiger ausgebildet, als beim Menschen, dessen ungeachtet hören sie sehr gut, wenn es auch verloren gegangen ist. Auch der Mensch hört nach abgeschnittnem äußeren Ohr ungefähr eben so gut, als mit demselben. Dies äußere Ohr ist ein ovaler, muschelförmiger, dünner Knorpel, mit Haut überzogen, nach hinten mit einer Furche, nach vorn mit einer kleinen Klappe versehn, die den äußeren Gehörgang sehr unvollkommen bedeckt, in der Mitte hohl mit einer mitten durchlaufenden Erhöhung, nach unten aus einer bloßen Hautduplicatur bestehend. Es soll die Schallstrahlen nach dem äußeren Gehörgang hin sammeln. Zum Scherz hat es der Natur gefallen, in ihm einige Muskelchen anzulegen, die das Thier gemeiniglich, unter den Menschen aber blos einer von hunderttausend, ohne Zweck und Nutzen, bewegen kann.

Aus diesem äußeren Ohr führt ein mit Haut ausgekleideter, anfangs knorplichter, bald aber knöcherner, kurzer, gebogner Canal, der neun Linien Länge, 4''' Höhe u. 3''' Breite hat, in die inneren Höhlen im Felsentheile des Schläfebeins. Der größere Theil dieses Canals ist knöchern: am vorderen Rande sitzt ein unvollkommner Knorpelring fest, der auch mit dem Knorpel des äußeren Ohrs zusammenhängt, eigentlich doppelt und nach oben offen ist, den Luftröhrenknorpeln einigermaßen vergleichbar.

In diesem Canal, dessen auskleidende Haut mit kurzen, feinen Härchen reichlich besetzt ist, wird aus kleinen Talgdrüsen das Ohrenschmalz abgesondert, eine gelbe Fettigkeit, die sich an der Luft verdickt und dunkler färbt, bitter schmeckt, außer Fett auch etwas Eiweißstoff und Extractivstoff enthält, und vermuthlich keinen höheren Zweck hat, als den, die Insekten vom Eindringen in den Gehörgang abzuhalten.

Nach hinten ist der Gehörgang durch eine Haut verschlossen, die von aussen mit einer dünnen, feinen Fortsetzung der Haut, der Conjunctiva des Auges gleich, von innen mit dem Periosteum der Paukenhöhle, überkleidet ist. Es gelingt zuweilen, beide Bekleidungen durch Maceration von dem eigentlichen Paukenfell, das in der Mitte beider liegt, abzuziehn. Dann bleibt eine gespannte, trockne Haut übrig, in welche sich Gefäße, strahlenförmig, wie in die Iris, ausbreiten. Das ganze Paukenfell erscheint als eine durchsichtige, glänzende, ovale, elastische, vier Linien etwa im Durchmesser haltende Membran, die in einem knöchernen Ring ausgespannt ist, welcher nach oben eine Lücke läßt. Sie ist in ihrem unteren Theile äußerlich concav, innerlich convex, und verschließt die Paukenhöhle vollkommen, wiewohl Haller der Meinung ist, der Tabaksrauch, den manche durchblasen, könne oben, wo der Knochenring eine Lücke läßt, durchdringen. An Nerven ist das Paukenfell sehr reich; es bekommt sie vom Antlitznerven. Blutungen aus dem Ohr beweisen seine Zerreißung; auch wird es sehr oft durch Eiterung durchlöchert. Der Mensch verliert sein Gehör nicht, wenn es auch durchlöchert ist.

Die Gestalt der Paukenhöhle ist unregelmäßig gewölbt zwischen dem hinteren Ende der Mundhöhle bis zu den Labyrinthzellen, die den Zitzenfortsatz des Schläfebeins füllen. Am verständlichsten wird sie uns, wenn wir sie als Fortsetzung der Eustachschen Röhre ansehn und so bildet sie sich auch im Embryo, indem nämlich erst die Mundhöhle, dann die Eustachsche Röhre, nach dieser die Paukenhöhle und zuletzt das Labyrinth sich entwickeln, also daß die Entwicklung zur Zeit der Geburt schon ganz vollendet ist und unter allen Knochen des Körpers der das Gehörorgan enthaltende Theil des Schläfebeins zuerst ossificirt und zuerst vollendet wird. Ihr mittler Durchschnitt beträgt vier Linien.

Das erste, was dem Paukenfell in der Paukenhöhle, vorn, gegenüber steht, ist die offne Mündung dieser Eustachschen Röhre, die, so lange sie im Felsenbein fortläuft, ein knöcherner Canal ist. Sie windet sich nach vorn zwischen dem Dornfortsatz des Grundbeins und der Karotis nach der Mundhöhle zu, wird knorplicht und zuletzt häutig, allmählig weiter, bis sie sich gegen den weichen Gaumen in die hinteren Nasenlöcher öffnet, welche Oeffnung mit einer ringförmigen Wulst verschlossen ist, damit nicht Speisen in sie gelangen, welches auch besonders durch die Wirkung des Gaumensegels unmöglich wird, das sich beim Schlucken an die Zunge drückt. Durch sie hat die Atmosphäre freien Eintritt in die Paukenhöhle; ist sie verstopft, so hört das Gehör auf, folglich ist sie wesentlich nothwendig. Warum mag aber die Natur den äußeren Gehörgang gegen die Atmosphäre verschlossen und das Ohr ihr durch die Mundhöhle geöffnet haben? Ohne Zweifel, um es gegen die Kälte der Luft zu schützen, die nicht anders als erwärmt in die Paukenhöhle aus Mund und Nase kommen kann, woher sie denn auch dünner ist als die äußere Luft. Unstreitig ist auch dies Bedingung des leisen Hörens, denn in sehr heißer Luft, die die Temperatur des Körpers übersteigt, hört der Mensch nicht gut und fühlt sein Ohr unangenehm afficirt. Ein zischendes Geräusch im Ohr pflegt er dann gewöhnlich zu vernehmen. Die Haut, welche die Eustachsche Röhre auskleidet, ist eine Fortsetzung der Schleimhaut der Rachenhöhle, welche sich endlich in das Periosteum verwandelt.

Zweitens enthält die Paukenhöhle die drei Gehörknöchelchen, welche eine Leitung vom Paukenfell zum eirunden Fenster bilden und von eigenthümlichen Muskeln bewegt werden. Man nennt sie Hammer, Ambos und Steigbügel: ersterer bewegt sich am Paukenfell, letzterer am eirunden Fenster. Ihre Form zu beschreiben ist eine Unternehmung, die dennoch zu keinem so deutlichen Bilde führt, als ihr Anblick oder selbst ein guter Kupferstich verschaffen kann.

Diese drei Gehörknöchelchen mit ihren Gelenkchen und Muskelchen sind ganz frei im leeren Raum der Paukenhöhle und blos am Ende der beiden Leitungspuncte, am Paukenfell und am eirunden Fenster befestigt. Dies eirunde Fenster, von ganz ähnlicher Natur, wie das Paukenfell, führt in den Vorhof. Es ist aber noch ein rundes Fenster in der Paukenhöhle, das in die Schnecke führt.

Nämlich die innere Wand der Paukenhöhle bildet eine Erhabenheit, über welcher das eirunde Fenster, und unter welcher das runde Fenster sich befindet; beides sind Ausspannungen des Periosteums über Oeffnungen im Felsenbein, doch vor dem runden Fenster ist eine besondre Membran in eine kleine Knochenrinne ausgespannt.

Hinter diesem und vor dem eirunden Fenster befinden sich Vertiefungen, welche zu den Zellen im Zitzenfortsatz des Schläfebeins führen. An der Seite des runden Fensters ist eine pyramidalische Erhabenheit, an deren äußerer Seite die Chorda tympani, ein Zweig des Hülfsnerven des Gehörsinns, hervorkommt.

Die innere Seite dieser pyramidalischen Erhabenheit ist hohl: sie ist aber der Vorhof, zu welchem das eirunde Fenster führt. Vorhof wird er genannt, als der freie Theil des Labyrinths, in welchem sich die Schnecke nach vorn und innen, und die halbkreisförmigen Canäle nach hinten und außen befinden.

Dies Labyrinth mit seinem Vorhof, seinen drei halbkreisförmigen Canälen, seiner Schnecke und seiner doppelten verschloßnen Oeffnung in die Paukenhöhle ist das innere Heiligthum des Gehörsinns, von allen Seiten ganz verschlossen gegen die Atmosphäre.

Es ist der innerste Theil der Höhle des Felsenbeins und dessen härtester: nächst dem Schmelz der Zähne erlangt kein Knochentheil so große Festigkeit, als dies innerste Ohr. Die inneren Wandungen des Vorhofs sind glatt, der Grund durch eine scharfe Erhabenheit in zwei Gruben getheilt, deren eine rund und nach der Schnekke zu, deren andere oval und nach den drei Canälen zu gekehrt ist. Im Vergleich mit der Paukenhöhle ist der Vorhof klein. In ihn eröffnen sich die Schnecke und die fünf Mündungen der halbkreisförmigen Canäle. Aus dem nervenreichen Periosteum des Vorhofs wird eine zarte Feuchtigkeit abgesondert, welche das Labyrinth mit allen seinen Theilen ausfüllt.

Die drei halbkreisförmigen Canäle sind das erste, was im Fötus verknöchert. Sie zu beschreiben, so daß sich, wer sie nicht gesehn, ein anschauliches Bild von ihnen machen kann, ist unmöglich. Zwei von ihnen haben die eine Oeffnung gemeinschaftlich, am andern Ende hat jeder seine eigne: der dritte hat beide Oeffnungen für sich. Sie sind hohl und der Hörnerv liegt in Gestalt zweier unebener, mit Wasser gefüllter Bläschen, die äußerst zart und durchsichtig sind, ihren Mündungen gegenüber.

Die Schnecke ist noch viel subtiler und künstlicher gebildet, als sie. Im innersten Theile des Labyrinths liegt sie so, daß ihre Spitze sich dem vordersten Gehörknochen, ihre Grundfläche dem Hörnerven nähert. Um einen knöchernen Kegel windet sich eine knöcherne Röhre in dritthalb Windungen, (d. i. die zwei vollkommne Kreise und einen halben bilden). Diese Windungen sind von innen nach außen in ihrer Mitte durch ein äußerst feines Knochenblättchen halb getheilt, das in eine Membran übergeht und solchergestalt die Windungen mitten durch in zwei Hälften trennt, deren größere durch das runde Fenster mit der Paukenhöhle, dann auch mittelst des concaven Endes des Kegels in ihrem Centrum mit der andern Hälfte in Verbindung steht. Die kleinere Hälfte ragt offen in den Vorhof. Die subtile Flüssigkeit, in welcher der weiche Hörnerv in den Windungen der Schnecke schwimmt, hat für ihr Uebermaas eine eigenthümliche Ableitung.

Der Hörnerv tritt in die Schnecke durch den Kegel in ihrer Mitte, getheilt in drei Portionen und vertheilt sich im ganzen Labyrinth, während sein Hülfsnerv die Paukenhöhle versieht. In zwei äußerst feinen, durchsichtigen Säcken im Vorhof, die den Canälen so gegenüber stehn, daß sie wie dünnere Röhren in die weiteren Mündungen derselben hineinragen, ohne jedoch in ihre Höhle einzudringen, verbreitet sich eine Hauptparthie des weichen Gehörnerven. Aeußerst feine Blutgefäße, zum Theil aus dem Arterienkranze der Schädelbasis, versehn dies merkwürdige, wundervolle Organ mit dem Mittel zur Unterhaltung des vegetabilischen Lebens.

Sollte man nicht, wenn man das Hörorgan blos aus der Beschreibung kennte, meinen, dies Hörorgan mit seinen vielen einzelnen Theilen bedürfe eines beträchtlichen Raums? In der engen Höhlung des kleinen Felsentheils des Schläfebeins hat die Natur alle diese Mannichfaltigkeit von Canälen und Höhlungen und Membranen zu entwickeln gewußt.

So bildet denn das Ohr drei Hauptpartheien, das äußere Ohr, die Paukenhöhle und das Labyrinth, die ersten beiden der Atmosphäre offen, die dritte ihr verschlossen, das äußere Ohr knorplicht, die beiden inneren Höhlen knöchern. Schon in der Paukenhöhle bewundern wir den zarten Bau der Hirnknöchelchen, die eine elastische, bewegliche Leitung zwischen zwei gespannten Membranen herstellen. Aber noch viel mehr müssen wir im Labyrinth die Structur der Canäle und vorzüglich der Schnecke bewundern mit ihrem Spiralblatt von ungleicher, symmetrisch abnehmender Breite, mit ihrer in die Paukenhöhle verschloßnen, in den Vorhof offnen Mündung, mit ihrem weichen, in einer Thautropfen gleichenden Füssigkeit schwimmenden Nerven, der da leise zitternd die Töne zu seinem Ganglion leitet, das wir nicht einmal kennen.

Der Mensch hat unter allen Thieren das künstlichste und vollendetste Gehörorgan. — Ob die Mollusken hören, wissen wir nicht; die Insecten hören, aber wir wissen bis jetzt noch nicht, wo bei ihnen das dem Ohr analoge Organ ist.

Erst in den Fischen sehn wir deutlich ein Hörorgan. In ihnen zeigen sich die halbkreisförmigen Canäle und eine häutige Höhle, welche Cuvier mit der Schnecke vergleicht. Im Reiche der Amphibien werden alle Theile des Labyrinths vollständig ausgebildet, allmählig auch eine Spur der Paukenhöhle.

Die Vögel haben ein Labyrinth mit großen halbkreisförmigen Canälen und eine Paukenhöhle, doch in ihr nur einen Gehörknochen. Allein das äußere Ohr fehlt den Vögeln und selbst den Cetaceen.

Erst die vollkommneren Säugethiere haben vollständig alle Organe, die auch der Mensch hat, doch mit großem Unterschied in der Gestalt und Größe der drei gespannten Membranen, des Paukenfells, des runden und des ovalen Fensters, und in den Verhältnissen der Schnecke und der drei Canäle. Je weiter die Bildung derselben von der menschlichen abweicht, desto unerträglicher werden den Thieren die Töne der Musik, so daß dem einen Thiere Schmerz macht, was das andre entzückt.

Vom künstlichsten Theile, vom Labyrinth aus beginnt die Natur die Bildung des Ohrs; besonders fehlen die halbkreisförmigen Canäle keinem Geschöpf, bei dem wir ein Gehörorgan deutlich nachweisen können. Weiter hinauf fügt die Natur dem Labyrinth auch die Paukenhöhle bei, die sie allmählig immer vollständiger ausbildet, bis sie den Säugethieren auch noch ein äußeres Ohr zu dem inneren zugiebt. Im Menschen geht sie insofern wieder etwas rückwärts, als sie ihm das äußere Ohr mehr abgekürzt hat, als verhältnißmäßig jedem andern Säugethier von ähnlicher Größe.

Auf die Frage, wie jeder einzelne Theil des Gehörorgans zum Hören wirkt, verstehn wir nicht rechte Antwort zu geben. Der Schall bewegt sich durch drei Höhlen nach der Schnecke und den drei halbkreisförmigen Canälen. Die erste Höhle zeigt durch ihren trichter- oder richtiger muschelförmigen Bau, in dessen Grunde der äußere Gehörgang anfängt, den das schräg gestellte Paukenfell schließt, daß sie bestimmt ist, die Schallstrahlen zu sammeln und gegen das Paukenfell hinzuleiten. Dies ist gespannt: sie ist also fähig, in elastische Schwingungen versetzt zu werden, welche sich durch die künstliche, zarte Leitung der drei zarten elastischen Gehörknochen unmittelbar nach dem gleichfalls elastischen eirunden Fenster hin fortpflanzen, das das Labyrinth verschließt, das Heiligthum des Hörnerven.

In diesem befindet sich Wasser, das durch die Bewegung des eirunden Fensters erzittert. So hat denn jede Höhle des Ohrs ein verschiednes elastisches Medium und eine verschiedne harte Leitung.

Das elastische Medium des äußeren Ohrs ist die Atmosphäre selbst; das der Paukenhöhle ist gleichfalls atmosphärische Luft, aber verdünnt durch die Wärme der Mund- und Nasenhöhle und vermischt mit deren Dünsten. Das Medium des Labyrinths endlich ist Wasser. So geht denn der Schall aus dem dichteren Medium in ein dünneres, um dann in das dichteste zu gelangen.

Die Leitung durch feste Körper geschieht im äußeren Ohr durch den elastischen Ohrknorpel, in der Paukenhöhle durch bewegliche Knochen, im Labyrinth durch die festesten, elastischsten, unbeweglich stehenden Knochen.

Noch ist ein Gegensatz zwischen den halbkreisförmigen Canälen und der Schnecke, sowohl was ihre Form, als was die Nervenvertheilung durch sie betrifft.

Der

Der Nerv schwimmt in den Windungen der Schnecke selbst: den Canälen spannt er sich in Gestalt des häutigen, mit Wasser angefüllten, im Wasser schwimmenden Bläschens an ihren Mündungen entgegen. Die Canäle bilden auch drei Windungen, wie die Schnecke, doch fehlt ihnen das Spiralblatt der letzteren und der Ton geht nicht in den Windungen fort, wie in der zusammenhängenden Schnecke. Was aber durch diese Gegensätze eigentlich beim Gehörgeschäft erreicht wird, das weiß niemand genau anzugeben.

Die Eustachische Röhre hat außer dem, daß sie die Paukenhöhle mit verdünnter Luft versorgt, auch noch den Nutzen, daß sie dem Ohr des Menschen die eigne Stimme vernehmlicher macht, als sie es durch s äußere Ohr seyn würde. Sie fehlt bei den stimmlosen Thieren, diese haben aber überhaupt kein so ausgebildetes Ohr.

Am allerschwersten dürfte die Erklärung des Nutzens des runden Fensters seyn. Durch dasselbe hat die größere Scale der Schnecke eine unmittelbare Communication mit der Paukenhöhle, nebenher noch eine andre mit dem Labyrinth, in welches die kleinere Scale sich allein öffnet. Den Werth dieser Vorrichtung verstehn wir nicht. Denken wir an die große Wichtigkeit des Paukenfells und des eirunden Fensters, so ist zwar der Analogie nach zu schliesen, daß die des runden nicht geringer seyn werde, aber desto weniger können wir sie nachweisen.

Durch das Gehörorgan wird eine Wirkungsart der Außenwelt für uns aufgeschlossen, die uns ohne sie völlig unbekannt bleiben müßte. Die riechbaren Stoffe und selbst das Licht erkennen wir in und durch chemische und kosmische Wirkungen außer der auf unsere Sinne, aber den Schall kennen wir nur, weil unser Ohr ihn vernimmt: außer der Wirkung auf dieß hat er keine andre.

Zwar hat Chladni durch den Schall verschiedne, sehr bestimmte, geometrische Figuren, gebildet von kleinen Körperchen, die auf einer tönenden Scheibe liegen, hervorgebracht. Allein man hat vielleicht von dieser Entdeckung mehr für die Erklärung des Schalls verlangt, als sie leisten wollte, da Chladni wohl in der Theorie des Klangs, aber nicht des Schalls überhaupt viel aufgeklärt hat. Denn nicht der Schall, sondern der Klang oder Ton, eine bloße Unterart des Schalls, bringt diese Figuren hervor. Daß aber alle Körper ein verschiednes Leitungsvermögen des Tons besitzen und daß mit diesem die Bewegung im Verhältniß stehe, durch welche sie den Ton leiten, daß dessen Höhe und Tiefe diese Bewegung modificire, sind sehr in die Augen fallende Wahrheiten, welchen die sichtbar dargestellten regelmäßigen Figuren des Sands auf tönenden Scheiben blos zum Beweis dienen.

Die Lehre vom Schall gehört in die allgemeine Physik: hier kommen nur einige Fragen in Betracht, die den Gehörsinn zunächst angehn.

Die erste betrifft die äußere Realität des Schalls. Daß nur das objectiv reale auf unsre Sinne wirke, ist uns nothwendig zu glauben: wollten wir es aber bezweifeln, so beweist schon die verschiedne Leitungsfähigkeit der Körper für den Schall, daß er etwas außer uns zum Grunde habe. Denn entspräche ihm nichts außer uns, so müßte er von allen Körpern gleich schnell geleitet und durch alle gleich stark fortgepflanzt werden, da dieß ein bloßer Schein und die Wirkung ganz allein in uns selbst, folglich von den äußeren Körpern völlig unabhängig wäre.

Was ist aber dieß Schallende außer uns? Lange Zeit hat man geglaubt, es sey ein elastisches Erzittern und Schwingen der Luft, welches uns den Schall vernehmlich mache. Dieß ist völlig unwahr, denn

1) die Luft pflanzt den Schall binnen einer Secunde 1034 Fuß weit fort, feste Körper pflanzen ihn aber weit schneller fort und ein leises Geräusch, an einer aus festem Material bestehenden Rinne oder Fuge veranlaßt, welche oval oder kreisförmig läuft, wird von dem, der im Durchschnittspunct des gegenüberstehenden Endes des Durchmessers steht, ohne berechenbaren Zeitverlust vernommen. Metallstangen pflanzen den Schall viel stärker und schneller fort, als Luft. Ist die Erde trocken und hart, z. B. im Winter, wenn kein Schnee liegt, so beschleunigt und verstärkt diese die Fortpflanzung des Schalls, der über bewachsene oder feuchte oder aus beweglichem Sande bestehende Flächen sich viel langsamer bewegt und bei weitem nicht so weit vernommen wird. Wenn aber andre Körper den Schall besser leiten, als die Luft, so kann er nicht in Bewegung derselben bestehn.

2) Starker Knall, der feste Gebäude beben macht, Fensterscheiben sprengt und alles klangbare in Widerhall setzt, bringt doch nicht die allermindeste Bewegung der Luft hervor. Die Flamme eines Lichts bewegt sich nicht, eine Flaumenfeder bleibt ruhig auf ihrer Stelle liegen. Luftwellen sind also die Schallwellen nicht und Tönen ist keine Modification der Luftbewegung.

Man hat neuerdings den Schall mit dem Licht,

der Wärme und dem magnetischen, elektrischen und galvanischen Wirken verglichen, die große Aehnlichkeit aller dieser Wirkungen unter sich nicht verkannt und geschlossen, er sey ein imponderabler Stoff, wie denn allen diesen sechs Wirkungen ein ähnlicher imponderabler Stoff zum Grunde liege. Die Lehre von diesen imponderablen Stoffen ist noch sehr fern von wissenschaftlicher Bestimmtheit und Sicherheit. Man getraut sich nicht, sie Körper zu nennen, auch zeigen sie Eigenschaften, die sich mit dem bisherigen Begriff von Körper nicht vertragen: gleichwohl, wenn sie Stoffe sind, sind sie materiell, folglich Theile der Materie, beschränkt durch eine begrenzte Raumerfüllung, d. i. Körper.

Am ersten läßt sich mit dem Begriff desselben der Mangel der Wägbarkeit vereinigen. Wenn eine ursprüngliche Antithese allein die Existenz der endlichen Dinge möglich und begreiflich macht, wenn zwei entgegengesetzte Kräfte das höchste einfache sind, zu deren Anerkennen die Vernunft sich erheben kann, wenn diesen zwei ursprünglich entgegengesetzten Grundkräften zwei eben so entgegengesetzte Elemente entsprechen, so sind schwerelose Körper solche, in welchen das Expansionselement in dem Grade vorherrscht, daß das entgegengesetzte nicht mehr gemessen werden kann. Aber wie soll der Begriff der Undurchdringlichkeit von dem eines Körpers geschieden werden? Raumerfüllung ist von diesem unzertrennlich: wenn also ein Schall einen gewissen Raum erfüllt, innerhalb wessen er gehört wird: wie kann noch ein andrer Schall denselben Raum durchdringen, ohne sich mit dem ersten zu vermischen? Müssen nicht nothwendig beide, als gleichartige Stoffe, wie sie sich treffen, sich zu einem Ganzen vereinigen, um so mehr, je unbestimmter ihre Form und je schneller ihre Bewegung ist? Gleichwohl vernehmen wir den Schall sehr vielfach verschiedner ein Geräusch gebender Dinge auf einmal, ohne daß derselbe sich vermischt, unterscheiden sehr wohl die verschiednen Instrumente im Concert, die zugleich tönen, die uns unangenehme Stimme des unter der Musik fortplaudernden Nachbars und das fatale Gerassel eines vor dem Hause vorbeifahrenden Wagens zu gleicher Zeit und nimmermehr schwimmen alle diese Töne, ob sie schon gleichzeitig wirken, in eine gemeinschaftliche Masse zusammen, wie Wasser zu Wasser gegossen, zusammenfließt und eins ist.

Es ist also gewiß: der Schall nebst allen imponderablen Stoffen gehorcht nicht dem allgemeinen Gesetz elastisch und tropfbar flüssiger Körper. Noch viel weniger ist er ein solider Körper.

Die Annahme, daß Schall, Wärme, Licht, rc. außer andern Körpern befindliche, ihnen blos zuweilen anhängende Stoffe seyen, beruht auf dem Grundsatze, daß keine Bewegung möglich sey, ohne einen bewegten, thätigen Körper. Nur aus diesem schließen wir, wo wir Thätigkeit sehn, auf Körper, wo wir an andern Körpern vorübergehende Erscheinungen wahrnehmen, auf vorübergehend auf sie wirkende, von ihnen verschiedene Substanzen. Ist dieser Grundsatz auf die Imponderabilien anwendbar?

Nirgends nehmen wir Schall, Licht, Wärme rc. wahr, als an andern Körpern. Sie erscheinen uns allemal als veränderliche Thätigkeiten der Körper. Wie, wenn sie dieß auch wären? Wenn ihnen nichts außer den Körpern Beharrliches entspräche, sondern alle Körper die Fähigkeit besäßen, zu Aeusierungen solcher Erscheinungen vermocht zu werden, die wir als Licht, Wärme, Schall ꝛc. empfinden?

Als ich den ersten Theil dieses Werks schrieb, war ich noch weniger als jetzt überzeugt von dieser Meinung und zu furchtsam, um mich anders als für die gewöhnliche zu erklären. Dennoch wird man in dem Capitel von der Wärmeerzeugung, S. 364 ff., bereits die Annäherung an diese Meinung finden.

Es ist dort gesagt, daß alle Körper ihren eigenthümlichen Grad von Wärme haben. Wie wenn auch jeder Körper sein eigenthümliches Licht, seinen eigenthümlichen Klang oder Schall besäße, der durch äußere Einwirkung nur erregt würde, der sich alsdann verhielte, wie das doppelte Product der Licht- oder Klangfähigkeit des leuchtenden, klingenden Körpers mit der auf ihn einwirkenden Ursache?

So ist die Sache wirklich. Wie es keinen Körper giebt, der nicht seinen eigenthümlichen Wärmegrad hat und zugleich fähig ist, durch Mittheilung von außen einen andern anzunehmen, so giebt es auch keinen Körper, der nicht fähig ist, unter gewissen äußeren Umständen auf eine eigenthümliche Art zu leuchten (jede Farbe ist ein Leuchten) oder Schall von sich zu geben, modificirt durch die Art und den Grad des äußeren Einwirkens. Und wie die Wärme durch alle Körper, jedoch in verschiedenem Verhältniß, geleitet werden kann, so kann auch Licht und Schall durch alle Körper, nur in verschiedenem Verhältniß, geleitet werden.

So erkennen wir denn Licht, Wärme und Schall als allgemeine Eigenschaften der terrestrischen Körper. Doch wir gehn noch einen Schritt weiter und behaupten, daß sie Eigenschaften der Körper sind, die ihnen als integrirenden Theilen der kosmischen Körper zukommen; diese Behauptung dehnen wir auf alle Sechs Imponderabilien aus.

Dem gemäß giebt es kein magnetisches Fluidum, sondern wir nehmen die Wirkung der kosmischen Körper auf einander in einzelnen terrestrischen Körpern stärker wahr, als in andern, ohne zu erkennen, daß sie sich über alle erstreckt. Es giebt kein elektrisches Fluidum, wohl aber äußern alle terrestrische Körper einzelne Spuren des allgemeinen Lebens des kosmischen, dessen Theile sie sind, in verschiednem Verhältniß und in verschiednen Graden, modificirt durch Einwirkungen von außen. Es giebt kein galvanisches Fluidum, wohl aber eine Wechselwirkung des kosmischen Lebens in den scheinbar leblosen irdischen Körpern und in den lebendigen, vornehmlich in den Nerven, in verschiednem Verhältniß und in verschiednem Grad. Es giebt keinen Lichtstoff, wohl aber Aeußerung des kosmischen Lebens aller einzelnen terrestrischen Körper als Licht, nach Anlaß äußerer Einwirkungen. Es giebt keinen Wärmestoff, sondern alle Körper haben einen verschiednen Grad der Erwärmung, modificirt durch Einwirkung von außen. Und es giebt keinen Schallstoff, sondern alle Körper haben ihren eigenthümlichen Klang oder Schall, der sich äußert, im Verhältniß der ihn erregenden Ursache, und geleitet wird im Verhältniß der Leitungsfähigkeit der den schallenden Körper berührenden Außendinge.

Vom Licht, von der Wärme, von der Elektricität, vorzüglich aber vom Magnetismus ist es offenbar, daß es kosmische Wirkungen sind. Wir befinden uns also in der Alternative, entweder annehmen zu müssen, daß Lichtstoff, Wärmestoff, elektrisches und magnetisches Fluidum den ganzen Raum zwischen den kosmischen Körpern ausfüllen, oder einzugestehn, daß den Erscheinungen des Lichts, der Wärme ꝛc. nichts zum Grunde liege, außer die Körper selbst, an welchen sie erscheinen, d. i. daß sie Eigenschaften der Körper sind, die ihnen als Theilen der großen kosmischen zukommen, zu welchen sie gehören. Daraus folgt, daß diese Eigenschaften allen übrigen wesentlich entgegengesetzt seyn müssen, weil sie allein das Einzelne an das Weltganze binden, während alle seine übrigen Eigenschaften es unterscheiden und trennen. Diese Voraussetzung stimmt gänzlich überein mit dem, was man von den Imponderabilien bemerkt.

Galvanismus und Schall lernen wir zwar nicht als Aeußerungen der kosmischen Verhältnisse der einzelnen terrestrischen Körper kennen. Weil sie sich aber in allem völlig eben so wie die vier andern Imponderabilien verhalten, so scheint uns, daß wir sie auch als solche anerkennen dürfen.

Demnach kann weder von Schallstoff, noch von Schallwellen, noch von Schallstrahlen als äußeren Bewegungen die Rede seyn, sondern von der jedem Körper eigenthümlichen Fähigkeit, zu schallen, von den Bedingungen, unter welchen diese Fähigkeit thätig wird, und von den Verhältnissen der Leitungsfähigkeit der Körper für den Schall. — Möchte es unbefangnen Forschern gefallen, die hier vorgetragne Meinung zu prüfen!

Die Alten, vorzüglich die Pythagoräer, haben den Schall als eine Aeußerung des kosmischen Lebens angesehn und darum von einer Harmonie der Sphären geredet. Dies darf dieser Meinung eben so wenig zur Empfehlung, als zur Verwerfung gereichen.

Das zweite, was zur Erklärung des Gehörsinns aus der allgemeinen Physik hieher gehört, ist die einfache Bemerkung, daß harte Körper den Schall besser leiten, als weiche und daß deswegen der Gehörsinn im härtesten Knochen des Körpers wohnend, lauter harte Theile zur Leitung hat, außer dem weichen Gehörnerven und dem Wasser des Labyrinths. Darum hört man in weiteren Entfernungen, wenn man das Ohr auf die Erde legt, als wenn man aufrecht steht, denn die Erde leitet besser, als die Luft. Gleichwohl giebt es kaum einen Körper, der im Stande ist, so lauten Schall hervorzubringen, als die Luft, wie dieß die Erscheinungen des Donners, des Knalls bei Explosionen, selbst die Klänge der Blasinstrumente beweisen. Flüssigkeiten, namentlich Wasser, leiten den Schall äußert schlecht, noch schechter Oehle, Fett und Haufen unzusammenhängender kleiner Körperchen, als Sand, Staub, Mehl ꝛc.

Das Gesicht.

Dem Gehörsinn hat die Natur sein Aufnahmeorgan in den Knochen gegeben, sie hat es fein und bewunderswürdig gebildet und künstliche Formen mit hoher Weisheit zu seinem Bau geordnet. Aber das Meisterstück hat sie geschaffen, als sie in Häute die Fähigkeit legte, das Licht zu empfinden. So mannichfaltig und künstlich und mit so großer Liebe hat sie nichts gebaut, als das Auge des Menschen. Fünf Nervenpaare dienen dem Lichtsinne. Den sphärischen Bau der Welten, die das Licht verstrahlen, ahmt das Auge nach; es hat eine Menge von Muskeln zu seinem Dienst, von Knochen zu seinem Schutz, von Gefäßen zu seiner Ernährung und einen eigenthümlichen, kunstreichen Absondrungsapparat. Es verkündet den Zustand der Gesundheit und Kraft des Körpers und Geistes und beredter und wahrhafter als der Mund spricht es die Gesinnungen und Gefühle des Herzens aus.

Mit welcher Weisheit hat es die Natur in seine Knochenhöhle gelegt, damit es geschützt und doch dem Lichte völlig zugänglich, in seinen Bewegungen ungehemmt sey! Das Stirnbein, das gerade an dieser Stelle die wichtigsten Hirntheile trägt, bildet das obere Gewölb der Augenhöhle, schließt sie, mit einem Theile des Grundbeins auch von außen; von innen und unten bildet sie das Siebbein, das Thränenbein, ein Theil der Oberkiefer, des Gaumenbeins und des Jochbeins. So bilden sieben Knochen die tiefe, dreieckige, trichterförmige Höhle, in welcher das Auge tief zurücktreten kann, ohne Nachtheil, die seine vordere Fläche offen läßt und es doch von allen Seiten schützt, selbst von der vordern, offen gelassenen, da der Stirnbeinrand und der Jochbogen weit von dem Auge herausgehn.

In ihrem Grunde ist sie durchbohrt: in ihrem tiefsten innersten Winkel tritt der Sehnerv in sie ein und zwischen dem großen und kleinen Flügel des Grundbeins die übrigen Nerven. Nach zwei Spalten öffnen Nerven vom fünften Paare den Weg.

Das sie auskleidende Periosteum steht mit der harten Hirnhaut und der Knochenhaut des Schädels in Verbindung.

Sie weicht in ihrer Axe ab von der Seheaxe, mehr oder weniger, je nachdem die Nebenwurzel breiter oder schmäler ist, denn diese ists, welche beide Augenhöhlen trennt. In Thieren, deren Nase sehr viel breiter, als die des Menschen ist, liegen die Augenhöhlen gänzlich divergent und diese sehn dann nie mit beiden Augen zugleich einerlei Gegenstand. Je mehr sich die Richtung der Augenhöhlenaxen der parallelen nähert, desto edler, je mehr sie divergirt, desto thierischer das Ansehn: Chinesen und Kalmyken stehn auch deswegen sichtbar tiefer, als die Europäer.

Die Hemisphären des Hirns liegen allenthalben auf den Hirnganglien als auf ihrer Basis auf. Nur auf der Orbita liegen sie unmittelbar, ohne zwischen sich und dem Grund ihrer Knochenhöhle Ganglien zu haben. Darum drücken sich Talente und Anlagen des Menschen ganz vornehmlich durch die Stellung seiner Augen aus, welche die Folge ist von der Form des oberen Augendeckels, und wenn Gall aus der Stellung der Augen vorzüglich die Talente des Menschen beurtheilen lehrt, so kann er wohl die Wahrheit für sich haben, ob er gleich ohne Zweifel darin irrt, daß er sie Arten des Gedächtnisses nennt. Wahr ist, daß man leichter merkt, wozu man Talente hat, als wozu man keins hat, aber Gedächtniß ist allgemeine Eigenschaft des ganzen Hirns, Talente aber, die sich in Thieren und Menschen mit gewisser Bildung der Schädelform finden und, wo diese fehlt, auch nicht statt finden, müssen wohl in besonderer Bildung einzelner Hirntheile ihren Grund haben.

Von dem Ausdruck, der aus der Stellung des Auges kommt, ist der wohl zu unterscheiden, den Gefühle, Leidenschaft, der schnell bewegliche Gang der Gedanken und Empfindungen dem Auge geben. Jener ist fest und immer vorhanden, dieser verändert sich mit jedem Augenblick. Er ist der Dollmetscher des Grads körperlicher und geistiger Energie: wir sehn bei Thieren die Augen leuchten, wenn ihre Gefühle einen hohen Grad von Lebhaftigkeit erreichen. Der Glanz, die Fülle des Auges, das Senken oder sich Oeffnen der Augenlider, die Bewegung der Augenbraunen, die Beweglichkeit der Augenmuskeln, alles ist sprechend am Auge, dem nervenreichsten Organ des Körpers, das deswegen auch den höchsten Grad von Vitalität äußert.

Denn in dieser Knochenhöhle liegt, in Fett eingehüllt, das Organ der Aufnahme des Lichts in fast sphärischer Gestalt. Sömmerring hat mit der größten Genauigkeit die Abweichungen des Auges von der vollkommnen Kugelgestalt bestimmt und jeder andre nach ihm würde weiter nichts können, als ihn abschreiben. Das Auge der Vögel ist nach vorn convexer, als das menschliche, das Fischauge platter, das Auge der Insekten in platte Facetten getheilt, deren Anzahl von Leeuwenhoek bei der Fliege auf achttausend bestimmt worden ist. Bei einigen Insekten sind diese Facetten sechsseitig, bei andern vier-, bei andern achtseitig. Die Insekten haben unbewegliche Augen und bedürfen darum dieser Facetteneinrichtung, die sie trotz dem Unvermögen, die Augen zu bewegen, doch in den Stand setzt, von allen Seiten alles wahrzunehmen.

Das Auge des Menschen besteht aus fünf sehr verschiednen Häuten, zwei Flüssigkeiten, einem durchsichtigen festen Körper und der Ausbreitung des Sehnerven.

Die ganze äußere Gestalt und sphärische Form hat es von der Sklerotica der harten Augenhaut. Man hat sie als die Fortsetzung der Scheide des Sehnerven, auch als die Sehne der Augenmuskeln betrachtet, aber viel richtiger ist, zu erkennen, daß sie eine eigenthümliche Existenz hat, ob zwar allerdings die Scheide des Sehnerven in sie übergeht und die Augenmuskeln sich in sie verlieren. Muskulös ist sie nicht, sondern sehr fest, stark, dick, weiß, inwendig glatt und ganz schwarz, doch nicht so, daß das schwarze Pigment könne abgeschabt werden, sondern es ist der Haut selbst eigen. Von außen ist diese Haut mit der Conjunctiva bekleidet, welche noch in besondre Betrachtung kommen wird. Die Sklerotica giebt dem Auge Festigkeit und Sicherheit, ertheilt ihm die sehr wenig veränderliche sphärische Form und ohne sie wäre es unbeweglich, weil es den Muskeln zu seiner Bewegung an einem festen Punkte fehlen würde. Sie ist empfindlich und sogar, obschon selten und nur auf wichtigen Anlaß fähig, sich zu entzünden, wovon denn die Symptome fürchterlich genug sind. Hinten ist sie gewissermaßen durchbohrt, indem sie dem Sehnerven Eintritt in das innere Auge verstattet, unbeschadet ihrer Festigkeit.

Ihr bei weitem wichtigster Theil ist ihr vorderer, wenn es nämlich erlaubt ist, die Hornhaut als einen Theil der Sklerotica zu betrachten, mit welcher sie zwar fast gleiche Festigkeit, übrigens keine Eigenschaft gemein hat. Auch läßt sich die Hornhaut durch Maceration von der Sklerotica trennen. Die Hornhaut ist im gesunden Zustande vollkommen durchsichtig, ziemlich dick, von der hier gleichfalls ganz durchsichtigen Conjunctiva äußerlich überzogen, cirkelrund, vollkommen unempfindlich, blättricht gebaut, in der Mitte ein wenig dünner, als an dem Rande. Durch sie gelangt das Licht in das innere Auge.

Die Conjunctiva ist zwar eigentlich nichts anders als eine Fortsetzung der allgemeinen Bedeckungen, doch verändert sie im Auge ihre Natur gar sehr und wird weiß und glänzend, mit sichtbar durch sie hinlaufenden Gefäßen, so lange sie die Sklerotica deckt. Allein an der Stelle, wo sie die Hornhaut überzieht, vermag im gesunden Zustande auch das schärfste Auge kein Gefäß in ihr zu entdecken und sie ist vollkommen durchsichtig. Sie gehört im Auge unter die serösen Häute, indem sie immer fortfährt, eine helle, sparsame Feuchtigkeit abzusondern.

Hornhaut und Sklerotica vollenden zusammen den Bau des Auges, was die äußere Form betrifft, aber nach innen ist das Auge in zwei ungleiche Höhlen getheilt.

Man nennt sie die vordre und hintre Augenkammer. Die vordre begreift den Raum zwischen der Hornhaut und der Iris, die hintere den von der Iris bis zur Netzhaut.

Die vordere Augenkammer ist mit der wässrigen Flüssigkeit angefüllt, welche auch noch einen kleinen Theil der hinteren, bis zur Linsenkapsel, einnimmt: in der hinteren liegen, außer dieser geringen Parthie der wässrigen Feuchtigkeit, die Krystallinse, der Glaskörper, die Netzhaut und die Choroidea. Aus der vorderen in die hintere Augenkammer ist keine freie Communication, außer allein durch die Pupille, einer Oeffnung in der Mitte der Iris, die bald größer, bald kleiner wird. Diese Iris mit ihrer Mitte kennen zu lernen, muß man von der Choroidea anfangen.

Dies ist eine weiche, höchst gefäßreiche Haut, welche die Sklerotica auf ihrer inneren Fläche überall begleitet, auch hinten eben so wie diese für den Durchgang des Sehnerven durchbohrt ist. Ruysch war der erste, der sie in zwei Blätter theilte, deren hinteres, braunes, sich durch sehr kurzes Zellgewebe an die Sklerotica anlegt, während das vordere ganz schwarz, nur bei den Albinos roth, die Blendung in der hintern Augenkammer bildet. Nach vorn bildet sie einen Ring, welcher sich noch genauer an die Sklerotica befestigt.

Eben dieser Ring umfängt aber auch die Hornhaut in ihrem äußersten Rand und besteht aus einer großen Menge von Nerven und Gefäßen, die nach innen den Ciliarkreis bilden.

Die Gefäße der Choroidea weichen von allen kleinen Gefäßen des Körpers bedeutend ab. Die Augenschlagader, die Thränen-, die Muskelschlagader und selbst die Centralarterie geben ihre Zweige an diese Augenhaut, welche ganz aus Gefäßen zu bestehn scheint, die äußerst zart und regelmäßig einen äußerst schönen Anblick gewähren.

Nach innen, dicht hinter der Iris, bildet die Choroidea das Strahlenband, eine Menge von Fältchen (Sömmerring hat deren 57 gezählt) die bis an die Linsencapsel reichen, mit welcher sie bei Thieren und selbst beim Kinde zusammenhängen. Dies Strahlenband besteht aus schöngeordneten kleinen Gefäßen und sehr vielen Nerven vom Ciliargeflecht. welches vom Nasenzweige des ersten Asts des fünften Paars und vom dritten Paar entsteht. Diese Ciliarnerven stehn in wahrem Antagonismus mit dem Sehnerven und sind zum Sehen eben so nothwendig, als er. Am reichsten ist die Iris damit versehen.

Diese Iris, deren innere Fläche auch Uvea, Traubenhaut, genannt wird, kann man mit gleichem Rechte als eine besondre Haut betrachten, mit welchem man die Hornhaut auch nicht als Fortsetzung der Sklerotica ansehn will. Denn sie wird durch eine deutliche Furche von der Choroidea getrennt und kleidet nicht mehr die innere concave Fläche des Auges aus, sondern tritt, gerade gespannt, selbstständig und frei als Scheidewand zwischen die vordere und hintere Augenkammer. Ihre Mitte ist durchbohrt. Uebrigens hat sie mit der Choroidea den Bau, der in zwei Lamellen sich trennen läßt, und die bewundernswürdige Schönheit der Textur der kleinen Gefäße gemein.

Die Veränderlichkeit des runden Ausschnitts in der Mitte der Iris, der **Pupille**, die bald größer, bald kleiner wird, je nachdem mehr oder weniger Licht ins Auge fällt oder dies sonst afficirt wird, hat den Physiologen schon große Mühe gemacht. Die Schule, welche sich schlechterdings keine Bewegung denken mochte, außer durch Muskelfasern, sah auch in der Iris Muskelfasern. Genauere Untersuchung zeigte, daß sie falsch gesehn hatte.

Im Leichnam ist die Pupille weit. Convulsionen bewirken ihm äußerste Verengung. Im bewußtlosen Zustande ist sie unbeweglich; dies wird sie auch durch Lähmung der Sehkraft, es sey daß der Sehnerv gelähmt sey oder das Ciliargeflecht. Narkotische Dinge erweitern sie ebenfalls. Licht zieht sie zusammen und ist das Auge bedeckt, oder fällt wenig Licht in dasselbe, so erweitert sie sich.

Die Verengung der Pupille durch Licht erfolgt äusserst schnell, so wie der Strahl das Auge trifft; eben so schnell erfolgt die Erweiterung.

Da man es aufgeben mußte, Muskelfibern den Grund dieser Bewegung zuzuschreiben, so erklärte man, es sey der größere oder geringere Zufluß des Bluts in die so äußerst zahlreichen Gefäße der Iris, welcher die Veränderung ihrer Ausdehnung verursache. Wo Reiz sey, da sey Zufluß der Säfte. Licht reize, folglich ströme auf dessen Reiz mehr Blut in die Gefäße der Iris.

Dadurch

Dadurch werden diese stärker ausgedehnt, so die ganze Substanz der Iris vermehrt, nothwendig also die Oeffnung in ihrer Mitte verengt.

Diese Erklärung ist eben so falsch, als die durch Muskelfasern, denn

1) wäre der größere Säftezufluß beim Lichtreiz Ursache der Verengung der Pupille, so müßte sich gleichzeitig auch die Substanz der Iris verdicken. Das ist nicht der Fall.

2) Die Verengung müßte nach und nach in dem Zeitverhältniß größer werden, in welchem die Bluteinströmung größer würde. Das ist nicht der Fall; sie erfolgt augenblicklich.

3) Bei größerer Vollsaftigkeit des ganzen Auges müßte die Pupille enger seyn. Das ist ganz wider die Erfahrung.

4) Beim Katarakt und Glaukom bleibt die Pupille beweglich, bei der Amaurose nicht. Aber der Lichtreiz wird in beiderlei Krankheiten nicht empfunden und in beiden fällt das Licht auf die Pupille fortwährend ein.

5) Beim allergrößten Säfteverlust bleibt die Beweglichkeit der Pupille sich gleich.

Die Bewegung der Pupille ist die einzige Manifestation reiner Nervenbewegung, und deswegen ist es den Physiologen schwer eingegangen, sich zu überzeugen, daß nichts als die Nerven der Iris allein ihre Bewegung determiniren. Die Gefäße sind sogar ganz ungeschickt hiezu gebaut: sie laufen in Wirbeln und geschlängelten Linien. Aber in geraden, centralen müßten sie laufen, wenn sie die Pupille verändern sollten. Die Nerven laufen so und die Iris ist an ihnen sehr reich: sie enthält die wahre Ausbreitung des Hülfsnerven des Gesichtsinns.

Dieser ist allemal mit dem Sehnerven zugleich thätig und wird vom Lichte so sehr als dieser gereizt. Aber alle Reizung bewirkt unmittelbar Expansion des Gereizten, alle Nichtreizung äußert sich in Contraction. Darum ist die Pupille im Zustand der Ruhe des Auges weit, aber der Reiz des Lichts verengt sie in demselben Augenblick, in welchem er wirkt.

Wenn wir erst genau erfahren werden, wie die beiden Nerven, Hauptnerv und Hülfsnerv jedes Sinnorgans, mit einander connectiren; wenn wir den Grund einsehn werden, warum nie ein Nerv allein wirken kann, sondern ein zweiter Antagonist zugleich wirken muß, dann werden wir den Werth der Iris und der Pupillenbewegung gründlich erkennen. Vor der Hand wissen wir nur so viel, daß Ciliar- und Sehnerven beim Sehn zugleich wirken müssen, daß Lähmung des einen den andern mit lähmt, daß aber die Integrität des einen auch die des andern beweist, wenn auch ein dunkler Körper hinter der Pupille dem Sehn im Wege stehn sollte, und daß die Pupillenbewegung andrer Erklärung nicht bedarf, außer der allgemeinen Expansion der Nerven bei ihren Thätigkeiten, der Contraction bei ihrer Ruhe, Bewegungen, welche im Auge nur sichtbarer sind, als anderswo, übrigens aber alle mögliche Thätigkeiten bedingen.

Die Farbe der Iris ist bekanntlich veränderlich, dunkler bei Menschen der südlichen Klimate, blauer, lichter bei Nordländern.

Zwischen der Iris und der Hornhaut befindet sich die wässrige Feuchtigkeit, von welcher schon gesprochen worden: wahrscheinlich sind die Gefäße der Iris ihre Quelle. Vor der hinteren Augenkammer füllt sie den kleinen Raum bis an die Linsencapsel aus, welcher auch bisweilen **die hintere Augenkammer** im **engeren Sinn** genannt wird.

Die Linse mit ihrer Capsel befindet sich sehr nahe hinter der Pupille, nur so weit entfernt, daß sie deren Bewegung nicht hindert. Im Menschen ist diese Linse ein ziemlich großer und fester, linsenförmiger Körper, der mit dem Alter härter und platter wird, im Kinde sich der Kugelgestalt mehr nähert, aus einer Menge von Lagen besteht, so daß man ihn einer Zwiebel vergleichen könnte, und vollkommen durchsichtig ist. Ihre hintere Fläche ist ein wenig convexer, als ihre vordere. Sie wiegt über vier Gran; der Durchmesser ihrer Dicke beträgt nicht ganz zwei, der ihrer größten Peripherie vier Linien. In der Mitte ist sie dichter, als an ihren Rändern. Nie wird man in ihr auch nur die geringste Verbindung mit einem Nerven oder einem Gefäß gewahr, selbst mit ihrer Capsel hängt sie auf keinem Puncte zusammen. Ihre Ernährung muß folglich auf andre, als die uns bei andern Organen bekannte Weise erfolgen.

Ihre Capsel, ein vollkommen durchsichtiges, nach vorn festeres, nach hinten sehr dünnes Häutchen, welches sie ganz, aber locker und ohne Zusammenhang umgiebt, hat feine Gefäßchen, die im entzündeten Zustande dem Auge sichtbar werden. Sie sondern einen durchsichtigen Saft ab, welcher den Körper der Linse umfließt und ihr Zusammenhängen mit der Capsel verhindert.

Die Capsel ist beweglich. Sie hängt mit dem Ciliarkreis genau zusammen, und obgleich kein sterbliches Auge gesehn hat, daß dieser sich bewege, so spricht doch die Analyse deutlich genug dafür. Denn er ist gerade so wie die Iris reich an Ciliarnerven, von sehr ähnlicher Structur, von ganz gleichem Ursprung, wahrscheinlich bewirkt also das Licht in ihm dieselben Veränderungen, wie in ihr, und ist dieß der Fall, so tritt bei seinen Zusammenziehungen die Linse, durch ihre Capsel bewegt, mehr nach hinten, bei seiner Erweiterung, welche die Capsel spannt, mehr nach vorn. Andre glauben, die Linse selbst bewege sich und werde bald runder, bald platter, indem sie den Schichten, aus welchen sie besteht, ein den Muskelfibern analoges Vermögen zuschreiben. Wer vermag hierin Gewißheit zu geben.

Groß kann die Bewegung der Linse auf alle Weise nicht seyn: dafür bürgt die Densität des Glaskörpers, der gallertartigen, durchsichtigen Masse, welche die ganze hintere Augenkammer, bis an Choroidea und Netzhaut, ausfüllt. Ihr Gewicht ist ungefähr $\frac{4}{5}$ des ganzen Gewichts des Augapfels gleich, folglich ist sie bei weitem die größte Masse in demselben. Sie verdunstet ganz und hinterläßt blos ein wenig Natrum. Ihre Dichtigkeit ist geringer als die der Linse, doch größer als die aller andern Flüssigkeiten des Körpers. Gefroren gerinnt sie in nach hinten convexe, nach vorn concave Schichten.

Den Glaskörper umgiebt eine äußerst zarte Haut, Hyaloidea genannt, welche als Zellgewebe zugleich seine Substanz durchdringt und in Form erhält. Sie ist völlig durchsichtig und nach vorn in zwei Theile getheilt, indem sie theils sich mit dem Ciliarkreis verbindet, theils die Linsencapsel von hinten bedeckt und die Grube des Glaskörpers auskleidet, in welcher die Linse liegt. Der Mensch hat eine plattere Linse und einen größeren Glaskörper, als alle andre Thiere, nach Verhältniß der Größe des ganzen Auges. In den niederen Thieren ist die Linse kugelrund, viel härter und viel weniger durchsichtig, als im Menschen. Ob die Insecten allewege eine Linse haben, ist ungewiß; mindestens weicht sie sehr von der menschlichen ab.

Hinter diesem Glaskörper, zwischen ihm und der Choroidea, verbreitet sich der Sehnerv als Netzhaut. Es entspringt der Sehnerv aus dem vorderen Paar der Vierhügel des Gehirns, dem eigentlichen Organe des Sehens, läuft über die größten Central-Ganglien des großen Hirns, die thalamos nervorum opticorum, hin, ohne alle Verbindung mit ihnen; hierauf nähern sich einander die der beiden Seiten, vereinigen sich mit einander in der Gegend des Trichters und treten dann beide divergent vom Hirn ab. Die allergenausten Beobachtungen haben ergeben, daß sich beide Nerven zuweilen völlig kreuzen, zuweilen nur theilweis, indem ein anderer Theil ihrer Markbündel auf der Seite bleibt, auf welcher er vor der Vereinigung war, zuweilen aber sich ganz und gar nicht kreuzen, sondern nur erst convergiren, dann divergiren und knieartig gebogen sind.

Der Sehnerv ist dicker, als alle übrige Kopfnerven, mit Ausnahme des Kiefernerven, rundlich platt, weich, verbindet sich mit keinem andern Nerven, tritt in eine von der harten Hirnhaut gebildete, sehr feste Scheide, geht von ihr locker umgeben durch ein Loch des Keilbeins in die Augenhöhle, geht in ihr einen Zoll lang fort, nimmt in seine Mitte eine kleine Schlagader auf, erreicht die Mitte des hintern Theils des Augapfels, etwas nach der inneren Seite hin, legt seine feste häutige Hülle ab, welche in die Substanz der Sklerotica eingeht, und durchdringt diese Haut, um sich als Mark- oder Netzhaut in der ganzen hintern Augenkammer auszubreiten.

Diese Netzhaut, Retina, umfaßt den hinteren Theil des Glaskörpers und endet etwa eine Linie von dem Ciliarkreis, den sie nicht erreicht oder berührt, obwohl in vielen Thieraugen dieß allerdings der Fall ist. Ihre Textur besteht aus weichen, sich kreuzenden Fasern; sie ist ganz glatt und allenthalben gleich dick, von grau-lich-bläulicher Farbe, bei den Thieren weisser als beim Menschen. Gefäße hat sie nicht, denn die Centralarterie, die übrigens nicht in ihrer Mitte sie durchdringt, begiebt sich zum Glaskörper und zur Linsencapsel, indem nur wenige kleine Gefäßchen sich an der hintern Fläche der Retina befinden. Ihr Mittelpunkt ist so zart und durchsichtig, daß man ihn eine Oeffnung nennen könnte, und rings umgiebt ihn ein linienbreiter, gelber Streifen. Diesen Mittelpunct hat Sömmerring zuerst entdeckt: wahrscheinlich entsteht er von der Wirkung des Lichts, denn er fehlt im Kinde und im Blinden durch Verdunkelung der Hornhaut oder der Linse.

So dringt denn das Licht durch die Hornhaut, durch die wässerige Feuchtigkeit, bis zur Pupille. Hier wird es am stärksten in der Linse gesammelt, erleidet eine neue Brechung im Glaskörper und gelangt so zur Retina, die es als empfangnen Eindruck eigner Art nach dem vorderen Paar der Vierhügel, dem wahren Organ des Sehens, leitet. Das Auge ist nur Organ der Lichtaufnahme. Doch es ist nothwendig, die einzelnen Bedingungen der Lichtaufnahme genauer zu erwägen.

Das Auge ist eine getheilte Höhle, deren vorderer, kleiner Theil zwar hell und durchsichtig nach vorn, beren hinterer größerer aber schwarz und dunkel ist, dem Lichte nur durch die Pupille zugängig, die sich verengt, wie die Helligkeit des einfallenden Lichts zunimmt, folglich weniger eindringen läßt. Schwarz ist die innere Fläche der Sklerotika, schwarz die Choroidea, die Uvea, der Ciliarkreis. Zwar ist die Farbe der Retina licht, allein es ist sehr wahrscheinlich, daß sie, so lange das Leben daure, durchsichtig, mindestens durchscheinend sey, nur nach dem Tode sich so undurchsichtig zeige und die Wirkung der Dunkelheit der Choroidea beim Geschäft der Lichtaufnahme nicht schwäche.

Im engsten Sinn ist die Retina allein das Organ der Lichtaufnahme; alle übrige Theile des Auges bereiten das Licht zur Aufnahme auf der Netzhaut vor. Die Sklerotica nur ist davon ausgenommen, indem sie nichts weiter thut, als den ganzen Apparat der Lichtaufnahme zu isoliren und ihm seine sphärische Form zu geben.

Den Nutzen der Dunkelheit der hinteren Augenkammer, folglich der Choroidea und ihrer dunkeln Farbe sieht man am deutlichsten bei den Kakerlaken, oder Albinos, in welchen diese Haut lichtrosenroth ist. Sie können nicht anders als bei sehr tiefen Graden das Licht sehn; das gewöhnliche Tageslicht blendet sie. Träfe nämlich der Lichtstrahl in der hinteren Augenhöhle etwas an, welches seine eigenthümliche Farbe zurückwürfe, so wie dieß bei ihnen der Fall ist, so würde die Retina das äußere Bild mit dieser Farbe vermischt empfinden, die Deutlichkeit verlieren und geblendet werden. Gerade wie das innere eines Fernrohres schwarz seyn muß, damit man durch dasselbe sehn könne, was vor seinem Objectiv sichtbar ist, und lichte Farbe des Rohrs das

Bild vor demselben verwirren muß, so ist auch die Blendung der inneren Augenkammer ein unerläßliches Bedingniß des Sehens. Und nicht genug, daß die innere Sklerotica selbst schräg ist: eine besondre Haut von dunkler Farbe überkleidet sie noch, damit zugleich das innere Auge ein Organ für die zarten Nahrungsgefäße haben möchte, ohne welche es seine Integrität nicht behaupten könnte, und welche doch durch das ganze Auge vertheilt seyn dürften, ohne der Durchsichtigkeit der übrigen Parthieen zu schaden.

Außer diesen beiden Zwecken, der Verfinsterung der hinteren Augenkammer und der Ernährung des Auges, welche nirgends im Körper durch so schön und regelmäßig geordnete kleine Gefäße bewirkt wird, wußte die weise Hand, die das Auge bildete, in die Choroidea und ihre Processe noch einen größeren, uns zur Zeit noch geheimnißvollen zu legen: in ihr verbreitet sich der Hülfsnerv des Sehens, ohne welchen der Sehnerv unthätig ist. Das Licht reizt den Hülfsnerven so gut, als den Sehnerven selbst: dies sehn wir an der Bewegung der Pupille, die nicht vom Antagonismus des Sehnerven, sondern unmittelbar von der Berührung des Hülfsnerven durch das Licht ausgeht, weil sie bei Glaukom und Katarakt fortdauert. Allein Organ der Lichtleitung zum Hirn ist er nicht, denn er ist ein Ganglionnerv und das Sehn hört auf, wenn Linse oder Glaskörper ihre Durchsichtigkeit verlieren, obgleich die Iris gesund ist. Allein so viel auch das Vor- und Rückwärtsbewegen der Linse, die höchst wahrscheinliche Function des Ciliarkreises, so viel auch die Beweglichkeit der Pupille, die beiden gewissen, in die Sinne fallenden Wirkungen des Ciliarganglions, zum Geschäft der Lichtaufnahme beitragen möge, so hat doch dasselbe noch eine antagonistische Verbindung andrer Art mit dem Sehnerven, die wir zur Zeit nach ihrem Wesen nicht zu erkennen im Stande sind.

Jeder Sinnennerv hat seinen Hülfsnerven, der nicht schmeckt, nicht riecht, nicht hört, nicht sieht, aber ohne welchen der Hauptnerv dies alles auch nicht kann, der mit dem Hauptnerven zugleich gelähmt wird, dessen Thätigkeit die des Hauptnerven bedingt, wie sie durch ihn bedingt wird. Aber das innere dieses wechselseitigen Bedingtwerdens kennen wir nicht. Es klingt recht gelehrt, da etwas von Polarität, geschloßner Kette und Galvanismus herzuerzählen, aber es ist gänzlich werthlos, da der Galvanismus selbst nichts anders ist, als die Fähigkeit der Nerven, schneller als andre Organe die Wirkung der einen Endfläche auf die andre überzutragen; analog der wahrgenommenen Wirkungsart differenter, durch feuchte Leiter verbundner Metalle. — Eben so wenig aufklärend ist unsre Kenntniß des Gesetzes des Antagonismus, nach welcher alle Thätigkeit im Lebendigen nothwendig und wesentlich eine entgegengesetzte aufhebt und von dieser wieder aufgehoben wird, welcher Wechsel die Grundbedingung der Irritabilität, also des Lebens selbst ist. Dieser Antagonismus ist nämlich im Sehnerven selbst, so wie in seinen Hülfsnerven und erklärt wohl, warum das Auge durchaus unfähig ist, in einem fort einerlei zu sehn, nicht aber warum zur Lichtaufnahme ein Nerv gehört, der Licht aufnimmt, und einer, der es nicht aufnimmt, sondern sich blos, vom Licht getroffen, bewegt.

Dieß Ciliarganglion wird von einem Aste des dritten und vom Nasenast des fünften Nervenpaars gebildet und liegt in fast viereckiger Form an der äußeren Seite des Sehnerven. Aus ihm kommen in zwei Bündeln gegen sechzehn feine Fäden, gehn alle an die Sklerotica an verschiednen Stellen, und dringen an den Ciliarkreis und die Iris, wie schon oben bemerkt worden.

So ist denn das fünfte Paar, der Kiefernerv, zugleich Geschmacksnerv und Hülfsnerv des Geruchs und des Gesichts, letzteres zugleich mit dem dritten Nervenpaar, welches, ihm gleich, außer dieser Sinnenfunction auch zu Muskeln geht.

Die übrigen Augentheile leiten sämmtlich das Licht zum Sehnerven. Warum sind sie von verschiedner Dichtigkeit?

Wir antworten zwar hierauf sehr leicht, weil sie dadurch das Licht auf verschiedne Weise brechen, wissen aber schlechterdings keine haltbare Erklärung dafür, warum das Licht, bevor es bis zum Sehnerven gelange, mehrfach gebrochen werden müsse, und wie dies Brechen zum besseren Sehn beitrage.

Licht, welches aus einem dünneren Medium in ein dickeres und umgekehrt in einen schrägen Winkel einfällt, wird gebrochen, d. i. es weicht von seiner geradlinigten Richtung ab und verfolgt eine andre, die mit der vorigen einen größeren oder kleineren Winkel bildet, je nachdem die Verschiedenheit der Dichtigkeit größer oder kleiner, und je nachdem die Oberfläche des brechenden Körpers mehr oder weniger eben ist.

Alle Köper der vorderen Augenkammer, Hornhaut, wässerige Feuchtigkeit und Linse, sind convex, sind Kugelsegmente, erstere beide parallel, die Linse Segment einer kleineren Kugel, Hornhaut und Linse von ziemlich gleicher, wässerige Feuchtigkeit von viel geringerer Dichtigkeit. Von nun an kehrt sich die Richtung der Flächen um: die Linse ist nach hinten convex, doch platter als nach vorn, die Mitte des Glaskörpers ist völlig convex, letzterer minder dicht als die Linse. Folglich wird in der vorderen Augenkammer das Licht concentrirt, in der Linse das Bild umgekehrt und im Glaskörper ein wenig auseinander getheilt.

Wenn nun jedes Bild auf die Retina umgekehrt fällt: warum sieht man nicht umgekehrt? Warum sieht ein Mensch, der vom Katarakt geheilt worden, nicht alle Gegenstände umgekehrt? Die Linse ist jetzt entfernt, die sie sonst umkehrte: pflege er aus Gewohnheit zu urtheilen, daß sie so aufrecht stehn, wie er sie sähe, so müßten sie ihm wenigstens nun, da die umkehrende Ursache nicht mehr statt findet und die Bilder in entgegengesetzter Richtung auf die Retina fallen, umgekehrt erscheinen. Es ist nicht der Fall.

Man sieht die Gegenstände mit zwei Augen und doch meistentheils nur einfach. Warum erscheinen sie nicht doppelt?

Weder die Kreuzung der Sehnerven, als welche in verschiednen Subjecten sehr abweichend erfolgt, noch sonst irgend andre Erklärungen dieser Zweifel, die man versucht hat, sind so befriedigend, als die, daß ja nicht das Auge sieht, sondern das Hirn, welches dem Eindruck, den es durch die lichtleitenden Organe empfängt, die Gestalt giebt, die ihm zukommt, er mag ihm nun verkehrt, oder aufrecht, einfach oder doppelt zugeführt werden.

So ist auch die Beurtheilung der Entfernung der gesehenen Gegenstände schlechterdings nicht im Bau des Auges begründet, sondern allein im Hirn. Dem neugebornen Kinde, dem Geheilten Blindgebornen erscheinen alle Gegenstände gleich weit: allmählig erst berichtigt die Erfahrung sein Urtheil über ihre Entfernung.

Dies ist so offenbar, daß die Erwachsnen, Sehenden, hierin sich immer noch äußerst ungleich bleiben, und nur lange Uebung und Berichtigung durchs Gefühl allmählig das erwerben läßt, was man richtiges Augenmaas nennt.

Ehe jedoch von der Function des Auges weiter gehandelt werden kann, muß von den Organen geredet werden, die zu seinem Dienste vorhanden sind. Diese bewirken:

1) Seine Beweglichkeit. Sie wird durch sechs Muskeln bewirkt. Vier derselben nehmen ihren Ursprung von der harten Scheide des Sehnerven und dem Periosteum der Orbite in der Nähe der hinteren großen Oeffnung derselben und laufen gerade nach vorn an den Augapfel, den sie, durch Zellgewebe unter sich verbunden, wie ein Sack umgeben: ihre sehnigen Ausbreitungen tragen sehr viel zur Verdickung der Sklerotica bei und werden als tunica albuginea unter die Bedekkungen des vorderen Theils des Augapfels gerechnet. Sie bewegen den Augapfel nach allen Seiten, und es wäre keine Neigung desselben gedenklich, die sie nicht sehr wohl ausführen könnten. Dessen ungeachtet hat es der Natur gefallen, ihnen noch zwei Gehülfen zu geben. Der eine entspringt zwischen den geraden Augenmuskeln, geht alsdann nach dem inneren Augenwinkel, schlägt sich da um eine kleine, fast hakenähnliche Walze des Knochens und sendet seine schlanke Sehne nach dem Augapfel, welchen er schräg nach innen richtet. Er wirkt dabei hebelartig: es giebt keinen andern Muskel

im Körper, der eine ähnliche Verstärkung seines mechanischen Wirkens hätte. Der andre schräge Augenmuskel ist einfacher gebildet und zieht den Augapfel nach außen.

2) Seine Bedeckung. Die Hauptorgane der Bedeckung des Augapfels sind die Augenlider. Alle Thiere haben etwas ihnen ähnliches, manche sogar ein dreifaches Augenlid, nur den Insekten fehlt diese Hülle, deren Augen die Natur auch die Beweglichkeit versagt hat. Die vollkommneren Thiere theilen mit dem Menschen den Vorzug der beweglichen Augenlider. Das obere ist größer als das untere; ihre Haupttheile sind Knorpel, Haut und Muskeln.

Die Knorpel sind klein, halbmondförmig, glatt, mit scharfen, glatten Rande begränzt, der obere größer, als der untere, ein wenig kürzer als das ganze Augenlid. Sie sind umkleidet mit Haut, die überall auf ihnen dünn und schlaff, am dünnsten vom Rande an, mit welchem sie zusammen schließen, bis auf ihrer ganzen inneren Fläche ist. Der Rand ist mit einer Reihe kurzer, steifer, gefärbter Haare besetzt, deren Richtung nach außen geht: sie wehren das Einfallen kleiner Körperchen ins Auge ab. An die kleinen Knorpel, welche in der Mitte dieser Hautfalte dem Augenlid die Festigkeit geben, deren es für seine Bestimmung bedarf, befestigen sich Muskeln. Das obere Augenlid hat seinen besondern Aufhebemuskel, der so wie die Augenmuskeln selbst von der harten Scheide des Sehnerven entspringt, dann haben beide noch einen gemeinschaftlichen Schließmuskel, der mit sich kreuzenden Fibern um die Tarsos beider Augenlider herumläuft. Die **Augenbraunen**, behaarte Hautfalten mit zwei eigenthümlichen Muskeln, halten ab, daß nichts ins Auge gerathe, was vom Kopfe herabfließt. Sie dienen zugleich als Zierde des Gesichts.

3) Seine Absonderungen. Das Auge ist mit einer absondernden Membran bedeckt. Die Conjunctiva scheidet eine gasförmige Flüssigkeit beständig aus, welche die ganze von den Augenlidern bedeckte Fläche stets etwas feucht erhält. Allein diese Absonderung reichte nicht hin, die Beweglichkeit der Augäpfel stets zu sichern.

Damit die Augenlider nicht an einander kleben, ist ihr Rand mit einer Menge kleiner Talgdrüsen besetzt, die ihren Namen von Meibom, ihrem besten Beschreiber, haben. Ihr Secretum gerinnt an der Luft und wird oft sehr dick.

Doch die Hauptabsondrung im Auge wird durch einen sehr weitläuftigen und künstlich geformten Apparat von Organen, durch das Thränensystem, gesichert. Zu diesem gehört:

a) Die Thränendrüse, ein neun Linien langer, sechs Linien breiter, härtlicher, etwas flacher Körper, der seine Lage in einer eigenthümlichen Grube des Stirnbeins an der äußeren Seite der Orbite, gegen das Schläfebein, unter dem obern Augenlid hat, durch ein eigenthümliches Ligament befestigt ist und an Structur mit den Speicheldrüsen sehr übereinkommt. Ihre Absondrung gelangt durch eigne Ausführungscanäle von unbestimmter Zahl, deren Mündungen sich im inneren Winkel des obern Augenlides öffnen, ans Auge. Dies bespülen sie und ihr Ueberfluß wird sodann von den Thränenpunkten, feinen Canälen, welche sich am inneren Augenwinkel gegen den Rand beider Augenlider öffnen, eingesogen.

Die Thränen sind eine wässerige Feuchtigkeit, von salzigem Geschmack, welche Kochsalz, kohlensaures Natrum und etwas weniges phosphorsauren Kalk enthält und in der Wärme zu einer Gallerte gerinnt.

b) Die Thränenwege und die Thränenkarunkel. — Ein großer Theil der stets aus der Thränendrüse abgesonderten, mit dem Secretum der Conjunctiva, auch wohl der innern Fläche der Augenlider selbst abgesonderten Flüssigkeit verdunstet in die Atmosphäre; ein zweiter wird von den Anfängen der Lymphgefäße der vordern Augen- und inneren Augenlider-Fläche aufgesogen. Aber die Thränen sollen noch eine Bestimmung außer der Befeuchtung des Auges erfüllen, sie sollen auch die untere Geruchshaut anfeuchten. Zu diesem Ende bildete die Natur feine Canäle, deren Anfänge als Thränenpunkte, von Knorpel umgeben und offen erhalten, am inneren Augenwinkel im Rande der Augenlider sich öffnen, sodann häutig fortgehn und zwischen den beiden Hautfalten, welche sowohl das obere als das untere Augenlid bilden, in ziemlich gerader, nicht schlänglicher, doch gebogener Richtung sich durchziehn, dann sich über und unter der Thränenkarunkel vereinigen. Diese letztere scheint mit dem Geschäft der Thränenleitung wenig zu thun zu haben und ein Rest der Anlage des dritten Augenlids zu seyn, welches die Augen der Vögel beschützt.

c) Der Thränensack. Sämmtliche Thränenwege vereinigen sich endlich in einen gemeinschaftlichen Sack, dicht unter der Haut unter dem inneren Augenwinkel, auf einer Furche zwischen dem Thränenbein und dem Nasenfortsatz des Oberkiefers. In diesem versammeln sich die Thränen, um durch den Nasencanal, gerade hinunter durch den dünnen Knochen in die Nase hindurch zu gehn. Sie sammeln sich gerade eben so in den Thränensack, als der Harn sich in die Blase sammelt; die Thränenwege sind den Uretern, der Nasenkanal der Harnröhre analog. Den untern Ausgang des letztern verdeckt eine Falte der Geruchshaut.

Die Schlagader, aus deren Blute die Thränen abgesondert werden, kommt aus der inneren Karotis, folglich ist die Thränenabsonderung eine Entleerung vom Blute des Gehirns selbst und hierin ihr keine andre Normalsecretion analog; blos das Nasenbluten kann dem Gehirn eine ähnliche Erleichterung verschaffen. Die Nerven kommen allen Thränenorganen vom Kiefernerven.

Die Thränenabsonderung wird durch äußere und innere Reize schnell und stark vermehrt. Durch äußere, als da sind: starkes Licht, Ammonium enthaltende Substanzen, Rauch, Zwiebeln, alles was die Augen entzündet, unstreitig auf keine andere Weise, als indem alles, was die Ciliarnerven (die unstreitig auch der vorderen Fläche des Augapfels seine große Empfindlichkeit geben) zu höherer Thätigkeit reizt, die Nerven der Thränendrüse in geringere Thätigkeit, also die Gefäße in desto größere setzt. Denn überall ist mit Erhöhung der Gefäßthätigkeit Verminderung der Nerventhätigkeit in jedem Organ nothwendig verbunden, folglich muß bei Erhöhung der Thränenabsonderung das Nervenleben in der Thränendrüse deprimirt werden, und dies muß durch einen Antagonismus mit andern Nerven, hier sichtbar den Ciliarnerven, geschehen. Allein wie erklärt das die

Ver-

Vermehrung der Thränenabsonderung auf Gemüthsregungen?

Schmerz, Freude, Rührung des Gemüths, Theilnahme, lebhaft angeregte Phantasie vermehrt die Absonderung der Thränen so stark, daß sie nicht mehr von den Thränenpunkten aufgesogen werden können, sondern über die Wangen herablaufen. Durch das ganze Reich der niederen Thiere sehen wir diese Erscheinung nicht, nur bei manchen Säugethieren zeigt sich etwas ähnliches wie beim Menschen. Das Auge des Hundes weint zwar nicht, aber die Thränenabsonderung vermehrt sich bei ihm merklich auf die Wirkung der Affecten. Das Kind weint am stärksten und anhaltendsten. Frauen weinen mehr und leichter, als Männer. Manchmal giebt es Zeiten im Leben, wo auch der Mann leicht weint, wenn er reizbar, geschwächt ist, wenn Kälte, schwächende Nahrung, Kummer auf ihn anhaltend gewirkt haben. Je älter der Mensch wird, je weniger ist er geneigt, Thränen zu vergießen. Den Bekümmerten erleichtert der Thränenstrom, der aus seinen Augen fließt. Beim Weinen geräth der Stimmnerv in sehr lebhafte Affection: die Stimme stockt, das Schlucken wird unmöglich und im Kindesalter pflegt lautes und eigenthümliches Geschrei das Weinen zu begleiten. Gleichzeitig wird die Bewegung des Herzens und der Lungen beschleunigt und verändert. Welche Erklärung giebt die Physiologie von allen diesen Erscheinungen?

Sie hat bis jetzt so gut als keine gegeben: mögen unbefangene Denker den Erklärungsversuch prüfen, der hier vorgetragen wird.

Alle Erscheinungen beim Weinen sind theils Thätigkeiten des Stimmnerven, theils der Thränendrüse.

Der Stimmnerv hängt mit dem Nerven der Thränenorgane auf keine Weise zusammen.

Alle mannichfaltige Aeste des Kiefernerven und die von ihnen versorgten Organe bleiben bei dem Weinen ganz neutral und werden nicht in Mitleidenheit gezogen. Das unwillkührliche Thränenvergießen von beizendem Rauch und anderen äußeren Reizen hängt zwar offenbar mit Reizung des fünften Paars zusammen, aber das Weinen des Gemüths scheint gar nicht diese, sondern nur die Stimmnerven zu interessiren.

Ja, es geht sichtbar vom Stimmnerven aus. Die Stimme stockt schon, das Herz klopft schon schneller, die Respiration wird schon ängstlicher, wenn der Thränenfluß noch so wenig im Gang ist, daß auch nicht eine Thräne die Augen füllt.

Der Mensch weint so sehr viel auffallender, als andre Thiere, daß sehr viele ihn allein dazu für fähig halten; der Mensch hat aber auch unter allen Thieren bei weitem die vollkommensten Stimmorgane.

Wenn nun das Weinen wesentlich Affection des Stimmnerven wäre, an welcher die Thränendrüse durch eine, bis jetzt unbemerkt gebliebene, Verbindung Theil nähme?

Diese Verbindung ist aber sehr klar. Die innere Karotis hat ihre Nerven vom Stimmnerven und aus ihr erhält die Thränendrüse ihre Arterie.

Wenn die Expansion des Stimmnerven, die positive Thätigkeit desselben, sinkt, so muß sich die der Karotis schnell erhöhn, um so mehr, da das Herz und die Lungen selbst ihr, bei schnellerer Bewegung, mehr Blut zusenden. So muß sich denn nothwendig gleichzeitig die einzige Absondrung erhöhn, die aus der Karotis unmittelbar erfolgt.

Bei großem Schmerz kann man nicht weinen. Geht nähmlich die Depression des Stimmnerven so weit, daß die Thätigkeiten aller von ihm versorgten Organe gefährdet werden, so ist eine Art von Lähmung in diesen bemerkbar; der Herzschlag wird unterdrückt und träge, die Lungen athmen schwer, die Blutbereitung stockt, das ganze arterielle Leben, folglich auch das der Karotis, und dieß am meisten, da es vom vagus abhängt, wird geringer und die Absondrung aus der Karotis muß nothwendig auch stocken. Fließt sie endlich, so ist dieß erleichternd, einmal weil es Erhebung der Thätigkeit der Karotis, folglich Wiederkehr der Vitalität des Stimmnerven beweißt, dann, weil es die Karotis entleert, folglich das Hirn von Blut befreit.

In den Hirnganglien ist ohne Zweifel der Sitz der Gefühle und Leidenschaften. Stärkere Erregung derselben kann sich aber um so eher im Stimmnerven deprimirend ausdrücken, da dieser der erste Kopfnerv hinter und unter den Sinnennerven ist, welche nichts mehr mit ihm unmittelbar zu thun haben. Uebrigens stehn die Ganglien der beiden unteren Höhlen in allzu offenbarem und auffallendem Antagonismus mit den Hirnganglien, als daß es möglich wäre, diesen zu übersehn oder zu bestreiten. Allemal aber wirken die Thätigkeitserhöhungen der Hirnganglien deprimirend auf die der unteren Höhlen, und zwar haben entweder einzelne Hirnganglien ihre besondre in den unteren Höhlen, mit welchen sie in Sympathie steht, oder jede qualitativ ausgezeichnete Erregung in den Hirnganglien erregt einen eigenthümlichen Antagonismus im System der sympathischen

Nerven. Beim Weinen, von welchem Anlaß es seyn möge, sind es die Halsganglien, und alle die Plexus, die mit dem Stimmnerven zusammenhängen, welche sich auffallend affizirt zeigen. Darum erscheint die Absondrung der Karotis vermehrt, gleichzeitig mit der Depression aller Thätigkeiten ihres Nerven und der Affection seiner Ganglien.

Noch ist übrig, zu bemerken, daß außer dem zweiten und dritten Hirnnervenpaar noch das vierte und sechste, doch nicht als Hülfsnerven des Gesichtssinns, sondern jedes Paar für einen einzigen kleinen Muskel, in die Augenhöhle sich begeben, doch verstehn wir den Werth und die Bedeutung davon nicht. Der sechste Hirnnerv erhält einen Faden vom großen sympathischen System, durch welches das Auge mit dem Nerventheil des Bildungslebens in Zusammenhang gesetzt wird. Wo ist ein Organ so nervenreich, wie das Auge, welches vier eigne Hirnnervenpaare und noch einen wichtigen Zweig vom fünften besitzt, dabei aber noch mit den Nerven des bewußtlosen Lebens verbunden ist?

Die ganze Augenhöhle hat vier Schlagadern, zwei aus der äußeren Karotis, wovon die sogenannte angularis blos den Augendecken zugehört, die orbitalis außer den Theilen der Augenhöhle noch Aeste an die harte Hirnhaut und den Oberkiefer giebt. Zwei kommen aus der innern Karotis, nämlich die Optica und die ophthalmica. Erstere ist klein, geht, zur deutlichen Feststellung des Antagonismus zwischen Gefäße und Nervenwirkung im Organ der Lichtaufnahme, mitten durch den Sehnerven, giebt aber nicht ihm, sondern den Theilen der hinteren Augenkammer ihre Zweige. Die ophthalmica ist weit größer, geht, wie schon erwähnt, zur

Thränendrüse, giebt einen Ast zur Nase und anastomasirt übrigens mit der orbitalis. Das erleichternde Gefühl nach dem Nasenbluten, welches Schmerz und Schwere des Kopfs so schnell hebt, erklärt sich aus dieser Verbindung der Nasengefäße mit der inneren Karotis.

Der spezifische Reiz für das Auge ist das Licht mit seinen Farben.

Schon bei der Erklärung des Schalls hat der Verfasser sein Bekenntniß über das Licht abgelegt. Es ist eine allgemeine Eigenschaft aller kosmischen Körper, zu leuchten, eine allgemeine Eigenschaft der Körper, das Licht, jedoch auf verschiedne Weise, zu leiten. Alle Körper, die die kosmischen umfließen, leiten es, aber erregen es nicht; die kosmischen Körper selbst erregen es, aber leiten es nicht. Unter den terrestrischen Körpern ist keiner, der es nicht unter gewissen Umständen erregte, aber sehr viele isoliren es und leiten es nicht. Manche sind Halbleiter: wir nennen sie durchscheinende Körper. Von dieser Art ist unsere Hand, alle unsre Organe; nur die Knochen sind vollkommne Isolatoren des Lichts, die Hornhaut und die Flüssigkeiten des Auges allein leiten das Licht vollständig. Der Sehnerv leitet es wahrscheinlich auch, so lange das Leben dauert: wenigstens leitet er die Impression des Lichts.

Das Licht ist die allgemeinste Aeußerung der Selbstthätigkeit der kosmischen Körper: sie leuchten alle im Verhältniß ihrer Größe, in welchem sie auch Ueberlegenheit über andre ausüben. Die Sonne leuchtet mehr, als die Erde, weil sie größer ist, Jupiter ebenfalls. Aber die Erde hat auch eigenthümliches Licht; das Meer leuchtet, die Luft leuchtet noch mehr, doch wird ihre leuchtende Eigenschaft am stärksten gegen die Pole gedrängt, weil in der Gegend des Aequators die Sonne stärker in sie einwirkt und ihre Selbstthätigkeit beschränkt; kein tellurischer Körper existirt, der nicht unter Umständen leuchte. Dadurch offenbart sich in ihnen das Leben des Weltkörpers, von welchem sie einen Theil ausmachen.

Sehr viele Thiere leuchten, besonders viel Insekten. Die Augen vieler Vögel leuchten, besonders stark die der größern Eulen. Auch die Augen der Säugthiere und des Menschen selbst leuchten, wenn sich heftige Begierden regen, manche auch ohne diese, wie die der Katzen.

Die Wirkung aller kosmischen Körper aufeinander äußert sich unsern Sinnen erkennbar durch Leuchten, im Verhältniß ihrer Größe, so daß der größere auf den kleinern überlegen leuchtend einwirkt. Doch ergänzt sich das helle Licht auf dem beschienenen Körper selbst und wird durch den einwirkenden kosmischen blos angeregt. Auf sehr hohen Bergen sieht man die Sonne strahlenlos und schwach leuchtend: es ist das Licht der Erde selbst, durch die Sonne erregt, was wir für Effluvium der Sonne ansehn.

Die Richtung, in welcher das Licht fortgeleitet wird, ist geradlinig; es scheint, als wenn die übrigen sechs sogenannten Imponderabilien gleiche Eigenschaft hätten, geradlinig fortgeleitet zu werden.

Man übersehe nicht die nahe Verwandtschaft derselben unter sich, die es immer wahrscheinlicher macht, daß sie alle nichts anderes sind, als Manifestationen des kosmischen Lebens. Elektricität und Galvanismus gewähren Lichterscheinungen; Wärme und Licht sind innigst verbunden.

Doch ist es hier nicht die Absicht, die Lehren der allgemeinen Physik umständlich zu entwickeln: nur so, weil sie zur physiologischen Erklärung unentbehrlich sind, ist es erlaubt, sie zu berühren. Dies gilt von der Lehre vom Licht überhaupt, dies gilt von der Farbenlehre.

Die erste Frage, welche wir zu beantworten haben, ist: ob die Farben allein durch die Gesetze unserer Augen, oder ob sie außer uns gegeben seyen.

Die erste Meinung hat sehr wichtige Gründe für sich.

a) Es giebt Menschen, die sehr gut sehn, Farben aber gänzlich nicht bemerken. Licht und Dunkel unterscheiden sie wohl, helle und dunkle Farben; sie unterscheiden sehr bestimmt, wie viel oder wie wenig Licht von den Körpern zurückgeworfen wird, allein Farben, d. i. qualitative Modificationen der Lichtzurückwerfung, unterscheiden sie nicht; nur quantitative. Die Welt sieht ihnen wie eine Bleistiftzeichnung aus, und ein Gemälde en camaïeux ist ihnen gleich viel mit einem andern in bunten Farben.

b) Die Erscheinung des Regenbogens ist offenbar blos im Auge: wenn auf eine Menge von Wassertropfen so starkes Licht fällt, daß es zum Theil reflectirt wird, so erscheint es bunt, eben so wie bei der Reflexion durch das Prisma, vom Opal, von gebognen Krystall- und Glasflächen ꝛc. In allen diesen Fällen ist die Ursache der Farbenerscheinungen im Auge allein. Die Farben erregenden Dinge leiten einen Theil des Lichts fort, und reflectiren einen andern, der bunt erscheint, weil er in Quantität vermindert ist. Allein daß mit der quantitativen auch eine qualitative Verminderung des Lichtes verbunden scheint, beruht nur auf der Einrichtung unseres Auges.

c) Bei Krankheiten des Auges, auf den Reiz des Galvanismus, bei Ueberreizung des Auges durch sehr helles Licht entsteht Farbenerscheinung auch bei geschloßnem Auge.

d) Gelbsucht macht, daß dem Kranken alles gelb, starke Erhitzung, Augenentzündungen gewisser Art, daß ihm alles roth aussieht. Hier ist der Grund der Farbenerscheinung offenbar subjectiv.

Die Gründe dafür, daß die Farben objectiv begründet sind, beruhn ungefähr auf folgendem:

a) Dunkle Farben, besonders schwarz, haben andre Verwandtschaft zur Wärme, als helle. — Dieser Grund ist ohne Gewicht, denn kein Mensch läugnet, daß es Körper gebe, die mehr, andere, die weniger Licht reflectiren, als andere; daß jene licht, diese dunkel erscheinen; aber da ist noch nicht die Rede von qualitativ, sondern nur von quantitativ verschiedenen Verhältnissen.

b) Die Spaltung des weißen Lichts in sieben Farben, welche sich wieder zum weißen Licht verbinden, ist noch weniger wichtiges Argument für die objective Realität der Farben, da sie sogar wahrscheinlich blos durch die Einrichtung des Auges möglich wird.

c) Der Farbenunterschied ist die Folge der Polarität des Lichts. Polarität ist aber wesentlich nicht quantitativ, sondern qualitativ verschiedenes Wirken derselben Ursache an den beiden Enden und im Mittelpunkt der Wirkung, also daß sie sich an den beiden Enden entgegengesetzt, in der Mitte aber indifferent sey. Diese

Polarität ist allem imponderablen Wirken gemein. Angenommen, daß dieß Aeußerung der Vitalität der Erde sey, so ist es ein allgemeines Gesetz, daß diese sich also dreimal qualitativ verschieden äußere. Folglich ist die Unterscheidung des Lichts in Farben demselben seiner Natur nach wesentlich.

Dies dem Anscheine nach wichtigste Argument für die objective Realität der Farben möge der Prüfung unbefangener Männer gewürdigt werden! Ich füge nur hinzu, daß sich die Farben offenbar so verhalten, wie dieß Polaritätsgesetz vorschreibt.

Die beiden entgegengesetzten Lichtpole sind die weiße und schwarze Farbe, die volle Wirkung des Lichts und deren Gegensatz: die Indifferenz zwischen beiden ist scharlachroth. Alle andre Farben sind entweder Uebergänge dieser drei Hauptqualitäten ineinander, oder Produkte der unmittelbaren Mischung des qualitativ Differenten.

So entsteht aus der unmittelbaren Mischung des weißen und schwarzen grau, eine Mittelfarbe, in welcher beide differente Mischungstheile zwar auch indifferenzial, doch nicht aufgehoben sind. Im Roth sind sie aufgehoben.

Der Uebergang aus dem Weiß ins Roth geschieht durch alle Nüancen des Gelb, wenn die Qualität aufgehoben wird. Schwefelgelb ist die Mittelnüance, Orange liegt dem Roth, Strohgelb dem Weiß näher. Aber aus der unmittelbaren Mischung zwischen Weiß und Roth entsteht Rosenroth mit allen Nüancen; in ihm ist die Qualität der indifferenten Mischungstheile nicht aufgehoben.

Aus dem Roth ins Schwarz verändert sich die Qualität durch alle Nüancen von Blau, so daß Lila dem Roth, Dunkelblau dem Schwarz näher liegt, Himmelblau aber die Indifferenz zwischen roth und schwarz ist.

Direct und mit Nichtaufhebung der differenten Mischungstheile verbindet sich roth mit schwarz zu braun.

Die beiden Mittelfarben, gelb und blau, indifferenziiren sich unter einander zu grün.

Es giebt also

1) entgegengesetzte Färbung: weiß und schwarz.
2) Indifferenz zwischen beider Qualität roth.
3) — — — — Quantität grau.
4) Mittelglied zwischen weiß und roth gelb.
5) — — — roth und schwarz blau.
6) Mischung der Mittelglieder grün.
7) Mischung zwischen weiß und roth rosenroth.
8) — — — roth und schwarz braun.

Alle Farbennüancen entstehn von der mechanischen Mischung dieser neun Hauptfarben. Und da von diesen vier schon mechanisch gemischt sind, so giebt es wirklich nur fünf Farben, die so auf einander folgen: weiß, gelb, roth, blau, schwarz.

Die sieben Farben des Prisma und des Regenbogens sind nur die Nüancirungen des Lichts zwischen beiden Polen.

Der Verfasser enthält sich einer Menge von Reflexionen über die Färbung der Dinge, die nicht hieher gehören, um zur letzten Untersuchung in der Lehre vom Sehen überzuschreiten. Die Behauptungen der Magnetiseurs haben sie nöthig gemacht.

Sie behaupten nämlich, daß man mit verschloßnen Augen sehn und lesen könne, daß die Nerven dem Magnetisirten leuchtend erscheinen, daß jede Stelle des

Körpers, besonders aber der Magen, zum Organ der Lichtaufnahme eben so gut gemacht werden könne, als es das Auge ist.

Der Somnambulismus ist eine durch starke Erregung einer bestochnen Weiberphantasie und durch Streichen hervorgebrachte Nervenkrankheit eigner Art, die auch wohl zuweilen durch ganz andere Einflüsse zu entstehn pflegt, in welchen das Leitungsvermögen der Nerven sehr merklich von dem gewöhnlichen abweicht. Die Nerven sind im menschlichen Körper die Organe, welche für alle Aeußerungen des kosmischen Lebens größere Receptivität und größere Leitungsfähigkeit haben, als alle übrige. Vom Galvanismus, von der Electricität, vom Schall, von der Wärme und vom Licht ist dieß gewiß, nur der Magnetismus scheint überhaupt keine Wirkung auf den lebendigen Thierkörper zu äußern, sondern völlig kosmisch zu seyn. Wenn nun das Licht der Leitung des Sehnerven leicht folgt, warum soll es nicht in einer Krankheit, welche das Leitungsvermögen der Nerven wesentlich verändert, auch der Leitung andrer Nerven folgen können? Die Augenlider, ja die ganze Haut, sind halb durchsichtig, durchscheinend; warum soll die Erscheinung des Lichts, bei erhöhter und veränderter Empfindlichkeit der Nerven, nicht sehr viel stärker und bestimmter wahrgenommen werden, als im gewöhnlichen Zustand, in welchem wir hell und dunkel durch verschloßne Augenlider sehr gut unterscheiden? Warum sollen nicht andere Hautnerven auch eine Lichtempfindung haben können? Hierin ist nichts unbegreifliches; wenn aber Somnambülen versiegelte, auf den Magen gelegte Briefe lesen, so thun sie es, weil sie sie auswendig wissen, wie ihre ganze Rolle, mit welcher sie zum Vortheil der Betrüger die Thoren betrügen. Der Mensch ist ein leichtgläubig und lügenhaft Thier, das predigt die Weltgeschichte.

Licht und Dunkel kann man wohl in andern Nerven empfinden, als im Sehnerven, wiewohl auch davon der Beweis fehlt, und die Sache mehr als möglich zugegeben wird, als man sie versichern kann. Am Ende ist nämlich wohl möglich, daß die specifische Reizbarkeit eines Nerven auf einen andern übergehe, wie im vegetativen Leben die Absonderung eines Organs auf ein anderes übergehen kann. Aber Umrisse von Körpern scharf unterscheiden durch blos durchscheinende Epidermis? Gar Buchstaben lesen? Wozu denn ein Auge mit seinen Lichtbrechungen, wenn ein magnetisirender Zauberer Gottes Werk so gut zu verbessern versteht, daß er überall Augen hervorbringt, am Magen, an den Fußsohlen?

Durch diese fünf Sinne kommen dem Menschen alle Vorstellungen, was ihr Object betrifft; ohne sie würde der Mensch schlechterdings nichs vorstellen. Thätigkeit der Ganglien, erregt durch die Außenwelt, ist die erste Bedingung aller Vorstellung. Diese Ganglien machen das Mittelglied aus in der Kette der Gemüthsthätigkeiten. Die Außenwelt wirkt nur auf sie, von ihnen aus aber wird die Thätigkeit weiter reflectirt, entweder in die Hemisphären oder in die Bewegungsorgane.

Drittes Kapitel.

Die Bewegung.

Alle Thätigkeit ist Bewegung, Veränderung der räumlichen Verhältnisse der Körper. Ungeachtet es im Lebendigen viele Bewegungen giebt, bei welchen wir diese Veränderung nicht wahrnehmen, ungeachtet wir bei der wichtigsten von allen, der Thätigkeit der Hemisphären, großen Grund haben, zu glauben, daß sie ohne sinnlich wahrnehmbare räumliche Veränderung erfolgt, so ist uns doch unmöglich, uns Thätigkeit ohne sie zu denken.

Indessen sprechen wir hier nicht von der thierischen Bewegung überhaupt, sondern von der, welche das Thier von der Pflanze auszeichnet.

Die Pflanze bewegt sich auch; schon das Wachsthum, alle Acte ihrer Entwicklung sind Bewegungen, von der Assumption des Nahrungsmaterials bis zu allen Verwandlungen desselben.

Es giebt Pflanzen, deren Bewegungen fast Willkühr vorauszusetzen scheinen, wie das Oeffnen und Schließen der Blumen, ihr Wenden nach dem Licht, das Ausstrecken ihrer Wurzeln nach dem Wasser, das Fassen ihrer Gabeln und Ranken nach festen Gegenständen, das Senken der Blätter der Mimosa pudica, das Zuschnappen der Blattspitzen der Dionea muscipula etc. Aus allen diesen scheint Absicht hervorzuleuchten, ja die Bewegung bei den letzteren Pflanzen beweis't Articulation.

Doch bei etwas mehr Aufmerksamkeit kann uns nicht entgehn, daß die Pflanzen, ohne Absicht und Willen, blos so sich bewegen, wie es der äußere Reiz ihrer Qualität und ihrem Bau nach mechanisch nothwendig macht. Allein es ist der allgemeine Charakter thierischer Naturen, daß sie außer der Bewegung, welche der Reiz unmittelbar im gereizten Theile veranlaßt, noch einer zweiten fähig sind, zu welcher sie nicht der Reiz, sondern innere Selbstthätigkeit bestimmt, die vom Reiz nur mittelbar erregt wird. Diese innere Selbstthätigkeit nennen wir Wille; das Gesetz, nach welchem er gerichtet ist, Absicht.

Wenn sich die Pflanze nach der Sonne wendet, so ist der Reiz des Sonnenlichts auf ihre Zweige, Blätter und Blüthen unmittelbare Ursache, daß in die Stiele rc. die Säfte so treten, daß dieß Wenden davon die Folge ist. Sie bestimmt also ihre Organe nicht nach Absicht, sondern sie folgt der Nothwendigkeit, die durch den Reiz gesetzt ist. Wenn aber das Insekt aus seinem Schlupfwinkel auf Reiz des Sonnenlichts kriecht, so geschieht dieß nicht, weil das Licht gerade so viel Säfte in seine Füße treibt, sondern weil es den Reiz des Lichts empfindet und die Absicht hat, es zu genießen.

Wäre die Erde nur mit den niederen Thierklassen bevölkert, so würden wir kaum ein Unterscheidungszeichen zwischen diesen beiden Arten der Bewegung kennen. Allein in den vollkommneren, mit ausgebildeten Bewegungsorganen versehenen Thieren sehn wir eine Einrichtung, die der Pflanzenwelt völlig fremd ist und auch die den Pflanzen mehr analogen Bewegungen der niederen Thiere viel besser aufklärt, als die bloßen Gesetze des Reizes, welche die Pflanzen bewegen.

Pflanzen und Thiere müssen, um zu leben, mit dem Material ihrer Ernährung in Berührung kommen. Die Pflanzen aber tragen dazu nichts bei, sondern sie müssen sich an solchen Orten befinden, wo dergleichen Material ist, damit sich ihre Keime entwickeln, und es muß Zufluß desselben dahin seyn, wenn sie fortwachsen sollen. Die Thiere aber haben die Ursache dieses In-Berührung-Kommens allein in sich selbst: sie bewegen sich so, daß sie die Berührung mit ihrem Nahrungsmaterial befördern, beweisen hierin Absicht und überwinden die Hindernisse, welche sich der Berührung entgegensetzen. Dieß thut selbst die festgewachsene Auster, welche sich öffnet und schließt, um ihre Beute zu erhaschen und festzuhalten, zwar noch sehr ähnlich der Pflanze, doch schon erhaben über sie. Bei diesen Bewegungen wirkt das Thier als Individuum, während die Pflanze immer nur theilweis sich bewegt und nie als Eins und Ganzes wirkt.

Sehr bald vervielfältigen sich die Gegenstände der Absichten und Begierden der Thiere, während die niedern immerfort bleiben. Auch der Mensch bewegt sich nach seiner Nahrung; er behält die niedrigsten Absichten des thierischen Seyns bei, und verbindet sie mit den höchsten, die ihm allein eigen sind.

Die Erreichung seiner Absichten bewirkt der Mensch mit allen Thieren der vier obern Klassen durch einen ausgebildeten Apparat von Organen; in den niedern Thieren fällt uns kein solcher ins Auge, und sie bewegen sich dennoch nach Absicht. Schon im Amphibion sehn wir die Kette von Organen, durch die die absichtliche Bewegung in den höheren Thierklassen bewirkt wird, Ganglien, Nerven und Muskeln. In den niederen sind die Differenzen dieser Organe nicht eben so festgesetzt, ja es giebt deren, in welchen sie alle drei fehlen. Der Polyp hat wohl Zellgewebe, aber nicht Muskeln, eben so wenig, als Nervengebilde. Man sieht also, daß es der schaffenden Natur möglich ist, ihre Zwecke auf mehr als einem Wege zu erreichen.

Lassen wir die Untersuchung der Muskeln der Würmer, Schaalthiere, Insekten! Blos ihre Kleinheit möge unsere Aufmerksamkeit einen Augenblick beschäftigen. Wie vielfacher Bewegung ist nicht ein Käfer, der kaum eine Linie lang ist, fähig! Er geht, springt, fliegt — wie viel tausend Muskeln sind bei allen diesen Bewegungen thätig in diesem so kleinen Raum! Und welche Kraft hat nicht die Natur in diese so kleinen Muskeln gelegt! Die Springmuskeln eines Flohs beweisen, wenn sie das Thier um mehr als das vierhundertfache seiner Länge fortschnellen, eine Kraft, gegen die die Stärke des Löwen nichts ist.

Der Mensch ist in Absicht auf Muskelstärke ganz und gar nicht das vorgezogene Thier, vielmehr ist er selbst im Verhältniß zu seiner Größe eines der schwächsten. Seine Muskeln haben die ungeschickteste Anlage: kann z. B. wohl irgend ein Muskel mehr wider alle Regeln der Mechanik gebildet seyn, als der Deltoideus des Menschen? — Viele Bewegungen sind ihm so gut als versagt: er kann nicht fliegen, er schwimmt unter allen Thieren am schlechtesten, er kann weder schnell, noch anhaltend laufen, wozu ihm sehr bald der Athem fehlt, und die Kraft seiner unbewaffneten Arme würde ihn gegen kleinere Thiere, als er selbst ist, zu schützen nicht hinreichen. Besonders würde seine lange Kindheit, in welcher er zu den allernothwendigsten Bewegungen zu schwach, ungeschickt und unbeholfen ist, seine Erhaltung unmöglich gemacht haben, ohne den Trieb zur Geselligkeit und den Kunsttrieb. — Wer möchte wohl

in

in dem schwachen, kleinen, nackten, so lange Zeit hülflosen, und in der Zeit seiner größten Kraft selbst so wenig kräftigem Menschen den Sieger über die Thiere erkennen? Und doch war dieß nur der geringe Anfang seiner Siege. Die gigantischen Kräfte der Natur hat er bezwungen und die Oberfläche der Erde seinem Willen unterworfen. So viel größer ist die Intelligenz, als die physische Kraft.

Das Centralorgan der Muskelbewegung, das Rükkenmark ist im Menschen gegen das Gehirn höchst unbedeutend; eben so verhalten sich seine Muskeln gegen die der Thiere, wie sich sein Rückenmark gegen das ihrige verhält.

In die Reihe der Organe, welche die Bewegung unterstützen, gehören auch die Knochen, ob es gleich Bewegungen genug giebt, die von keinem Knochen unterstützt werden.

Merkwürdig ist, daß alle Muskelbewegung, die nicht vom Hirn aus, sondern von den einzelnen Ganglien aus geleitet und bestimmt wird, keine Knochen bewegt, daß aber im Gegentheil fast alle Muskeln, die die Nerven aus den Hirn- und Rückenmarksganglien haben, auch Knochen oder Knorpel bewegen, wenigstens an Knochen oder Knorpel befestigt sind. Doch ist dieß kein charakteristisches Kennzeichen der willkührlichen Muskeln: die der Augen, verschiedne Sphinkteren und andre, besonders Gesichtsmuskeln bewegen keine Knochen und sitzen auch nicht an Knochen oder Knorpeln fest.

Wir theilen nämlich die Muskelbewegung ein in willkührliche und unwillkührliche. Letztere haben denselben Apparat nöthig, wie erstere, Ganglien, Nerven und Muskelfibern, allein ihre Ganglien gehören nicht zum

System des Hirns und Rückenmark. Uebrigens bestimmen dieselben die Zusammenziehung der unwillkührlichen Muskeln eben so, wie die Hirn- und Rückenmarksganglien die der willkührlichen bestimmen.

Nach Absicht wirken die unwillkührlichen Muskeln eben so wie die andern; auch sie befördern innere Zwecke des Lebendigen. Diese Zwecke gehn aber sämmtlich das Bildungsleben an, während daß die willkührlichen sämmtlich dem Vorstellungsleben dienen.

Mit Ausnahme des Herzens sind die unwillkührlichen Muskeln sämmtlich membranös; die willkührlichen sind meist viel stärker und dicker. Doch ist dieser Unterschied weder erheblich noch beständig.

Die unwillkührlichen Muskeln sind allesammt hohl; nur das Zwerchfell ist es nicht, allein dieß ist auch ein willkührlicher Muskel, ob man ihn gleich zu der andern Classe nicht selten gezählt hat: er vermag nämlich offenbar, sich willkührlich zu bewegen. Doch dient er auch mehreren völlig unwillkührlichen Bewegungen, als dem Husten, Niesen, Schlucken u. s. w.

Alle willkührliche Muskeln haben in sich selbst einen Gegensatz: entweder ihre Anfänge, oder ihre Enden, oder beides, Anfang und Ende, sind ganz anders gebildet, als die Mitte, viel gefäßärmer, nicht beweglich an sich, sondern nur mittelbar der Bewegung folgend. Alle Muskeln fangen an und hören auf mit sehniger oder aponeurotischer Bildung. Nur die unwillkührlichen haben nichts dem analoges: verlieren sich in Membranen und haben keine sehnigen oder aponeurotischen Anfänge.

Alle willkührliche Muskeln bilden zusammen ein System, welches in zwei vollkommne Hälften getheilt ist, so daß die rechte Seite genau eben so gebildet ist, als die linke. So wie das Hirn mit allen zum Vorstellungsleben gehörenden Organen in beiden Hälften symmetrisch ist, so auch das Muskelsystem. Die in der Mitte des Körpers gelegnen Muskeln sind zwar zum Theil nur einfach vorhanden, allein zu beiden Seiten dennoch symmetrisch gebildet. Doch bemerken wir in den Muskeln schon häufigere Abweichungen vom symmetrischen Bau, als in den Nerven; in den Knochen erscheinen dergleichen noch auffallender. Dagegen die unwillkührlichen Muskeln sind eben so wenig symmetrisch, als alle Organe des Bildungslebens, von welchen sie einen Theil ausmachen.

Auf die Frage, wie Muskelfibern überhaupt wirken, giebt die einfachste Beobachtung eine leichte Antwort: durch Ausdehnen und Zusammenziehn. Auch fehlt es nicht an mancherlei, zum Theil sehr abentheuerlichen Erklärungen dieses Phänomens, deren Recension jedem Physiologen überlassen bleibt.

Zur Bildung der Muskelfibern tragen die Nerven höchst wesentlich bei, nur das Herz macht Ausnahme vom ganzen Muskelsystem, bewegt sich automatisch und bedarf keines Nerveneinflusses, welcher jedoch seine Bewegung verändern kann. Eben so wesentlich treten Zellgewebe und Blutgefäße zu ihrem Bau zusammen, letztere deutlicher in den willkührlichen Muskeln, als in den unwillkührlichen, daher jene auch röther erscheinen.

Giebt es einfache Muskelfibern? — Zwar hat einmal ein großer Naturforscher eine aus seiner Wade geschnitten und viel andre haben über ihre Dicke disputirt, allein es ist dennoch nicht wohl abzusehn, was mit dieser einfachen Fiber zu machen ist. Soll der Muskel ein Convolut derselben seyn, in welches sich Gefäße und Nerven vertheilen? Das ist nicht wahr: der Muskel ist aus Zellgewebe und Gefäßen zugleich und wesentlich gebildet und eben so wesentlich treten Nerven in seine Masse.

Erinnern wir uns, daß die zellige und die röhrige Structur die ersten Stamina der menschlichen Bildung, überhaupt der vollkommnen Thierbildung, ausmachen. Diese beiden Structuren stehn im Muskel im Gleichgewicht. Es giebt keine einfachen Fibern, sondern ein inniges Zusammenmischen und gegenseitiges Durchdringen von Zellgewebe und Gefäßen bildet den Muskel.

Es giebt Muskeln, in welchen die zellige Bildung vor der Gefäßbildung vorherrscht, andre, in welchen die Gefäßbildung vor der Zellenbildung vorherrscht, andere, in welchen das Gleichgewicht vollkommen ist. In der Sehne herrscht die Zellenbildung; eben so, doch auf andere Weise, in allen unwillkührlichen Muskeln, mit Ausnahme des Herzens und des Magens der Vögel. Im erstern herrscht die Gefäßbildung gänzlich vor, im letzteren eben so, doch findet Zellenbildung statt, aber nur nach den Oberflächen: die musculöse Mitte zeigt lauter Gefäßstructur.

Diese Gefäße: sind sie Arterien oder Venen? Oder laufen neben einer kleinen Arterie ein paar kleine Venen? Nein. Es sind kleine Gefäße, in welche sich die zuführenden Schlagadern, so wie sie den Muskel erreichen, umbeugen und aus welchen die zurückführenden Adern beginnen. Sie enthalten purpurrothes, nicht scharlachrothes, nicht schwarzes Blut, aber in ihnen wird ersteres in letzteres verwandelt, unstreitig weil es hier aus dem Zellstoff, der dem Reiche der Vegetabilien näher steht, reichlicher mit Kohlenstoff vermischt wird, als es die Erhaltung thierischer Natur ertragen kann, weswegen es aufhört, zur Unterhaltung des Lebens fähig zu seyn und auf allen Wegen Kohlenstoff ausströmt.

Das Leben äußert sich allenthalben, im Zellstoff und in der Röhrenbildung, durch Expansion und Contraction, wie denn die Abwechslung beider Wirkungen das Wesen der Irritabilität ausmacht. Im Zustand der Ruhe ist nun die Expansibilität mit der Contractilität im Muskel in vollkommnem Gleichgewicht.

Nun machen aber auch Nerven einen wesentlichen Bestandtheil der Muskeln aus, indem sie sich in dieselben verbreiten, d. i. durch ihre ganze Substanz ihre zweite Ausbreitungsfläche nehmen, welche mit der in ihrem Anfang in polarischer, d. i. wesentlich antagonistischer Wirkung steht. Die Nerven legen ihre Scheiden ab, wie sie den Muskel erreichen und sind als Fäden nicht mehr durch den Muskel zu verfolgen.

Nerven und Gefäße stehn überall und wesentlich durch den ganzen Körper in Antagonismus, und dieser ist der Grund der allerwichtigsten physiologischen und pathologischen Erscheinungen. Die Nervenenden oder Verbreitungsflächen stehn wesentlich und nothwendig in Antagonismus mit den kleinen Gefäßen, so daß diese in Expansion kommen bei Contraction der Nervenenden und umgekehrt.

Nun wissen wir, daß der Nerv, so lange er in longitudinalen Fasern fortläuft, sich völlig als indifferenter Leiter verhält, während blos Anfang und Ende des Nerven in antagonistischer Thätigkeit sind.

Die Berührung des äußeren Pols eines Nerven durch die Außenwelt setzt die empfindliche Atmosphäre desselben in Contraction, folglich expandirt sich der in=

nere Pol, welchen Act wir mit dem Namen Empfindung bezeichnen. Nun kann aber vom inneren Pol aus eine Thätigkeit beginnen, die nicht durch den äußeren Sinn veranlaßt ist. Diese muß sich ohne Zweifel anders äußern, als die Empfindung, denn sie *ist* etwas anders. Folglich ist sie ein Contractionsact. Dieser wirkt nothwendig in denselben Augenblick im äußeren Pol den Expansionsact.

Wenn der äußere Pol in einen Muskel fällt, so bringt diese Nervenexpansion in ihm schnell, so wie sie entsteht, Contraction der kleinen Blutgefäße hervor, vermöge des zwischen beiden bestehenden wesentlichen Antagonismus. Das Zellgewebe nimmt daran Theil und zieht sie eben so zusammen, wie die Gefäße, denn es ist nicht mit ihnen in Antagonismus, im ganzen passiver, als sie, und folgt der von ihnen ausgehenden Impression. So zieht sich denn Zellgewebe und Gefäß des Muskels auf Expansion seines Nerven schnell und lebhaft zusammen.

Schneller und lebhafter geschieht diese Zusammenziehung im Muskel, als in jedem anderen Theil, weil die Gefäße hier keiner andern Structur unterworfen und blos an nachgebendes Zellgewebe gelegt sind, folglich kein äußeres Hinderniß ihrer Contraction im Wege steht.

Durch diese Contraction verkürzt sich die Masse des Muskelfleisches und die beiden Enden desselben nähern sich einander. Sind diese an feste Theile angelegt, so bewegen sie diese.

Die Contraction ist eben so stark, als die Thätigkeit im Ganglion, von welchem sie ausging, auch dauert sie eben so lange.

Sie muß aber schlechterdings mit Ruhe und Expansion abwechseln. Denn fortdauernde Contraction würde die Bedingung der Lebensfortdauer aufheben, welche ist abwechselnde Wirkung der Grundkräfte. Auch geschieht der Austritt des Bluts aus dem zusammengezognen Muskel in die Venen viel schneller, durch die größere Auslerung wird das Einströmen erleichtert, und indem so die kleinen Gefäße ihr Blut viel schneller wechseln, nimmt ihr Lebensturgor zu. Aber eben dadurch vermindert sich ihr Vermögen, sich zusammenzuziehn. Die Muskeln schwellen an und ermüden, wenn sie ununterbrochen arbeiten.

Dieß ist die Erklärung der Muskelbewegung im allgemeinen, die man hoffentlich tiefer aus dem Wesen des Lebendigen geschöpft und seiner inneren Gesetzgebung gemäßer finden wird, als die durch Säure und Alkali, Sauerstoff und Stickstoff oder den Galvanismus oder denen ähnliche. Nur die Bewegung des Herzens erklärt sich durch sie nicht, weil das Herz, nach Sömmerring, und Scarpa, ohne Nerven ist. In ihm ist also der ursprüngliche Gegensatz der antagonistischen Kräfte ohne alle äußere Bedingung thätig. In allen andern Muskeln wird diese äußere Bedingung durch die Nerven gegeben. Allein mit ihr ist die Lehre von der Muskelbewegung noch nicht erschöpft. Vielmehr gehört wesentlich zu ihrer Einsicht die in das Leben des Gangliarsystems, da von diesem alle Muskelthätigkeit ausgeht.

Wenn behauptet wird, alle Nerven ohne Ausnahme entspringen aus Ganglien, so muß zwar die Anatomie diese Behauptung noch gut machen, allein sie wird es gewiß.

Die längs des Rückens hinab in den inneren Höhlen liegenden Ganglien von membranöser Form machen zwar zusammen ein besondres System aus, sind durch Fäden unter sich, und durch sehr viele Fäden mit dem Hauptnervensystem verbunden, stehn auch mit letzterem in dem offenbarsten Antagonismus, allein die von ihnen ausgehenden Wirkungen sind als einzelne zu betrachten und werden nur bisweilen auf das ganze Nervensystem reflectirt. Von ihnen werden die Muskelfibern der Arterienhäute, des Darmcanals und aller Eingeweide der beiden untern Höhlen bewegt. Umständlicher wird von diesen Ganglien, den von ihnen abhängigen Bewegungen und ihren Wirkungsgesetzen da die Rede seyn, wo von dem Zusammenhang des Vorstellungslebens mit dem Bildungsleben und dem Verhältniß derselben gehandelt wird.

Es ist schon früher vom kleinen Gehirn behauptet worden, daß es ein Ganglion, und zwar das größte von allen Ganglien sey, welches unmittelbar und zwar vorzüglich dem Rückenmark vorstehe, demnächst aber auch mit den Ganglien des großen Gehirns in Verbindung stehe. Sein sphärischer Bau, seine Lage, seine Structur, nach welcher es nicht longitudinale Markfibern hat, sondern kreisförmig laufende, mit grauer Substanz allenthalben vermischte, den übrigen Ganglien gleich, setzen außer Zweifel, daß es ein wahres Ganglion sey.

Aus allen Ganglien des großen Gehirns laufen nach dem verlängerten Mark und den Markschenkeln des kleinen Gehirns und nach der vierten Hirnhöhle Fäden, die eben so gut Verbindungsfäden dieser Hirntheile mit dem kleinen Gehirn seyn können, als Nervenanfänge, wofür man sie gewöhnlich hält. Wie wenn das kleine Gehirn das Centralorgan aller Bewegung, die Sehhügel die Centralorgane aller Empfindung wären? wie wenn die hinterwärts gelegnen Ganglien, die Pyramidal- und Olivenkörper, Verbindungsorgane zwischen den Sinnennerven und den Bewegungsnerven wären?

In dem allen herrscht noch viel Dunkelheit, und es bleibt uns für jetzt nichts weiter übrig, als die Bestimmung dieser Organe zu rathen, mit Gefahr, sie dennoch nicht zu errathen.

Alle Nerven des Rückenmarks sind Bewegungsnerven, allein es giebt auch Hirnnerven, die es sind, nämlich alle, vom dritten Paar an, mit Ausnahme des Hörnerven.

Das fünfte Paar ist offenbar zugleich Sinnen- und Bewegungsnerv, das dritte, vierte, sechste Paar und der Facialnerv sind zugleich Sinnenhülfsnerven und Bewegungsnerven.

Hieraus ist offenbar, daß zwar allerdings das große Gehirn mit seinen Ganglien mehr der Empfindung angehöre, als der Bewegung, daß jedoch von ihm auch Bewegung ausgehn könne.

Zwei stärkere Markschenkel gehn vom großen Gehirn, zwei schwächere nur vom kleinen aus, zur Bildung des Rückenmarks. Es giebt Thiere, die ein Rükkenmark und ein großes Hirn, wiewohl vom menschlichen weit verschieden, aber gar kein kleines Gehirn haben. Alles das sind wichtige Zweifel gegen die hypothetische Annahme des kleinen Gehirns, als Centralorgans des Muskelsystems.

Ohne also zu behaupten, daß nicht auch von andern Theilen, als vom kleinen Gehirn aus, willkührliche Muskelbewegungen beginnen können, überzeugen wir uns nur, daß die sämmtlichen Hirn- und Rückenmarksganglien, als die Organe, welche die Bewegung in zweiter Instanz bedingen, ein Centrum haben müssen, zu welchem sie eben so gut hinleiten, und von welchem sie Rückwirkungen empfangen, oder vielmehr, von welchem aus ihnen der Anreiz zur Bewegung bedingender Thätigkeit eben so bestimmt mitgetheilt wird, als sie es den Muskeln mittheilen. Und in Ermanglung sicherer Kenntniß desselben nehmen wir das kleine Gehirn für dies Centrum an.

Die Nothwendigkeit seiner Annahme beruht vorzüglich auf dem großen Unterschied zwischen der willkührlichen und unwillkührlichen Muskelbewegung.

Wir wissen, daß diese eben unwillkührlich und dem Bewußtseyn entzogen sind, weil sie von einzelnen Ganglien ausgehn, die, obzwar mannichfach verbunden, doch keinem gemeinschaftlichen Centrum untergeordnet sind. Folglich muß dieß bei den willkührlichen umgekehrt seyn: sie müssen ein gemeinschaftliches Centrum haben. Das ganze Hirn, das auch für Empfinden und Denken Centrum ist, kann es nicht seyn, denn schwerlich ist etwas gewisser, als daß das Gehirn nicht als Totalität, sondern in seinen verschiedenen Theilen verschieden wirkt, obgleich uns die Wirkung der meisten einzelnen Gebilde zur Zeit noch unbekannt ist.

Und organisch begründet muß der Unterschied zwischen willkührlicher und unwillkührlicher Bewegung seyn, weil alles, was am lebendigen erscheint, seinen organischen Grund hat.

Wir nehmen also an, daß jede Hirnthätigkeit, sowohl die der Hemisphären, als die der Hirnganglien, jede Aeußerung des Denkens und Empfindens also, auf das kleine Gehirn reflectirt werden könne, indem alle Theile des übrigen Nervensystems mit ihm in Verbindung stehn. Aus diesem wird die Thätigkeit weiter in eins von den vielen einzelnen Ganglien der Bewegungsnerven reflectirt, und von diesem folgt sie der Leitung des Nerven zum einzelnen Muskel, der sich zusammenzieht.

Die willkührlichen Bewegungen gehn also ebenfalls von einzelnen Ganglien aus, wie es denn keinen Rükkenmarksnerven giebt, der nicht aus Ganglien kommt, die ihre Fäden vom Rückenmark erhalten. Allein diese Ganglien sind durch Form und Ordnung schon von den in der Brust- und Bauchhöhle frei liegenden, noch mehr aber durch ihre postulirte Unterordnung unter ein gemeinschaftliches Centrum wesentlich unterschieden. Nicht ohne den Willen sind sie, im Zustande der Gesundheit, thätig.

Was ist aber der Wille? Nichts anders als eine Hirnthätigkeit, die nach außen geleitet wird, die vom Centrum nach der Peripherie geht, während die Empfindung umgekehrt eine Hirnthätigkeit ist, veranlaßt durch eine vorhergängige in der Peripherie, welche nach innen geleitet wurde, das Denken aber Hirnthätigkeit, die innerhalb der Hemisphären selbst bleibt.

Wille und Empfindung haben mit einander gemein, daß sie ein äußeres Object haben müssen, doch ist bei der Empfindung die Thätigkeit von der vom Object berührten sinnlich empfindenden Stelle nach dem Ganglion, beim Willen vom Ganglion nach dem Object gerichtet. Oder beim Empfinden ist der äußere Pol des Nerven negativ und der im Ganglion positiv; beim Wollen der im Ganglion negativ und der äußere positiv.

Es ist ganz gleichgültig, ob das Object des Wollens ein real außer uns vorhandenes, oder ein blos vorgestelltes sey; man kann im Traume sehn, hören und begehren. Allein da Objecte blos vorgestellt werden können, weil sie früher reell empfunden wurden und dem Menschen wohl Erinnerungskraft inwohnt, mit welcher er sich früher empfangene Sinneneindrücke wieder als gegenwärtig vorstellt, ob sie gleich nicht vorhanden sind, nicht aber Schöpferkraft, welche ursprüngliche nie gewesene Objecte vorstellt, so ist der Wille, so wie jede mögliche Vorstellungsthätigkeit, an die Empfindung, als an ihre Bedingung gebunden, mithin nicht ein Act reiner Spontaneität, sondern vermittelter, durch die Vorstellung eines Objects. Ein Geschöpf ohne Sinnlichkeit und Empfindungsvermögen könnte immerhin Muskeln haben, es würde sie nicht nach Absicht brauchen und eben so bewegungslos liegen, als es empfindungslos wäre. So erfolgen die Bewegungen des Fötus völlig absichtslos.

Der Anreiz zur willkührlichen Bewegung wird vom Centralorgan des Willens aus in ein oder mehrere einzelne Ganglien reflectirt, von welchen aus die Thätigkeit mit der Schnelle des Blitzes in einzelne Muskeln geleitet wird. Hier stoßen wir auf zwei unerklärbare Schwierigkeiten; die erste: wie mag das Centralorgan unter der Reihe von Ganglien gerade das passende wählen? Die zweite: Wie mag vom Ganglion aus, das nach vielen Muskeln zugleich Nervenfäden sendet, die Thätigkeit gerade nur in den Muskel geleitet werden, der gerade bewegt werden soll?

Wir wissen davon weiter nichts, als daß kraft eines eigenthümlichen Gesetzes der thierischen Natur immer nur einzelne Ganglien auf gewisse bestimmte Anreize thätig werden. Wir werden in der Folge sehn, daß jede besondre Leidenschaft auch in besondre Ganglien des Nervensystems des Bildungslebens vorzugsweise wirkt. Eben dieß Gesetz erkennen wir im Einwirken des Willens in einzelne Ganglien. Ohne Zweifel wirkt es auch, daß nur die bestimmten Muskeln thätig werden, die dem Zweck des Gemüths entsprechen, doch mag wohl die Uebung hierbei viel thun, denn wir sehn, daß anfangs jedes Thier sehr plumpe und unbehelfene Bewegungen macht, sie aber bald viel geschickter vollenden lernt, wenn es fortfährt, sich zu üben. Im Ganzen wird es aber wohl immer unerklärt bleiben, wie ein Thier durch seinen Willen alle seine Glieder bewegt, ohne von ihrem Bau und dem Mechanismus ihrer Beweglichkeit die allergeringste Kenntniß zu haben.

Es ist nothwendig, hier einem möglichen Einwurf zu begegnen. Wenn gesagt worden ist, daß die Empfindung Bedingung der Muskelbewegung sey und ein Wesen ohne Sinn auch bewegungslos seyn würde, so ist von zweckmäßigen, nach einem Object gerichteten Bewegungen die Rede. Denn allerdings bewegt sich zuweilen der Muskel, blos weil er sich bewegen kann, ohne allen Zweck, wie beim Fötus, und dazu gehört keine vorgängige Empfindung, keine Vorstellung von irgend einem Object, wie denn der Fötus weder sinnliche Empfindung, noch Willen hat. Bei Convulsionen bewegen sich bald einzelne, bald alle Muskeln, entweder ohne Bewußtseyn, oder wider Willen. Sie beweisen, daß in dem Leitungsapparat zwischen dem Centrum der Bewegung und den einzelnen Ganglien Unordnung statt findet und von letzteren aus die Muskelbewegungen allein dirigirt werden, wenn sie bei bestehendem Bewußtseyn erfolgen. Tritt Bewußtlosigkeit ein, so sind allgemeine Convulsionen davon die nothwendige Folge, weil der Antagonismus zwischen dem Bewegungssystem und dem System der Empfindungs- und Denkorgane aufhört, folglich das erste ungeregelt und ohne Ordnung alle Muskeln auf einmal in Bewegung setzt. Noch belehrender in diesem dunkeln Theile des thierischen Wesens sind die Krankheiten des Centralorgans der Bewegung; sie beweisen zugleich, daß die Hirnnerven, die zu Muskeln gehn, zwar mit dem Centrum der Rückenmarksnerven zusammenhängen, jedoch auch ihr Centrum für sich haben.

Trismus und Tetanus sind die Formen, durch welche sich die Unfähigkeit der Bewegungsganglien zu ihrer Thätigkeit ausspricht. Dem Trismus geht allemal ein unstätes Bewegen der Augen voraus. Die Bewegungsnerven der Augenmuskeln werden zuerst ergriffen. Denn das fünfte Paar, der Kiefernerv und die Aufhebung der Thätigkeit seines Centrums, seines Ganglion, äußert sich durch Trismus, welcher bisweilen allein bleibt, bisweilen aber auf das Centrum der Rükkenmarksganglien sich verbreitet und nun allgemeinen Tetanus macht. Nie geht dieser dem Trismus voraus, nie findet Tetanus ohne Trismus statt, sondern allemal, wo Tetanus ist, ist der Trismus schon früher eingetreten und dauert dabei fort. Empfindung und Denkvermögen sind dabei ungeschwächt, ja selbst erhöht; die Krankheit liegt allein in den Bewegungsganglien, sehr ähnlich der Apoplexie und Epilepsie, nur mit dem

Unterschiede, daß diese beiden Krankheiten das System der Denk- und Empfindungsorgane zuerst ergreifen.

Erst kostet es Mühe, sich von diesem Thema loszureißen, um nicht den Gegenstand des dritten Theils dieses Werks zu anticipiren, welcher die nächsten Ursachen der Krankheitsformen zu entwickeln hat.

Es herrscht im Muskelsystem ein Antagonismus zwischen beiden Hälften und ein zweiter zwischen den Beuge- und den Streckmuskeln der Glieder. Beide geben Veranlassung zu der merkwürdigen Erscheinung, daß, wenn der Antagonist gelähmt ist, der thätig gebliebne Muskel auf der Stelle seine Bewegung macht und in derselben beharrt, von nun an aber aufhört, dem Willen zu gehorchen. Es könnte diese auffallende Erfahrung vielleicht einem künftigen Physiologen den Fingerzeig geben, wie er die Leitung vom Ganglion in den speciellen Muskel zu erklären habe. Diesen Antagonismus hat man schon längst erkannt und, sonderbar genug, gleichsam für den alleinigen im Körper angesehn, da doch fast alle Lebenserscheinungen aus dem Gesetz des Antagonismus als aus ihrer Quelle folgen.

Eben so hat man den Muskeln ausschließlich Irritabilität zugeschrieben, da diese doch der allgemeine Grund alles Lebens ist, indem ein Körper eben darum selbst thätig, d. i. lebendig ist, wenn er nicht in dem Zustande beharrt, in welchem er kraft der Einwirkung der einen beider Grundkräfte des Universums sich befindet, sondern wenn in ihm beide Grundkräfte sich in abwechselnder Wirkung thätig begegnen.

Wollte man die Bewegungen der unwillkührlichen Muskeln mit denen der Pflanzen vergleichen, weil auch sie nicht durch den Willen geleitet werden, so würde man unrecht thun. Allerdings werden sie nach dem Willen, nach Absicht geleitet, nur nicht nach dem allgemeinen Willen des Cerebralsystems, der zum Bewußtseyn kommt, oder vielmehr es ist, sondern nach dem speciellen des Ganglions, von welchem sie ausgehn. Die Idee **Helmonts**, viele Archäen im Körper anzunehmen, ist so verwerflich gar nicht: wirklich ist jedes Ganglion der großen Höhlen thätig für sich, und, wenn man alle Nerventhätigkeit **Seele** nennen will, eine besondere Sele, die von der allgemeinen unabhängig, obwohl mit ihr verbunden ist.

Die **Sehnen** der Muskeln sind ganz andrer Structur, als das Muskelfleisch; in ihnen durchdringen sich Zellgewebe und Gefäße nicht, sondern beide Bildungen werden in longitudinale, an Gallerte reiche Fibern von großer Festigkeit umgewandelt. Die specielle Anatomie lehrt ihre mannichfaltige Structur. Durch Uebung können sich Fleischfibern in sie verlängern: so lernen wir durch viele Versuche endlich den vierten Finger allein ausstrecken, welches anders unmöglich ist, als daß die Sehne des Extensors Fleischfasern bekomme. Bei recht agilen Menschen gehn Fleischfasern tief in die Sehnen hinab; ruhn sie lange, so werden weniger Muskel- und mehr Sehnenfibern. Im hohen Alter nehmen diese ebenfalls zu und jene ab.

Auch in Fett verwandeln sich die Muskelfibern zuweilen bei sehr fetten Personen; wir finden in ihnen die Muskeln dünn, klein, und eben deswegen schwach. Musculöse Menschen sind mager.

So genau, wie im Nervensystem, ist die Symmetrie zwischen beiden Hälften des Körpers im Muskelsystem nicht beobachtet; gewöhnlich ist die rechte Seite ein

ein wenig stärker, als die linke. Zuweilen findet man sogar kleine Nebenmuskeln an einer Seite, die an der andern fehlen.

Eben so wichtig, als die Sehnen, sind für die Muskeln die Muskelscheiden, membranöse Ausbreitungen, die bald einzelne Muskeln allein isoliren, bald ganze Glieder umgeben. Sie verschaffen den Muskelfibern einen äußeren Stützpunkt, welcher verursacht, daß ihre Zusammenziehungen um so kräftiger sind.

Die Muskeln sind bald isolirt, bald in Gruppen beisammen, letzteres, wenn ihre Bestimmung gemeinschaftlich ist. Je zarter das Fleisch der Muskeln, desto kräftiger ihre Wirkung; so wirkt der Psoas stärker, als der Gluteus, ob er gleich viel kleiner ist.

Noch muß von einigen besondern Arten der willkührlichen Muskelbewegung besonders gehandelt werden.

A. Von Stimme und Sprache des Menschen.

Der merkwürdigste, wichtigste und künstlichste Gebrauch, welchen der Mensch von seinen Muskeln macht, ist die mannichfaltige Modification des Tons, welchen er der aus dem Kehlkopf ausgeathmeten Luft mittheilt, durch welchen er bald unarticulirte Zeichen des Zustandes ausstößt, in welchem er sich fühlt, bald eine Musik tönen läßt, welche an Wohllaut alle durch Kunst hervorgebrachte Töne der Saiten- oder Blasinstrumente weit übertrifft, bald die Thätigkeiten seines Vorstellungsvermögens, seines Hirns in mannichfaltigen, nach den inneren, ewigen Gesetzen des Denkens geordneten Lauten ausdrückt.

Die Sprache, die Dollmetscherin seines höheren Lebens und Seyns, erhebt ihn weit über alle andere Bewohner der Erde. Alle athmen; die meisten lassen mehr oder weniger modificirte Töne von sich hören, aber diese sind fast immer nur der Schein der Empfindung. Sogar die entzückenden Töne der Nachtigall: was sind sie anders, als unarticulirte Laute des Gefühls der Geschlechtsliebe, und des nach außen dringenden Wohlseyns, welche aus dem schönen und vollkommenen Organ des Vogels ausströmen? Wie weit sind sie nicht von der Sprache entfernt, die, vom Verstande kommend, zum Verstand des Hörers spricht und durch diesen alle intuitiven und vorstellenden Kräfte in Thätigkeit setzt! Sprechende Thiere haben blos gelernt, menschliche Töne ohne Sinn nachbilden; sie ahmen das Zeichen nach, während das Bezeichnete ihnen ewig fremd bleibt.

Es ist genug, daß wir wissen, kein Thier habe Hemisphären, wie der Mensch, und in keinem Thiere habe das Hirn eine so hochvollendete Thätigkeit, um einzusehn, daß auch jedes Thier der Sprache unfähig sey. Aber das einzige Thier, dessen Hirnhemisphären den menschlichen sich nähern, hat Säcke am Kehlkopf, die ihm die Sprache unmöglich machen: die Natur wollte ihrem Liebling, dem Menschen, ihr edelstes Geschenk allein erhalten und verdarb ihr Werk im Affen durch diese Anhängsel, damit er nicht durch eine lächerliche Nachahmung die Sprache verderben möchte. Die Cotacorn, deren Hirn gleichfalls sich fast bis zur Ausbildung des menschlichen erhebt, leben in einem Elemente, wo ihnen keine Sprache nützen könnte, und ihre Organe begünstigen Articulation der Töne nicht.

Sprache haben alle Menschen; von den Pescherähs

und Lappländern an bis zum Redner Fox oder Whitbread ist zwar ein gewaltiger Unterschied, aber nur ein gradueller, kein qualitativer.

Wie die Sprache der Ausdruck der Thätigkeiten der Hemisphären ist, welche im Hörenden dieselben Thätigkeiten erregt, so bildet sie sich allmählig immer vollkommner in einem Volke aus, das sich über die Rohheit heraufhebt, und wird zum sichersten Bewahrungsmittel der Bildung eines Volks, zum heiligen Archiv, in welches der Genius der Menschheit die Siege der Vernunft aufbewahrt und sie dem Volke mittheilt, das diese Sprache versteht. So gehört es denn unter die dankwürdigsten Geschenke des Schicksals, unter einem Volke geboren zu seyn, das eine gebildete Sprache redet, die der Bildung des Verstands schneller als alle andere Mittel emporhilft. Ja die Sprache ist das unzerstörbarste, durch alle Zeiten wirkende Denkmal der geistigen Cultur der Völker: sie selbst können sinken, aber ihre Sprache ist unvergänglich. Römer und Griechen sind versunken unter den Streichen unsinniger Regenten, unter dem Fluch einer abscheulichen Religion, unter dem Schwerte der Barbaren, das die elenden Reste der Sclaven Theodosianischer Bosheit austilgte, aber ihre Sprachen leben, und haben dieselben Barbaren, die lange nicht verstanden, welche Schätze ihr Schwert ihnen erobert hatte, nach einem Jahrtausend endlich höher erhoben, als die Völker selbst standen, die sie redeten. Wohl hat Cicero recht: wie die Sprache der erhabenste Vorzug des Menschen ist, so ist der vorzüglichste Mensch, der am vollkommensten spricht, und durch die Gewalt der Rede, durch die Berichtigung der

Begriffe, durch Entzündung neuer und wichtiger Ideen für alle Zeiten Wohlthäter der Menschheit wird.

Vor allem müssen wir die Organe betrachten, welche dem Menschen dieses edelste aller seiner Güter sichern.

Wir kennen schon aus dem fünften Capitel des ersten Bandes die Luftröhre und ihren Bau: jetzt haben wir es mit ihrem Ende, dem Luftröhrenkopfe, zu thun, einem kunstreichen Organ, dessen Endigung in die hintere Mundhöhle vorzüglich einen hohen Grad von Aufmerksamkeit verdient.

Der letzte Knorpel der Luftröhre ist besonders nach hinten viel breiter und größer, als alle andere und bildet die Basis des sich jetzt erweiternden Luftröhrenkopfs, zu welchem er schon mehr als zur eigentlichen Luftröhre gehört. Man nennt ihn den ringförmigen Knorpel, cartilago cricoidea. Auf ihm ruht der große, breite, hohle, weite Schildknorpel, cart. thyreoidea, der im Mann viel tiefer steht und größer ist, als im Weibe, von außen sicht- und fühlbar. Nach oben ist er in seinem ganzen Umfang an das Zungenbein befestigt. Man kann ihn das Gehäuß der eigentlichen Stimmknorpel nennen, ob er gleich selbst zur Stimme wesentlich beiträgt, indem aus der Luftröhre die Luft in seinen erweiterten Raum tritt und mit Kraft durch die Stimmritze dringen kann.

Die Stimmritze wird zwar eigentlich von Ligamenten und Muskeln gebildet, aber ihren Kern geben die gießkannenförmigen Knorpel, cart. arytaenoideae, die nach hinten und unten durch Ligamente an den ringförmigen Knorpel befestigt sind und zwischen sich die merkwürdige Spalte lassen, durch welche die Luft der Lungen als Ton ausgehaucht wird. Sie heißt Stimmritze, glottis. Ueber ihr liegt ein knorplicher Deckel, epiglottis, der, an Zunge und Zapfen befestigt, die Stimmritze vollkommen schließt. In der Membran zwischen den gießkannenförmigen Knorpel und dem Kehldeckel befinden sich noch zwei kleine Knorpel, die keilförmigen genannt, auch gehn zwei kleine rundliche Knorpel von der Spitze der gießkannenförmigen nach dem Schlundkopf zu.

Alle diese Knorpel sind sowohl im ganzen als gegeneinander aufs mannichfaltigste beweglich durch 1) ein Muskelpaar, welches den ganzen Kehlkopf erhebt, 2) ein anderes, das ihn herabdrückt, 3) drei Muskelpaare, die die Stimmritze erweitern, indem sie alle Knorpeltheile zugleich sehr mannichfaltig bewegen; 4) zwei Muskelpaare und einen Queermuskel, die die Stimmritze verengen. Diese funfzehn Muskeln mit ihrer mannichfaltigen Bewegung sind die Hauptorgane der Stimme.

Die Stimmritze ist gleichsam doppelt; nach oben gebildet aus dem gießkannenförmigen Knorpel, nach unten aus den kleinen Schrägmuskeln dieser Knorpel, welche mit Ligamenten überzogen sind.

In alle diese Muskeln verbreitet sich der Stimmnerv; par vagum, der zugleich mit den großen Brustganglien in Verbindung steht. Er ist ein Hirnnerv, wie bekannt, und damit dem Stimmorgan nichts von der Dignität eines der edelsten Sinne fehle, so hat er einen Hülfsnerven am Zungenfleischnerven, der sich gegen ihn ungefähr so verhält, wie der Gesichtsnerv gegen den Hörnerven.

So lange die Stimmritze offen steht, geht aus ihr der Athem tonlos aus. Wird sie aber bis zu einem gewissen Grade verengt, so entweicht diese Luft, tönend, um so tiefer, je weiter, um so höher, je enger die Stimmritze ist, die durch ihre große Beweglichkeit die Stimme auch auf mehrerlei andre Weise, als nach Höhe und Tiefe, modificirt. Die schon tönende Stimme wird nun durch alle Theile der Mundhöhle, durch Zunge, Gaumensegel, Zähne und Lippen aufs mannichfaltigste articulirt, und so entstehn die vielfachen Sprachen der Menschen.

Noch gehört zur Beschreibung des Kehlkopfes die Erwähnung seiner nach innen ihn auskleidenden, nicht sehr glatten Schleimhaut, welche gegen den Kehldeckel hin zwei Höhlen bildet und eine Menge ziemlich harter, kleiner Drüsen enthält, in welchen ein bläulicher Schleim abgesondert wird, ferner die feinen Nahrungsgefäße aus der äußeren Karotis, endlich die der Schilddrüse, eines Körpers, der schwerlich die Stimme etwas anders angeht, als daß er auf dem Schildknorpel liegt, der ausnehmend viel und große Blutgefäße hat, im Kindeskörper viel größer als im Erwachsenen ist und dessen wahrscheinlich nicht sehr wichtige Gattung wir gar nicht kennen.

Es ist bekannt, daß auch das Einathmen zuweilen hörbar wird, ja daß man mit eingeathmeter Luft und während der Inspiration Töne articuliren kann, wenn man sich genug übt, wie die Bauchredner beweisen.

Wer sollte nicht die unendliche Mannichfaltigkeit bewundern, welche die Natur in die Stimmritzen aller Geschöpfe, bei aller anscheinender Aehnlichkeit gelegt hat? Wem sollte es nicht interessant seyn, zu bemerken, durch wie kleine Mittel die Natur die höchste Verschiedenheit der Natur hervorbringt! Auf die Spannung der Bänder, welche die Schrägmuskeln der Gießkannenknorpel und deren Quermuskel umkleiden, kommt alles an, ob die Stimme rauh oder rein ist; Schlaffheit oder Entzündung derselben verdirbt auch die schönste Stimme und macht sie rauh und kreischend. Durch ein eigenthümliches Naturgesetz wirkt der Reiz des Samens beider Geschlechter mächtig auf den ganzen Kehlkopf und bringt ein schnelles Wachsthum in ihm hervor, schneller und größer im Mann, als im Weibe, dessen Stimme zwar hoch bleibt, wie die des Kindes, aber mehr Fülle und Lieblichkeit bekommt. Im Alter erschlaffen allmählig die Bänder des Kehlkopfs und im hohen Alter verknöchern einzelne Punkte desselben, besonders häufig der ringförmige Knorpel. Dann wird die Stimme, nicht mehr durch die Elasticität der Knorpel befördert, rauh, zischend und unrein.

Die Ausrufe der Empfindung sind dem Menschen mit den meisten größeren Thieren gemein, die Sprache ist der gemeinschaftliche Vorzug aller hörenden Menschen, aber der Gesang ist nicht allen möglich, und in der Art zu singen ein unendlicher Unterschied zwischen einer Häser, einer Catalani, einem Sassarolli und einem russischen Soldaten. Zum Gesang gehört nicht blos ein glücklich gebildeter Kehlkopf, sondern auch eine eigenthümliche Anlage des Hirns, den Muskeln des Kehlkopfs so zu gebieten, daß gerade die verlangten Töne und keine anderen hervorkommen.

Es giebt Menschen, die zwar vortrefflich und mit ziemlich angenehmer, wenigstens ganz fehlerfreier Stimme sprechen, aber durchaus nicht singen können; ihnen fehlt die Gewalt, die Muskeln des Kehlkopfs beim Austönen so zu bewegen, daß ein fester Ton hervorkömmt.

Seltener liegt die Schuld am Organ, als am Willen; man bemerkt dieß, indem man sieht, daß solche Menschen überhaupt an Musik kein Gefallen finden, reine Töne von dissonirenden nicht gut zu unterscheiden wissen, unfähig sind, ein Instrument rein zu stimmen, auch leichte Melodien nicht merken, und nicht wahrnehmen, wenn ein Musikstück schlecht vorgetragen wird. Solche Menschen können zwar recht sehr gut und fein hören, aber sie haben kein musikalisches Gehör, oder, welches einerlei ist, es fehlt ihnen die Anlage des menschlichen Gehirns, vermöge welcher der Mensch fähig ist, durch Töne gerührt zu werden und Töne selbst hervorzubringen, die andere empfängliche Menschen rühren. Doch giebt es andre, denen die Welt der Töne nicht verschlossen ist, die sehr empfänglich für Musik sind und doch nicht singen können, weil ihr Kehlkopf unvollkommen gebildet oder auch so wenig geübt ist, daß seine Bewegungen keine Sicherheit haben.

Das Musiktalent hat der Mensch mit einigen Vögeln gemein, mit der Nachtigall, dem Staar, dem Spottvogel, Canarienvogel und einigen andern. Allein so große Mannichfaltigkeit die Töne einer Nachtigallenkehle haben mögen, so ist doch in ihrer Folge nicht die planmäßige Melodie, die der Mensch in seinen Gesang zu legen vermag. Harmonie vollends ist ein ausschließlicher Vorzug der menschlichen Musik, und es scheint viel Bildung nöthig, um fühlen zu lernen, daß in Höhe und Tiefe verschiedene Töne in einem festen Verhältniß zusammentönend Wohllaut hervorbringen. Alle Wilde singen, wenn sie zusammensingen, unisono. Was aber haben Zahlen mit Tönen gemein, daß die Harmoniegesetze sich als Rechenexempel behandeln lassen?

Man sieht, wie sehr auch beim Gesang des Menschen hervorsticht, daß der Kehlkopf das unmittelbarste Organ seines denkenden Gehirns ist. Allein die Sprache beweist dieß noch unumstößlicher.

Man hat oft die Frage aufgeworfen, woher dem Menschen die Sprache komme? Die da sagen, von Gott, drücken eine große Wahrheit aus, obgleich ihre specielle Meinung wohl sehr irrig seyn dürfte. Denn nach dieser ist irgend ein Gott, wohl gar der Demiurg selbst, oder ein Elohim, oder Wischnu, oder wie sie sonst die Geschöpfe der menschlichen Superstition nennen mögen, persönlich auf die Erde gekommen, um den ersten Schulmeister- oder Kinderwärterindienst zu verrichten. Sagten sie, die durch das All sich verherrlichende Kraft habe dem Menschen zugleich mit unendlicher Weisheit und Güte zu diesem Hirn diesen Kehlkopf gegeben und ihn eben dadurch zur Sprache berufen, so würde wohl Niemand diese edlen Geschenke durch Widerspruch entweihn.

Der Mensch hat seine Götter in sich; sie sind nicht herabgestiegen, um ihn Sylben articuliren zu lehren, sondern die höchste, allein wahrhaft und absolut lebendige Vernunft, in der der Zwiespalt der endlichen Kräfte Harmonie und Wollen auch Vollenden ist, die wir mit unsrer Weisheit sehr selten verstehn und nur von fern ahnen können, bedurfte nur der Bildung der Organe, um auch ihre Anwendung hervorzubringen. Wie es dem Vogel natürlich ist zu singen, dem Löwen zu brüllen, so ist es dem Menschen natürlich, zu reden. Man sage nicht, die Sprache sey entstanden, weil der Mensch die Klänge der ihn umgebenden Natur nachahmt; nein, sie ist entstanden, weil der Mensch in sich ein Gesetz hat, nach welchem er die Thätigkeiten ordnet, welche die Organe der Empfindung in seinen Hemisphären erregen, und weil von den Hemisphären seines Hirns aus durch den Stimmnerven seine Sprachwerkzeuge zu correspondirenden Thätigkeiten vermocht werden. Ist denn die Sprache eine Menge von Onomatopöien? Dann müßte sie nichts weiter enthalten, als einige Nominativen schallender Meteore und dritte Personen von neutralen Zeitwörtern in der gegenwärtigen oder vergangenen Zeit. Knall, Schrei, es blitzt, es hat gedonnert u. dgl., das müßten die ganzen Elemente der Sprache seyn. Die rohesten und einfachsten Sprachen zeichnen sich dadurch aus, daß die dritte Person des Perfects das Stammwort ihrer Zeitwörter ist, nicht die erste Person des Präsens, gerade wie Kinder viel eher reden, als von sich selbst anders als in der dritten Person der Zeitwörter sprechen lernen. Aber es ist keine Sprache, die nicht Haupt- und Beiwörter hat, welche sie in verschiedne Formen beugt, keine, die nicht Pronomina hat, welche schon einen hohen Grad von Abstraction beweisen, keine, die nicht Zeitwörter hat, welche sie auf mancherlei Weise in gegenwärtige, vergangne und zukünftige Form umbeugt, bis sie den reinen, absoluten Begriff, ohne Nebenausdruck von Zeit und Handlung, im Infinitivus ausdrückt, dessen Erfindung schon mehr Philosophie beweist, als mancher auf den ersten Blick glauben möchte. Noch philosophischer ist der Gebrauch des Particips, die Unterscheidung des Adjectivs vom Adverbium. Haben Onomatopöien diese Redetheile erfunden? Oder wie haben sie auf die Erfindung der Präpositionen und Conjunctionen leiten mögen, der wichtigsten und unentbehrlichsten Bindetheile aller Rede, die nebst den Pronomen am meisten beitragen, jeder menschlichen Sprache ihren eigenthümlichen Charakter zu geben?

Will man sehn, wie der Mensch zur Sprache gelangt ist, so achte man auf die Kinder, die sprechen lernen! Es ist wahr, die Töne bilden sie nach, die sie hören, gewöhnen sich allmählig, mit dem Wort denselben Begriff zu verbinden, wie die ihnen vorsprechende Mutter, aber wer kann sie denn lehren, sich der Partikeln, des Pronomens, der Endfälle der Haupt- und Bewörter, der Personen und Temporum der Zeitwörter richtig zu bedienen? Dieß vermag kein Beispiel, dieß vermag allein die in ihnen, in ihren Hemisphären gegründete Vernunft, deren Gesetzgebung so die Begriffe modificirt, solcher Zeichen für diese Modificationen bedarf.

O wahrlich der Bau jeder Sprache ist viel philosophischer, als man gewöhnlich glaubt, und jedes Kind, das reden lernt, schließt den Tempel der allgemeinen und nothwendigen Gesetze auf, die ein erhabner Urheber des menschlichen Daseyns in jedem Menschengehirn sich erbaut hat, nicht der Zufall, noch das Bedürfniß der Existenz, sondern die allerhöchste Kraft, die Verstehn und Wollen als untergeordnete Kräfte eben so in sich faßt, wie die productive Kraft. Es ist ein Gott, ein höchst verständiger Gesetzgeber, der sich durch die Sprache des Menschen lauter und unwiderleglicher ankündigte, als durch alles andre, weil er ihre philosophischen Gesetze in jedes menschliche Hirn gelegt, nicht weil er sie dictirt hat.

Ohne Zweifel haben sich die Sprachen erst allmählig zu immer größerer Vollkommenheit ausgebildet, wie wir historisch sehr gut wissen, aber die Grundzüge des philosophischen Baues, die acht Redetheile, von welchen blos die Interjection Schrei der Empfindung ist, die Beugung der Substantiven und Adjectiven und die Conjugation der Zeitwörter, finden wir in allen Sprachen, auch der einfachsten, zum Beweis, daß die Formen des menschlichen Geistes überall dieselben sind. Die Comparation der Adjectiven und Adverbien, besonders der Gebrauch des Superlativs ist offenbar ein Werk der Vernunft, nicht des Lernens und Nachahmens.

Nicht die Sprache wird dem Kinde mitgetheilt, sondern nur die Art von Klängen und Tönen, in welchen es die inneren Formen seines Denkens ausdrücken soll. Den Begriff essen z. B. hat das Kind und bedarf zu seinem Ausdruck aller sechs Personen der gegenwärtigen, künftigen und vergangnen Zeit; dieß lehrt ihn Niemand, sondern es liegt in ihm und seinen Denkgesetzen. Aber ob es diesen Begriff mit, ich esse, ich aß, ich will essen, oder mit je mange, je mangeais, je mangerai, oder mit jem, jedlem, bede jéscy ausdrückt, das ist völlig zufällig, das lernt es von seiner Mutter, nicht die Sache, nicht den Sprachbau, sondern nur die bezeichnenden Töne.

Schon die Verschiedenheit der Sprachen beweiset, daß sie dem Menschen nicht mitgetheilt seyn können. Wie der Mensch auf den verschiedenen Stellen des Erdkörpers, wie, wissen wir nicht, durch dessen noch jugendliche Zeugungskraft hervorging, redete er allenthalben eine andere Sprache, die mit den übrigen nichts weiter gemein hat, als den im menschlichen Denkvermögen begründeten Bau. Im innern südlichen Amerika sollen noch jetzt eine Menge einzelner Stämme seyn, deren jeder eine den übrigen ganz unverständliche und unähnliche Sprache redet, und aus deren ganzem Zustand hervorgeht, daß sie ihrem Ursprung noch nahe stehn. So ists überall auf Erden gewesen; die stärksten Horden haben allmählig die schwächeren unter sich vereinigt, und ihre Sprache zur allgemeinen gemacht.

Wäre dem ersten Menschenpaare die Sprache mitgetheilt, so müßten sich in allen Sprachen wenigstens Spuren dieser Ursprache finden; sie fehlen gänzlich, was auch immer jüdische, arabische oder sanskritische Fanatiker sagen mögen, die sie in die Sprachen hineinzukünsteln versuchen. Die drei europäischen Grundsprachen, die lateinische, deutsche und slavonische sind völlig und gänzlich von einander verschieden. Zwar sind Wörter aus der lateinischen, als der ältesten, in beide, zwar sind Wörter aus der deutschen, als der älteren, in die slavonische gekommen, aber das sind Bezeichnungen von Begriffen, zu welchen die Nation erst allmählig gelangt ist, als sie ihre Sprache schon hatte. Der freie Deutsche hatte keinen Kaisar und keinen Karceres; er lernte beides durch die Römer kennen und behielt das römische Wort für die Sache bei. Keine Rose wuchs auf seinen Hügeln voll Kiefern und Eichen, aber die Römer theilten ihm mit der Blume auch den Namen mit. Daß Kaiser, Kerker, Rose, römische Worte sind, beweis't also nicht, daß die Deutschen von den Römern reden gelernt, noch weniger, daß beide Sprachen einen gemeinschaftlichen Ursprung haben. Eben so mit dem slavonischen.

Nein, es ist wider den Gang der Natur, daß das allgemeine ins einzelne zerfalle! Die Vernunft strebt ewig nach dem allgemeinen, aber sie entwickelt sich langsam, doch was sie nach schwerem Kampf und in langen Fristen ersiegt hat, das hält sie fest. Es ist wider den Gang der Natur, wider die Würde der Vernunft, wider ihr allenthalben behauptetes Recht, daß die allgemeine Ursprache in so viel einzelne zerfallen sey; vielmehr verfließen allmählig die einzelnen in eine allgemeine, bis endlich vielleicht alle gebildeten Menschen auf Erden sich verstehn werden und der Gedanke, den Ein Denker ausspricht, schnell das Eigenthum der Menschheit wird. Dann wird die Vernunft schnellere Siege erfechten und ihre Hindernisse werden bald kraftlos dahin sinken. Möchte diese Hoffnung kein Traum seyn!

Viele Zeit ist verflossen, ehe die Menschen sich in gemeinschaftliche Sprache redende Völker vereinigt haben, aber geredet hat der Mensch gewiß gleich nach seiner dunkeln Entstehung.

Wie viel Zeit mag aber verflossen seyn, ehe der Mensch die größte seiner Entdeckungen machte, die, daß er die Töne seiner Stimme in einzelne Laute zerlegen, jedem ein besonders sichtbares Zeichen geben, und so seine Rede dem Auge malen, dem Hauch seines Mundes Dauer verleihen könne?

Man sieht die Schwierigkeit dieser Entdeckung und ihre ursprüngliche Rohheit, der die Folgezeit nur allmählig und unvollständig nachgeholfen hat, auch daraus, daß keine einzige Sprache gerade so viel einzelne Sprachzeichen oder Buchstaben hat, als die menschliche Stimme einzelner Klänge fähig ist, sondern daß alle bald einfache Laute mit zusammengesetzten Zeichen bezeichnen, bald für zusammengesetzte Laute einen einfachen Buchstaben haben. In manchen Sprachen fehlen

Laute, die der Stimme natürlich sind, z. B. das R. Manche Sprachen haben ganz eigenthümliche Laute, wie das th und Θ der Engländer und Griechen, das ł und Ll der Polen und Spanier.

Es sind acht einfache Laute, welche die Stimmritze ohne Zuthun der Theile des Mundes hervorbringt und die darum Selbstlaute heißen, a, ae, e, oe, ü, i, o, u. Dieß sind keine Diphthongen, ob wir gleich drei derselben so bezeichnen, aber ei und au sind welche.

Die einfachen Laute der Stimme, die mit Hülfe der Zunge, des Gaumens, der Zähne und Lippen hervorgebracht werden, sind w, b, p, f, th, (ϑ der Griechen und Engländer) d, t, l, (ł der Polen und Spanier) m, n, r, h, j, g, ch, k, s, sch. Also ist die menschliche Stimme überhaupt fähig, siebenundzwanzig verschiedene einfache Klänge zu bilden, von welchen 25 die Elemente fast aller Sprachen ausmachen, indem zwei sehr selten vorkommen und nur zwei bekannte Sprachen auszeichnen, während von den übrigen nicht leicht einer von irgend einer Sprache entbehrt wird. Aber so consequent sind die Sprachen nicht, daß sie diese Töne mit ebensoviel Zeichen bezeichneten; sie nehmen zusammengesetzte, wie c, x unter die einfachen auf und bezeichnen einfache, wie sch mit zusammengesetzten Zeichen.

Die griechische Sprache mit ihrem langen und kurzen o und e, mit ihrem psi, xi, zeta ist weder hierin consequent, noch in ihrem Bau musterhaft. Die unendlichen, unnöthigen und verwirrenden Veränderungen ihrer Zeitwörter, ihre Dualen, ihr Artikel, ihre Vorsatzsylben u. s. f. machen sie zu einer der unlogischsten Sprachen. Dieß für die, die bei jeder Gelegenheit der griechischen Sprache alle Arten von Vorzügen zuschreiben, während sie doch gar keinen andern hat, als Reichthum an Kleinigkeiten, mit denen ein wohlgeordneter Kopf nicht recht weiß, was er anfangen soll. — Hätte die englische Sprache nicht die Bizarrerie, allen Schriftzeichen eine andere Aussprache zu geben, als alle andere Nationen, und noch obendrein nicht immer dieselbe, so wäre sie die consequenteste von allen, denn ihr Bau ist so logisch, als möglich. Nur für das Ohr empfehlen sich ihre vielen einsylbigen Wörter gar nicht.

Doch es ist nicht der Ort, über die vorhandnen Sprachen zu philosophiren, welche Zufall und Gewohnheit mitunter sonderbar genug gestaltet und sehr mannichfaltig verändert haben, so daß der poetische Araber zum Beispiel eine das Ohr martervoll afficirende Sprache sprechen muß und der elende Estländer ohne alle poetische Natur seines Landes oder dichterische Anlage eine äußerst sonore, weiche Sprache hat, der Jude gar keine Sprache recht spricht und ein Beispiel giebt, daß in dreitausend Jahren eine Sprache, in der Dichter und andere Schriftsteller geschrieben haben, dennoch abscheulich, rauh, armselig und ihrem eignen Volke unleidlich werden kann u. s. w., vielmehr eilen wir zu dem allgemeinsten Gebrauch, den die ganze thierische Schöpfung, die Stimme hat, zugleich mit dem Menschen von dieser Stimme macht, dem Schrei der Empfindung.

Der Stimmnerv giebt zwei directe Fäden an die Muskeln des Kehlkopfs, aber sein größter Theil geht erst an die großen Ganglien, die das Herz und alle Brusteingeweide mit Nerven versehn, überhaupt für das Bildungsleben äußerst wichtig sind. Von diesen gehn die Fäden des Stimmnerven an den Kehlkopf zurück und

und vermischen sich mit den beiden directen Fäden, indem sie sich durch die Stimmorgane verbreiten.

So haben denn diese nicht blos die Dignität eines Sinnorgans, indem sie ihren Haupt- und Beinerven haben, wie diese (eine Einrichtung, deren Werth wir übrigens gar nicht kennen, wie schon bei den Sinnen bemerkt worden ist), sondern sie gehören zugleich dem Vorstellungs- und Bildungsleben an. Dadurch wird die Stimme nicht blos zum Ausdruck der Thätigkeiten der Hemisphären, sondern auch der Affectionen des Nerventheils im Bildungsleben. Wir werden in der Folge sehn, welche wichtige Rolle dieser bei den Leidenschaften spielt. Die Stimme ist Ausdruck der Leidenschaften. Die Stimme des Thiers bezeichnet sie auch bei ihm: Hunger, Geschlechtslust, Furcht, Zorn, Schrecken, alle Gefühle, die den Herzschlag verändern, besonders auch Schmerz und Freude, haben ihre eigenthümlichen Töne. Alle diese Gefühle verändern die Stimme auch beim Menschen; nicht nur daß sie ihre eigenthümlichen Interjectionen haben, sie geben auch der Rede des Menschen einen sehr bedeutenden Ausdruck und der bloße Ton verräth und malt die Gefühle des Herzens eben so, als er die Begriffe des Vorstellungsvermögens darstellt.

So wird die Stimme zur Dolmetscherin des ganzen menschlichen Wesens, seiner Gedanken und Empfindungen, und aufs schnellste theilen sich diese durch sie den Hörenden mit. Auch manche andre Aeußerungen der Stimme, außer der Rede, sind durch diese Verbindung des Stimmnerven mit den Brustganglien erklärbar.

Hierhin gehört das Lachen. Die Muskeln, die vom Stimmnerven, vom Facialnerven und vom Zwerchfellnerven versorgt werden, gewähren die Erscheinung des Lachens, dessen Beschreibung wohl niemand hier fordern wird. Alle drei Nerven stehn mit einander, mit dem sympathischen Nerven, mit dem Kiefernerven in Verbindung, folglich ist nichts leichter, als die äußere Erscheinung des Lachens zu erklären. Desto schwerer ist die Erklärung seiner inneren Bedingung.

Der Mensch lacht nicht, wenn er in heftiger Leidenschaft ist, aber ganz gefühl- oder antheillos an das, was um ihn vorgeht, ist er eben so wenig, wenn er lacht. — Der gebildete Mensch, der mit andern spricht, macht gern eine lächelnde Miene. Warum? Er beweiset dadurch, daß er zwar Antheil an den Personen nimmt, mit denen er spricht, doch in keiner Art von Leidenschaft sich befindet. Er will ein gemäßigtes, vom Verstand völlig beherrschtes Gefühl dadurch bezeichnen.

Lebhafterer Antheil an Personen und Ereignissen, der jedoch nicht zum Leidenschaftlichen aufsteigt, äußert sich durch das Lachen, dessen Grade durch die Worte Lächeln, Auflachen, Gelächter bezeichnet werden. Woran nehmen aber die Menschen zwar lebhaften, doch nicht leidenschaftlichen Antheil? An dem, was sich ihnen von einer zwar interessanten, doch nicht ernsthaften, nicht wichtigen Seite zeigt.

Ein fröhlicher, gutmüthiger Mensch ist sehr geneigt, über alles zu lachen, denn er ist empfänglich für jeden Eindruck, aber mit sich selbst viel zu viel zufrieden, um irgend etwas wichtig zu nehmen; alles ist Scherz und er lacht über alles. Wir lachen im Lustspiel, wenn es uns interessirt, ohne uns wichtig zu scheinen. Wir lachen, wenn andern wichtig scheint, was uns eine Kleinigkeit dünkt. Das satyrische Lächeln ist nichts als die Folge der Ansicht menschlicher Gebrechen, in welcher sie kleinlich erscheinen. Der rohe Mensch lacht über die wichtigsten Dinge, weil er zu dumm ist, ihre Wichtigkeit einzusehn, und sie für Kleinigkeiten hält: sein Lachen ärgert uns, weil uns jeder Mensch eine widrige Empfindung abnöthigt, der geradezu schlecht ist. Wenn aber ein gebildeter Mensch lacht über sehr ernste Dinge, so erschüttert uns dieß. Wie Odoardo Galotti seinen Freiheitssinn verhöhnt, seine Hoffnungen vernichtet, seine Tochter auf dem Wege der Entehrung, die teuflischste Cabale im besten Gange sieht, lacht er. Wie zerstört muß sein Inneres seyn, um so lachen, um von der Unwürdigkeit der Bosheit so ergriffen seyn zu können, daß sie durch den Muth der Verzweiflung kleinlich erscheint!

Das Lachen eines gebildeten Menschen über traurige Dinge empört uns: es zeigt eine teuflische Kälte beim Anblick fremden Leidens. Der Welteroberer, der seinen eisernen Fuß auf den Nacken aller Völker zu setzen dachte, empört nie schrecklicher unser Gefühl, als wenn er über den Anblick der im Sumpf erstickenden Soldaten, die sein Befehl in den Tod gejagt hatte, lacht und sie Kröten nennt. Das Gelächter des Spotts, des Hohnes, das, was sich als wichtig ankündigte oder es war, kleinlich, und gesunken vor sich sieht, ist auch nicht von der Art, daß der gute, gebildete Mensch zum Einstimmen versucht wird.

Das Lachen hat eine egoistische Seite. Wenn etwas unsre Aufmerksamkeit auf sich zieht, uns interessirt, so erregt es in uns in der Regel ein ähnliches Gefühl von dem, was wir bei dem voraussetzen, der uns interessirt. Dann vergessen wir unsre Persönlichkeit und empfinden mit dem andern, nehmen Theil am Aeußeren. Allein wenn wir unsre Persönlichkeit dabei nicht vergessen, wann es uns zu keinem Mitgefühl, zu keiner Theilnahme reizt, indessen doch unsre Aufmerksamkeit beschäftigt, (ohne uns wichtig zu scheinen) so lachen wir, nicht ohne das Gefühl eigner Ueberlegenheit über das, was uns lächerlich vorkommt.

So entsteht denn Lachen, wenn eine Empfindung zwar auf das große Halsganglion reflectirt, aber von demselben sofort zurück nach oben, durch den recurrirenden Nerven geleitet wird, folglich nicht die Eingeweide afficirt, die aus ihm mit Nerven versorgt werden, sondern nur die Nervenfäden, die von ihm aus zu Muskeln gehn. Bei heftigem Lachen thränen die Augen, wie beim Weinen, weil das ganze fünfte Paar mit erschüttert wird.

Vom Weinen ist schon früher gehandelt worden. Das Seufzen ist auch wie dieß eine Folge, nur schwächerer und vorübergehender Affection des Ganglions, aus welchem die Lungen und das Stimmorgan Nerven haben: diese athmen langsam und der Ton wird hörbar, weil sich die Muskelfibern zusammen ziehn. Gehindertes Einathmen erfolgt seufzend, seine Ursache mag verminderte Nervenwirkung in die Lungen, oder eine positiv krankhafte seyn.

Um der Vollständigkeit und Aehnlichkeit willen wird hier auch des Gähnens, Schluckens oder Schluchzens, des Hustens und des Niesens gedacht, welche zwar unwillkührliche Muskelbewegungen sind, doch eben so wie Lachen und Weinen von Einwirkung der großen Hals- und Brustganglien auf die Muskeln abhängen, darum merkwürdig, weil sie alle unwillkührliche Thätigkeiten in willkührlichen Muskeln sind, ohne einen convulsivischen Charakter zu haben, allein wahren Krankheitssymptomen schon darum ganz nahe stehn, weil sie in der That einen minder vollkommnen Zustand der Organe ankündigen, öfters auch wirklich als solche erscheinen.

Beim Gähnen wirkt der Kiefernerv unwillkührlich, und verursacht ein Anspannen aller von ihm abhängigen Muskeln, verbunden mit langsamer, tiefer Inspiration. Es entsteht, sobald der Blutreiz auf das Gehirn mächtiger wird, als der Sinnenreiz, bei Schläfrigkeit, bei Stumpfwerden der äußeren Sinne, beim Anhören langweiliger Dinge, beim Eintritt des Fieberfrosts, beim Erwachen aus langem Schlaf. Das ganglion cervicale magnum scheint die es bedingende Stelle zu seyn; wie es aber zugehe, daß es seine Reizung dießmal in den Kiefernerven reflectire, während es sie ein andermal auf den Stimm- und Zwerchfellnerven reflectirt, das ist unmöglich zu erklären. Oder wird der Sinnenhülfsnerv (das ist das fünfte Paar für drei Sinne) energischer, als die Sinnennerven, so daß er in unwillkührliche Thätigkeit kommt, wie diese sinken, und ist dabei das große Halsganglion ganz neutral, wohl aber die Verbindung des fünften Paars mit den Halsnerven thätig? Das Dehnen der Arme, der Brustmuskeln, und das tiefe Inspiriren würde sich also erklären. Jedem steht frei, zu glauben, was ihm am wahrscheinlichsten dünkt.

Der Schlucken, singultus, ist eine wahre Convulsion des Zwerchfells, und der Reiz dazu geht offenbar vom großen Bauchganglion aus. In Krankheiten ist er Symptom des dahinsinkenden Nervenlebens in den Organen der Production, der unzertrennliche Begleiter des Brands in den Eingeweiden, doch auch von leichteren Anlässen entstehend.

Husten ist allemal Krankheitssymptom, hervorgebracht durch directe oder consensuelle Reizungen der inneren Haut der Bronchien und des Kehlkopfs.

Niesen ist eine plötzliche Exspiration mit starker Zusammenziehung aller Muskeln, die das Ausathmen befördern, veranlaßt durch Reizung des fünften Paars als Hülfsnerven des Geruchsorgans. Der Zweck ist das Ausstoßen des reizenden Körpers aus der Nase, aber warum gerade das fünfte Paar beim Niesen seine Reizung so fortpflanzt, daß alle Exspirationsmuskeln unwillkührlich erschüttert werden, wissen wir nicht. In diesen Ereignissen aller Augenblicke, deren äußere Form jedes Kind kennt, deren Veranlassungen eben so allgemein bekannt sind, giebt es viel problematisches, das zur Schande der Physiologie noch immer nicht deutlich genug aufgeklärt ist. Und so geht es oft: der Mensch möchte den Raum messen, der eine Sonne von der andern trennt, aber die allgemeinsten, alltäglichsten Erscheinungen enthalten für ihn Räthsel, die er sich nicht einmal aufzulösen Mühe giebt.

B. Von der menschlichen Hand.

Zweiunddreißig Knochen und achtundfunfzig Muskeln bilden den Arm und die Hand des Menschen zu der mannichfaltigsten Bewegung. Zum Unterstützen dieser breiten Brust ist der Arm nicht bestimmt, denn das Schlüsselbein weißt ihn zur Seite, noch weniger die Hand, denn rechtwinklicht mit dem Vorderarm gebeugt, wie sie zum Auftreten seyn müßte, fehlt es ihr an aller Kraft, die der nach außen sich beugende Ellenbogen noch mehr schwächt. Zudem ist der ganze Arm gegen den Schenkel viel zu kurz, sein Schultergelenk viel zu flach und die Stellung des Kopfs und der Augen macht die aufrechte Stellung dem Menschen nothwendig.

Also nichts hat dieser Arm und diese Hand mit dem Vorderfuß des Säugethiers gemein. Ist ihre Bestimmung vielleicht Vertheidigung?

Der Muskel, der den Arm nach oben zieht, könnte gar nicht schlechter angelegt seyn, als er ist, um die Kraft zu schwächen: er muß den längsten Hebel bewegen, inserirt sich in dessen Anfang und hat sein Hypomochlion nicht an der Insertionsstelle, sondern an seinem Anfang. So ist denn der Arm schwach, noch schwächer durch die Fläche des Schultergelenks, des Handgelenks, überdieß gänzlich wehrlos, überall weich, empfindlich, von Haaren unbedeckt.

Kräftiger ist der Vorderarm, seine Muskeln schicklicher gelegt, ihr Hypomochlion wenigstens nahe am Insertionspunkt. Zugleich ist er äußerst beweglich durch die Rotation seiner beiden Knochen über einander, nur nach hinten fest.

Noch kräftiger ist die Hand mit ihren, längs des Vorderarms herablaufenden, schlanken, sehr künstlich gelegten Muskeln, die noch von denen an der Hand selbst unterstützt werden. Es ist kaum eine Bewegung möglich, die nicht von mehreren Muskeln zugleich vollendet wird: mehrentheils wird sie von einem schlanken Muskel mit langer Sehne begonnen, von einem kurzen fleischigen Muskel durchgeführt: letzterer giebt ihr den Nachdruck.

Aber weit mehr als Kraft spricht sich Geschicklichkeit, bewundernswürdige Beweglichkeit im Bau der Hand und des Armes aus. Diese langen gelenkigen Finger, diese halbbeweglichen Handknochen, diese breite Fläche der Hand, die sich aufs mannichfaltigste verändern kann, deutet viel sichtbarer auf die Bestimmung, daß sie den Kunsttrieb unterstütze, der des Menschen Natur ist, der unter allen Thieren im Menschen bei weitem am stärksten sich regt, nicht an unveränderliche Norm gebunden, wie der Kunsttrieb der Thiere, die ihre Nester oft künstlich genug, aber einmal wie das andre bauen, sondern frei, dem Verstand gehorchend, immer nach dem Besseren, immer nach einem Ideal strebend, dessen Darstellung zwar nicht gelingt, das aber durchscheint durch alle Arbeiten dieser Hand, die eben so viel mehr oder weniger gelungene Approximationen an dasselbe sind.

Was dem Arme selbst an eigner Kraft fehlt, das theilt ihm die Wirkung der übrigen Muskeln mit. Alle Rücken- und Lendenmuskeln, ja der ganze Körper unterstützt ihn im Nothfall aufs nachdrücklichste, vorzüglich die Bewegung des Oberarmgelenks. Man sehe einen Menschen, der einen Stein wirft: es ist fast kein Muskel des ganzen Körpers, der nicht stark und schnell dabei bewegt wird: die Füße spannen sich, einen festen Stützpunkt zu geben, Rücken- und Lendenmuskeln strekken den Oberkörper nachdrücklich vor, die Bauchmuskeln spannen sich, die Hals- und Nackenmuskeln befestigen den Kopf, die Augenmuskeln richten das Auge scharf nach dem Ziele, während alle Hand- und Armmuskeln sich drehn, die Schultermuskeln aber sämmtlich den Wurf mit der größten Anstrengung vollenden.

C. Vom Gehn, Stehn und Springen.

Mit fünf Muskeln erhebt der Mensch seinen Fuß: indem er ihn durch Vorsetzen befestigt, schieben die sämmtlichen Muskeln am Rücken des Fußes das Gewicht des Körpers vorwärts. Indem nun der andre Fuß vorwärts gehoben wird, schreitet der Körper fort, bei beständig schwingender Bewegung des Schwerpunkts, der fast immer zwischen beide Schenkel fällt. Der Plattfuß, die Ferse, der Ballen, die Zehen tragen zur Festigkeit des Schritts bei, das nur nach hinten bewegliche Knie am meisten.

Die Festigkeit, die Stärke des Fußes, der bei weitem die stärksten Muskeln des ganzen Körpers hat, würde den weitesten, schnellsten Lauf sehr gut aushalten, besonders bei einiger Uebung, allein das Athmen wird dabei unmöglich. Es sind vielmehr die Lungen, die Unmöglichkeit, genug beim Lauf zu respiriren, als die Schwäche der Fußmuskeln, welche den Menschen zu einem schlechten Läufer machen, als die meisten vierfüßigen Thiere sind. Im Schritt hält der Mensch das Gehen viel länger aus, als selbst das Pferd, das wohl einen, zwei Tage lang weiter geht, als ein Mensch, dann aber erschöpft ist und sich erholen muß, während der Mensch fähig ist, alle Tage eine gute Strecke weit fortzugehn. Aber im Lauf nehmen es fast alle Thiere mit ihm auf: er fängt schnell zu laufen an, muß aber nach kurzer Anstrengung still halten, und die Lungen sind in fürchterlicher, oft dem Leben, der Erhaltung des Ganzen sehr gefährlicher Bewegung. Man glaube nicht, daß nur wir Europäer verwöhnt sind: die Natur hat wirklich dem ganzen Menschengeschlechte die Fähigkeit, anhaltend schnell zu laufen, versagt, obgleich einzelne Individuen eine Ausnahme machen, und Uebung auch hierin allmählich die Hindernisse überwinden lehrt; doch sehe der, welcher sich zu üben unternimmt, wohl zu, ob seine Brust im guten Stande ist — Viel kleinere Thiere sind dem Menschen im Lauf sehr überlegen. Nie wird er lernen, seine Füße mit der Geschwindigkeit des Hundes, der Katze, der Ratte, des Wiesels, der Maus zu bewegen.

Wenn der Mensch schon im bloßen Laufen kein Meister ist, so ist er es noch viel weniger im Springen. Der geübteste Springer erhebt sich doch nicht höher vom Boden, als die Hälfte seiner Höhe, und in die Weite kann der Mensch selten über sechs Fuß springen. Die Schenkelmuskeln schnellen beim Sprung die Last des Körpers vor, indem sie ihren festen Punkt im Unterschenkel finden, der stark gespannt seyn und fest aufstehn muß. Aber was sind die höchsten und weitesten Sprünge gegen die der Thiere aus dem Katzengeschlecht? gegen die der Affen, der meisten Nagethiere? Der Insekten, die noch viel weiter springen, gar nicht zu gedenken.

Aus diesem allen erhellt, daß dem Menschen auch hierdurch aufgegeben ist, seiner Schwäche durch Kunst zu Hülfe zu kommen: er soll sich Mittel schaffen, zu laufen, ohne seine eignen Kräfte damit zu erschöpfen; er ist angewiesen, Herr der Thiere zu seyn, die ihn tragen, damit er durch ihre Kräfte ersetze, was ihm selbst versagt ist. Er durchschwimmt weite Meere und hat nicht die Kraft, seinen Kopf zwei Stunden lang über dem Wasser zu erhalten; ungeschickter als er ist kein Thier zum Schwimmen gebildet. Er hat sich Gänge in die Tiefe der Erde gewühlt, um die Schätze zu Tage zu fördern, die hier verborgen liegen; er hat gelernt, sich in die Lüfte zu erheben, nicht durch seine Organe, die ihm dieß alles versagen, aber allein durch die Kunst, die seine Natur ist.

Alle vierfüßige Thiere ruhen im Stehn: dem Menschen ist das Stehn eine Anstrengung, weil er durch die Kraft seiner Rücken- und vorzüglich seiner Lendenmuskeln sich aufrecht hält. Auch im Sitzen sind diese Muskeln thätig, doch ruhen dabei die Füße, weswegen es immer eine Erleichterung für den Menschen ist. Die einzige Lage, in welcher alle seine Muskeln möglichst ruhn, ist die auf der Seite horizontal ausgestreckt; bei der Rückenlage leiden die großen Blutgefäße vom Druck der Eingeweide.

Viertes Capitel.

Das Denken.

Alle Thiere empfinden und bewegen sich, letzteres nach bestimmten Absichten. Wir schließen daraus, daß sie vorstellen.

Es giebt Thiere, die Nerven haben, aber kein Enkephalon, und dennoch vorstellen. Allein schon sehr tief unten in der Reihe der Thiergeschlechter haben die Sinnennerven, die Sinnenhülfsnerven und die Kiefernerven ihre Ganglien in einer Höhle, an deren äußeren Wendungen die Sinne und das Kiefernsystem angebracht sind. Wie sich die Thiere höher ausbilden, wird diese Höhle allmählig größer und das Kiefernsystem kleiner, bis im Menschen das Kiefernsystem im Verhältniß zur Höhle des Kopfs am kleinsten wird.

Das kleine Hirn und die sämmtlichen Hirnganglien machen bis sehr weit hinauf in der Reihe der Thiere das ganze Enkephalon aus. Allmählig bemerken wir eine immer größere Ausbildung des Ganglions der Geruchnerven.

Endlich, nur in den ausgebildetsten Thieren, trennt sich das Ganglion der Geruchnerven räumlich von dieser größeren Masse, die jetzt selbstständig und von den Ganglien der Nerven wesentlich verschieden erscheint.

Im Menschen erreicht diese Masse die höchste Ausbildung und eine sehr überlegne Größe über die der sämmtlichen Hirnganglien. Ihre sphärische Oberfläche, die in den Thieren fast glatt war, erscheint tief gefurcht und auf sehr mannichfaltige Art gewunden. Auch zeigt sie sich in drei Loben zerschnitten, deren vorderster von dem mittleren tiefer getrennt ist, als dieser vom hintersten.

Sie erscheinet in beiden Hälften des Körpers vollkommen symmetrisch, eben so auch ihre Centralorgane, der Balken, das Septum pellucidum, das Hirnganglion und die beiden Commissuren. Sie bedeckt die Hirnganglien größtentheils so, daß beide fast eine gemeinschaftliche Masse bilden. Nur vom größten Hirnganglion, dem kleinen Gehirn, ist sie durch eine isolirende Haut getrennt, hängt aber gerade von ihren wichtigsten Theil aus, von ihrer Mitte durch die vierte Hirnhöhle, mit dessen Mitte zusammen.

Außerdem hängt sie durch sehr starke Nervenbündel mit dem Rückenmark zusammen. Sie kann also unmittelbar vom Rückenmark aus Eindrücke erhalten und auf dasselbe bestimmend wirken. *)

Außer dem Rückenmark hängt sie mit sämmtlichen Hirnganglien und sonst mit keinem andern Organ, außer ihren einhüllenden Membranen, zusammen.

Ihre Windungen müssen eine sehr lebhafte Thätigkeit ausüben, da sie in den umgebenden Schädelknochen Eindrücke veranlassen, welche zum Theil selbst nach außen sichtbar sind.

Wir nennen diese Masse, inclusive ihrer, oben genannten, Centralorgane, das Hemisphärensystem, und unterscheiden es vom System der Hirnganglien, welches aus dem kleinen Gehirn, den Sehehügeln, streifigen Körpern, Vierhügeln, Olivenkörpern, Pyramidalkörpern und einigen andern bekannten Hirntheilen besteht.

Wir unterscheiden also das Enkephalon, außer seinen Markbündeln und Nerven, in zwei Hauptsysteme, das Hemisphärensystem und das System der Hirnganglien.

Das System der Hirnganglien zeichnet sich ferner noch vor dem Hemisphärensystem dadurch aus, daß in ihm graue Substanz mit Marksubstanz überall gemischt ist, entweder zur homogenen Masse, oder in Streifen und Schichten. Dagegen im Hemisphärensystem ist die graue Substanz ganz an die Peripherie gedrängt, und überzieht die Marksubstanz wie eine Membran. Diese

*) Ein wichtiges Verbindungsorgan der Hirnganglien mit dem kleinen Gehirn ist der Hirnknoten, gland. pituitaria. Allein die vier Schenkel des Rückenmarks begeben sich an das kleine Gehirn, an die Sehehügel und an das Mark der Hemisphären zugleich.

Markſubſtanz macht den allergrößten Theil der Maſſe der Hemiſphären aus, und in die Centralorgane derſelben dringt gar keine graue Subſtanz.

Wenn wir das Geſchäft des Enkephalons unterſuchen wollen, ſo müſſen wir vorzüglich darauf ausgehn, den Unterſchied zwiſchen den Thätigkeiten des Syſtems der Hirnganglien und des Hemiſphärenſyſtems nachzuweiſen. Wir bereiten dieſe Unterſuchung vor, indem wir uns zuvörderſt an die allgemeine Hauptgeſetze aller Nervenwirkung erinnern.

Dieß ſind erſtens, daß im Nervenſyſtem alle Wirkung polariſch erfolgt, nämlich daß jeder Nerv zwei Verbreitungsflächen hat, die allemal in ſich entgegengeſetzter Thätigkeit ſind, während die Verbindungsfäden indifferent ſind. Jede wirkſame Nervenmaſſe beſteht alſo aus drei weſentlichen Theilen, zwei Verbreitungsflächen, deren eine blos poſitiv iſt, wenn die andre negativ iſt, und leitenden Fibern von einer zur andern, die indifferent bleiben. Die negative Verbreitungsfläche wird poſitiv, wenn die andre negativ wird.

Ein zweites allgemeines Geſetz im Nervenbau iſt, daß alle leitende Fibern Markfibern ſind, alle Verbreitungsflächen aber entweder ganz aus grauer Subſtanz beſtehen, oder doch aus ihr und der Markſubſtanz gemiſcht ſind. Denn kann gleich die äußere Verbreitungsfläche der Nerven durch Sinnorgane, Häute und Muskeln nicht als ſolche graue Subſtanz nachgewieſen werden, dergleichen am Enkephalon, Rückenmark u. ſ. w. dem Auge erſcheint, ſo iſt doch offenbar, daß in allen äußeren Verbreitungsflächen das Nevrilem innigſt mit kleinen Blutgefäßen verbunden wird, und darin beſteht eben das Weſen der grauen Subſtanz und ihr Unterschied von der Marksubstanz. Auch legt diese, wo sie in graue Substanz übergeht, ihre filamentöse Textur ab, und wird globulös. Dasselbe geschieht aber auch an den äußeren Verbreitungsflächen.

Ein drittes allgemeines Gesetz aller Nervenwirkung ist, daß das Nevrilem an seiner thätigen Verbreitungsfläche atmosphärisch wirkt. Diese ganze Wirkungsart ist uns noch nicht hinreichend bekannt, obgleich unleugbar erwiesen. Die Humboldschen Versuche beweisen, daß sogar die indifferenten Nervenfäden atmosphärisch wirken, wiewohl nur auf eine geringe Entfernung; wieviel weiter kann nicht die wirksame Atmosphäre der thätigen Enden sich ausdehnen! Es ist schwer, durch Experimente hierüber etwas auszumitteln, weil die äußern Verbreitungsflächen der Nerven, wenn wir sie reizen, negativ werden, folglich ihre Atmosphären zusammenziehn. Denn so viel ist wohl als ausgemacht anzunehmen, daß eben das positive Wirken im Expandiren, das negative im Contrahiren der wirksamen Nervenatmosphäre bestehn.

Diese Gesetze würden den Namen allgemeiner nicht verdienen, wenn sie nicht eben so vom System der Hirnganglien und Hemisphären, als von allen andern Nerven gälten.

Das Nervensystem als Ein zusammenhängendes Ganzes ist vielpolig. Wenn der negative Pol in der äußeren Verbreitungsfläche des Nerven ist, so ist der positive in dessen Ganglion. Reflectirt dieß weiter nach dem Hemisphärensystem, so ist in dessen Oberfläche, in den Windungen ein zweiter negativer Pol gegen den positiven im Hirnganglion, und die gegenstrebende Action im Centralorgan des Hemisphärensystems ist positiv. Umgekehrt, wenn in der Peripherie des Hemisphärensystems eine positive Aeusserung erfolgt, setzt sie eine negative im System der Hirnganglien, und die Action in der Verbreitungsfläche des davon ausgehenden Nerven wird positiv.

In Absicht auf Polarität macht also das Hemisphärensystem ein in sich geschloßnes Ganze aus, indem polarische Wirkung von seiner Peripherie in sein Centrum und umgekehrt statt findet.

Das Gesetz, daß die Marksubstanz überall leitet, und die Verbindung beider Substanzen allein reflectirend ist, hat auf die Hemisphären nur eine beschränkte Anwendung. Denn ihre Peripherie ist zwar mit grauer Substanz wie mit einer Schicht überlegt, und wir können mit größter Wahrscheinlichkeit annehmen, daß allerdings die Marksubstanz der Hemisphären weiter nichts thut, als daß sie die empfangnen Eindrücke fortleitet. Allein die Centralorgane des Hirns, besonders der Balken oder die Hirnschwiele be[illegible] zwar aus festerer Masse, als das übrige Hirn, doch kann man ihn nicht für gemischt aus beiden Substanzen, noch ganz der einen zugehörig ansehn, sondern er zeichnet sich durch eigenthümliche Masse vor allen andern Hirnorganen aus.

Daß das Gangliensystem gegen das Hemisphärensystem atmosphärisch wirke, wissen wir gewiß. Allein daß dieß letztere atmosphärisch wirken könne, schließen wir blos analogisch und führen einige noch dunkle Erscheinungen des Vorstellungslebens als Beweis dafür an, wie bei Erklärung des magnetischen Schlafs etwas umständlicher wird erwähnt werden.

Thätigkeiten des Systems der Hirnganglien.

Können die Hirnganglien vorstellen? Diese Frage muß unbedenklich mit ja beantwortet werden.

Der allerentscheidendste Beweis ist, daß es sehr viele Thiere giebt, die ganz unläugbar vorstellen, ohne etwas mehr als ein System von Hirnganglien zu besitzen. Allererst im Säugethiere erscheint die vordere Hirnmasse nicht mehr als bloßes Riechnervenganglion und der Hirnbalken verbindet die Hemisphären. In allen niedern Thieren, bis auf die, welche gar kein Enkephalon haben, findet nichts statt, als blos das System der Hirnganglien, das in den Vögeln den höchsten Grad seiner Ausbildung erreicht und in den Quadrupeden eher etwas abwärts geht, bis es im Affen und den Cetaceen wieder vollkommner wird, im Menschen abermals gegen das Hemisphärensystem zurücktritt.

Steht die Thatsache fest, daß die Vögel gar kein Hemisphärensystem haben und doch vorstellen, so ist gar kein Grund vorhanden, anzunehmen, die Säugethiere stellen allein durch ihr Hemisphärensystem vor und brauchen das System der Hirnganglien dazu nicht. Dieß ist um so weniger glaublich, da in der Reihe der Säugethiere das Hemisphärensystem langsam, allererst im Menschen recht vollständig entwickelt wird. Denn bei den Affen und Cataceen, deren Hirn übrigens sehr groß und dem menschlichen am ähnlichsten ist, imgleichen bei den Nagethieren, die auch ein sehr großes Hirn haben, ist das System der Hirnganglien größer, das Hemisphärensystem aber kleiner als beim Menschen. Zwar ist das kleine Gehirn auffallend klein und unentwickelt, selbst im Kinde, desto mehr entwickelt sind die Sehehügel und desto grösser ist das Geruchsganglion im Thiere. Wüßten wir etwas genaueres über die Bestimmung des kleinen Hirns, so könnten wir dessen auffallende Kleinheit bei mangelhafter Entwicklung des Hemisphärensystems leichter erklären. Möglich, daß es, was der Form nach sogleich zu vermuthen ist, mit dem Hemisphärensystem in Antagonismus steht, folglich nicht eher sich entwickelt, als dieß, und erst durch den Widerstand gegen das höchste Hirnsystem zur Bedeutenheit erhoben wird. Zur Zeit ist es übrigens noch unmöglich, über die einzelnen Theile des Gangliensystems viel bestimmtes zu sagen.

Wir wissen gewiß, daß die Hirnganglien Sitze der Empfindung sind, denn in ihnen ist der innere Pol der Sinnennerven. Vermuthlich ist eins unter ihnen central für alle übrigen, wahrscheinlich hat diese Bestimmung der Sehehügel, so daß nach ihm hin alle Empfindungseindrücke der verschiedenen Ganglien als nach dem Sensorium commune reflectirt werden. Das Wort Sensorium ist hier im eigentlichen Sinn genommen, als Sitz der Sinnlichkeit. Möglich, daß wir uns hierin irren und daß dergleichen gar nicht existirt.

Alle Vorstellungen also, die durch unmittelbare sinnliche Wahrnehmung erregt werden, sind Thätigkeiten des Systems der Hirnganglien.

Wir erinnern uns unsrer Sinnenempfindungen, folglich besitzt das System der Hirnganglien Erinnerungskraft. Dieß ist überhaupt eine allgemeine Kraft des ganzen Hirns, denn der Mensch vermag sich aller seiner Vorstellungen zu erinnern. Es war gewiß eine sehr unrichtige Idee des scharfsinnigen Gall, dessen großes Verdienst um die Hirnlehre übrigens durchaus nicht verkannt wird, daß er dem Gedächtniß einen besonderen Sitz im Hemisphärensystem anwieß. Der Mensch erinnert sich zwar allerdings leichter und häufiger dessen, wozu er Talent hat, weil das größere und dynamisch vollkommnere Hirnorgan öfter thätig wird, als andre, aber er ist überhaupt fähig, sich aller seiner Vorstellungen ohne Ausnahme zu erinnern, folglich hat das ganze Gehirn die Fähigkeit, seine Thätigkeiten zu wiederholen, mit dem Bewußtseyn, sie schon früher ausgeübt zu haben.

Eben so allgemein, wie das Erinnerungsvermögen, ist das Combinationsvermögen, die Fähigkeit des Hirns, von einer Vorstellung zu einer andern geleitet zu werden. In gewisser Rücksicht ist sie mit dem Gedächtniß einerlei, denn wenn man sich einer Sache erinnert, so geschieht dieß nur, indem eine andre Vorstellung eine früher stattgefundene anregt. Allein sie ist die Basis der Urtheilskraft und als solche gar sehr vom Gedächtniß verschieden. Das Combiniren besteht nämlich nicht blos im Aufregen einer Vorstellung durch eine andre, sondern auch im Bemerken des Verhältnisses beider, und dieß vermag jedes Thier; ohne dieß Vermögen ist ihm das ganze Vorstellungsleben völlig werthlos und unnütz. Es ist unmöglich, daß ein Thier wolle, nach irgend einer Absicht, mit irgend einiger Zweckmäßigkeit handle, ohne Combinationsvermögen; nothwendig muß es z. B. um sich seines Fraßes zu bemächtigen, erstens empfinden, daß er da ist, zweitens Begierde empfinden, sich ihn zu verschaffen, und drittens diese Begierde in die Bewegungswerkzeuge reflectiren, folglich praktisch zeigen, daß es urtheilt, daß es den Gegenstand für ein Mittel zur Stillung seines Bedürfnisses erkennt. Wer kann aber die mancherlei Listen, mit welchen oft schon sehr niedere Thiere ihrer Beute nachstellen, die Kunst, mit welcher sie ihre Wohnungen bauen, die Vorsicht, mit welcher sie sich Vorräthe sammeln, die Klugheit, mit welcher sie für ihre Sicherheit sorgen — wer kann mit einem Worte das ganze Leben und Treiben der Thiere sehn, ohne sich aufs innigste zu überzeugen, daß sie urtheilen, d. i. das Verhältniß wahrnehmen, in welchem Vorstellungen zu einander stehn, die mit- oder nacheinander in ihnen erregt wurden?

Gedächtniß und Combinationsvermögen sind die allgemeinen Eigenschaften des ganzen Hirns, in welche von der einen Seite die Vernunft, von der andern die Sinnlichkeit thätig eingreifen, um das ganze Vorstellungsleben des Menschen zu gestalten, an sich nichts weiter als ruhende, passive Fähigkeiten, die in der Organisation des Hirns ihren Grund haben und mit dieser an Vollkommenheit ab- und zunehmen. Dieß erkennen wir auch aus folgendem:

1) Je nachdem das Hirn des einen Menschen glücklicher organisirt ist, als das des andern, sind diese Eigenschaften dem Grade nach in verschiedenen Individuen sehr verschieden.

2) Sie sind sehr verschieden in einzelnen Hirntheilen, so daß der eine sehr leicht merkt und sehr glücklich combinirt, was eine gewisse Art von Vorstellungen betrifft, die durch ihr Objectives verwandt sind, während er alle andre Gegenstände schwer merkt und schlecht combinirt, der andre aber dasselbe Talent für andre Objecte zeigt.

3) Sie können durch Krankheit ganz oder theilweis verloren gehn, aber allezeit zusammen, nicht einzeln. Wer kein Gedächtniß mehr hat, combinirt auch nicht, und umgekehrt; er ist vollkommen imbecill. Wem ein Theil des Hirns durch Lähmung, Eiterung, äußere Gewalt oder deß etwas unbrauchbar geworden oder verloren gegangen ist, der combinirt gewisse Objecte, gewisse Vorstellungen, deren Objectives gemeinschaftlich ist, nicht mehr und erinnert sich ihrer auch nicht.

4) Sie hängen beide sehr von der Wirkung des Lebensalters ab. Das Kind merkt leicht und combinirt schnell, vergißt aber eben so schnell und giebt seine Urtheile wieder auf. Allmählig bilden sich beide Fähigkeiten gleichmäßig immer mehr aus, bis sie im männlichen Alter ihre höchste Vollkommenheit erreichen, gleichzeitig mit dem Vollenden des Wachsthums. Eben so allmählig nehmen sie nach der Mitte des Lebens wieder ab, bis sie endlich dem Greise fast gänzlich verloren gehn. Besonders merkwürdig ist ihr Stumpfwerden für die unmittelbare Erregung der Sinnlichkeit und noch viel länger wirksam Fortdauern für die von der Vernunft ausgehende Erregung. Was vor seinen Augen vorgeht, merkt sich der Greis nicht; Verbindungen von Vorstellungen, die ihm eben vorgetragen werden, faßt er nicht; es fehlt ihm das Vermögen, darauf einzugehn. Dagegen was vormals in sein Gedächtniß fixirt wurde, was er ehedem combinirte, des erinnert er sich recht gut; er entwickelt immer noch scharf und bündig einen sehr zusammengesetzten schwierigen Ideengang, den er in den Jahren seiner besseren Kraft faßte, aber eine sehr leichte und einfache Combination, die ihm neu ist, bleibt ihm ewig unverständlich. Er erzählt

noch Begebenheiten seiner Jugendjahre mit den genauesten Details; daß er sie aber so eben schon erzählt hat, vergißt er sogleich und wir müssen sie geduldig noch einmal anhören. So lebt denn der Greis mehr in der Vergangenheit, als in der Gegenwart, daher ihm auch nichts natürlicher ist, als Vorliebe für alles, was ehedem war und Unzufriedenheit mit allen bemerkten Abweichungen hieran, die ihm als eben so viel Verschlimmerungen erscheinen, in welche er sich nicht finden kann.

5) Sie können beide durch Uebung sehr geschärft werden, und bei ihrer Uebung verfahren wir gerade so, wie wir mit andern rein körperlichen Fertigkeiten verfahren; wir gewöhnen uns an die Combinationsreihe, an die Summe von Erinnerungen, die wir einüben, die wir lernen wollen. Gerade wie wir ein Klavierstück in die Muskeln unserer Finger einüben, so verfahren wir auch mit einem Redestück, das wir lernen, einem System von Ideen, deren Aufeinanderfolge wir uns eigen machen wollen; wir wiederholen das zu lernende so lange, bis es unserm Vorstellungsorgan geläufig wird. Dabei unterstützt das Gedächtniß unser Combinationsvermögen und dieß wiederum jenes, vorzüglich nach dem Gesetz des Nebeneinanderseyns und der Aufeinanderfolge.

Wir stellen nämlich Vorstellungen, die zugleich erregt worden sind, auch wieder zugleich vor, wenn nur eine von beiden angeregt wird. Oder wenn wir uns mehrere Vorstellungen in einer Reihe gemerkt haben, so darf nur die erste der Reihe angeregt werden, damit das Gemüth auch die übrigen wieder vorstelle. Hierauf beruht die Mnemonik, eine Kunst, die einst in Griechenland und Rom, wo den öffentlichen Rednern weniger Hülfsmittel des Gedächtnisses zu Gebote standen, als unsern Rednern, kultivirt, neuerdings aus langem Schlummer geweckt wurde, aber wenig Beifall fand. Sie lehrt, wie man die einzelnen Theile eines Redestücks an eine Reihe leicht faßlicher Bilder knüpfen, und indem man diese nach der Reihe sich vorstellt, sich zugleich jener sicher erinnern solle.

Die Hirnganglien vermögen für sich allein und ohne Zuthun des Hemisphärensystems die Muskeln zu bewegen und als Wille zu wirken. Außer dem daher gewonnenen Beweis, daß die Thiere ohne Hemisphärensystem wollen, so gut wie der Mensch, erhellt dies auch aus der Organisation des Gangliensystems, indem alle Hirnganglien mit dem Rückenmark in unmittelbarer Verbindung stehn, die Gesichts- und Kiefermuskeln ihre Nerven ganz allein aus ihnen empfangen, letztere also mit dem Hemisphärensystem blos mittelbar durch die Ganglien verbunden sind. Der Wille ist im System der Hirnganglien nichts anders, als die Richtung der Hirnthätigkeit in die Muskelganglien. Wollen und Thun ist hier eins. Dabei ist die Thätigkeit im Hirnganglion positiv, die im Muskelganglion negativ und die im Muskel selbst wiederum positiv.

Der thierische Wille macht die Annahme eines Centrums im Gangliensystem allerhöchst wahrscheinlich. Wäre dieß nicht, so müßte jede Empfindung der Hemisphärenlosen Thiere, sobald sie reflectirt würde, sofort in die Muskeln reflectirt werden; es gäbe kein Inneres, nach welchem sie reflectirt werden könnte. Ueberhaupt müßte jede Vorstellung entweder Empfinden oder Wollen seyn, je nachdem die Richtung den Thätigkeit entweder vom Sinn in das Hirnganglion, oder von diesem in das Muskelganglion ginge. Noch mehr nöthigt uns das Daseyn von Muskelnerven, die nicht aus dem Rückenmark, sondern unmittelbar aus dem Enkephalon entspringen, zur Annahme eines solchen Centrums. Das Ganglion des fünften Paars würde zwar als Geschmacksganglion und als Ganglion der Hülfsnerven des Geruchs und Gesichts, ferner durch seine Verbindungen mit dem Hülfsnerven des Gehörs und mit dem sympathischen System Eindrücke genug von außen erhalten und nothwendig zugleich Empfindungs- und Bewegungsganglion seyn müssen. Aber ohne ein inneres Ganglion, auf welches diese Empfindungen reflectirt werden könnten, würden sie, sobald sie eine Thätigkeit veranlaßten, keine andre als die Bewegung der Kiefermuskeln, gleichsam automatisch hervorbringen. Diese würden mit den übrigen Willensäußerungen in gar keiner Verbindung stehn, da ihr Ganglion nicht zur Reihe der übrigen Muskelganglien gehört; sie würden also gleichsam außer der Einheit des übrigen Muskellebens liegen. Dasselbe gilt von dem Gesichtsnerven und den Bewegungsnerven der Augen. Doch bescheiden wir uns, daß wir die Dunkelheiten, welche hier das Innere thierischer Naturen umhüllen, noch lange nicht genug zu durchdringen im Stande sind.

Der allgemeine Charakter aller Vorstellungsthätigkeiten im System der Hirnganglien wird durch die Art der Verbindung desselben mit der Außenwelt bestimmt. Diese findet durch die Sinne statt und es ist das sinnliche Leben, welches in diesem Systeme seine organische Bedingung hat. Sinnlichkeit ist sein allgemeiner Charakter. Nirgends befolgt es einen übersinnlichen Zweck:

überall und unmittelbar ist sinnliches Wohlseyn, sinnliche Glückseligkeit das Motiv seiner Handlung, das es sich nie bestimmt und abgesondert denkt, sondern welchem es nach seiner Natureinrichtung gemäß wirkt. Das Thier empfindet, erinnert sich, combinirt, urtheilt, begehrt, will, wie der Impuls der Sinnlichkeit es ihm nothwendig macht. Im Menschen wirkt dieß Hirnsystem nach keinem andern Gesetz, auch wäre nicht einzusehn, woher es in ihm eine andre Thätigkeit nehmen sollte, als die es überall durch die ganzen Reihen der thierischen Schöpfung ausübt.

In den niederen Thieren bis zum Vogel hinauf blos angelegt, im Vogel zwar mehr ausgebildet, doch noch nicht vom Hirngangliensystem getrennt, erst im Säugethiere für sich bestehend und allein im Menschen sich erhebend und prädominirend nimmt das Hemisphärensystem die höchste und oberste Stelle in der Schädelhöhle ein und bedeckt mit seinen drei Abtheilungen das ganze System der Hirnganglien. Sein Centrum, der Hirnbalken, ist im Vogel selbst noch nicht einmal vorhanden, im Säugethiere kurz und schwach, erst im Menschen vollständig entwickelt. Wie wirkt das Hirngangliensystem in das Hemisphärensystem ein, welches im Menschen sich dem Auge deutlich als das höhere verkündigt?

Die gestreiften Körper und die Sehehügel nebst allen übrigen Organen des Gangliensystems außer dem kleinen Hirn sind mit den Hemisphären nicht durch Fäden verbunden, sondern blos von ihnen bedeckt; sie ragen mit ihrer sphärischen Oberfläche in ihre Masse hinein. Nur das kleine Gehirn ist durch das verlängerte Mark unmittelbar und durch starke Markbündel mit dem Hemisphärensystem verbunden. Wir glauben daher schließen zu dürfen, daß ein polarisches Verhältniß blos zwischen dem großen und kleinen Gehirn statt finden könne, daß aber das Ineinanderwirken der übrigen Hirnganglien in die Hemisphären und dieser in jene atmosphärisch erfolge. Denn es fehlt uns bei dieser das indifferente Mittelglied zwischen den beiden sich entgegengesetzt thätigen Polen, welches wir bei den äußeren Nerventhätigkeiten in den Nervenfäden finden, die die Verbreitungsfläche mit dem Ganglion verbinden und welches in der Verbindung zwischen großem und kleinem Hirn im verlängerten Mark sich darstellt.

Thätigkeiten der Hemisphären.

Wir übergehen die Thätigkeiten der Hemisphären der Säugethiere mit um so größerem Rechte, da sie erst im Menschen vollständig entwickelt und selbstständig vorkommen. Von den Gemüthsäußerungen der Thiere wissen wir nicht mehr, als was uns aus Erscheinungen bekannt wird, die wir vielleicht nicht selten mißdeuten. Fände in ihnen eine innere aufwärtsgehende Entwicklung statt, so würden wir viel leichter die Schattirungen im Vorstellungsleben der einzelnen Classen unterscheiden. Allein der treffliche Carus sagt sehr richtig: „Wenn wir es unternehmen, die allmählige höhere Entwicklung der Hirnformen in den Säugethieren genauer zu schildern, so erscheint uns hierbei als eine Hauptschwierigkeit, daß diese Formen hier nicht in einer ununterbrochenen Reihe höher und höher gesteigert werden, daß vielmehr, so wie überhaupt die Classe der Säugethiere als die höchste Blüthe des Thierreichs erscheint, wo alles, was in den frühern Classen vereinzelt war, zur edelsten Organisation zusammentritt, hier von mehreren verschiedenen Seiten Reihenfolgen besondrer Organisationen ausgehn, welche alle nach dem höchsten Ziele, dem einer menschenähnlichen Organisation, convergiren. So steht das Hirn vieler Thierarten auf einer ziemlich gleichen Stufe der Ausbildung, aber jedes zeigt seinen eigenthümlichen Typus, jedes beurkundet seine noch unvollkommne Organisation durch andre Momente; von jedem aus läßt sich eine Reihe von Bildungen verfolgen, welche, immer mehr sich veredelnd, allmählig dem menschlichen Typus sich nähern."

Das Hemisphärensystem der Säugethiere kann blos belehrend für uns seyn durch den Vergleich; wir können blos mit Sicherheit schließen, daß der Vorzug des menschlichen Vorstellungslebens in den Formen, welche sein Hemisphärensystem vor den thierischen auszeichnen, organisch begründet seyn müsse.

Das Hemisphärensystem des Menschen steht in unmittelbarer Verbindung mit dem Rückenmark, welches sehr starke Markbündel nach demselben hingiebt, ferner mit dem Cerebellum durch dasselbe verlängerte Rückenmark. Die übrigen Ganglien bedeckt es blos; aus einigen gehn Markfäden in dasselbe über, namentlich aus dem Riechkolben, aus den andern nicht. Nach seiner convexen Fläche ist es ganz mit isolirenden Membranen überzogen.

Hieraus folgt, daß es blos die Eindrücke der Außenwelt unmittelbar wahrnehmen kann, die aus einem Rückenmarksganglion in die leitenden Markfibern dieses Organs reflectirt werden. Deren können aber nur wenige seyn, denn in der Regel sind die Rückenmarksnerven Träger der Bewegung, nicht der Empfindung, und sie haben den Anstoß zu ihren Thätigkeiten nicht von der Außenwelt, sondern von dem Gehirne selbst zu erwarten. Das Hemisphärensystem kann kraft dieser Verbindung das Muskelsystem in Bewegung setzen, ohne dazu erst das System der Hirnganglien zu bedürfen, so wie dieß ebenfalls die Muskeln bewegen kann, ohne der Hemisphären zu bedürfen.

Der Gegenstand der Untersuchung ist: wie nimmt das Hemisphärensystem die Außenwelt wahr?

Die Außenwelt wirkt unmittelbar auf die Sinne, diese reflectiren ins System der Hirnganglien. Wie gelangt von diesen Notiz ins Hemisphärensystem? Sinnliche Eindrücke können nur mittelbar durch das Gangliensystem in dasselbe gelangen. Welches ist die Art dieses Gelangens?

Alles Objective in unseren Vorstellungen geht nothwendig von der Sinnlichkeit aus. Das Hemisphärensystem könnte also gar nichts vorstellen, wofern nicht das Hirngangliensystem in dasselbe wirkte.

Gewiß werden nicht alle Sinneneindrücke ins Hemisphärensystem reflectirt, vielmehr gelangen nur sehr wenige dahin. Aber welche?

Es findet bei dem Geschäft der Sinneneinwirkung in das Hemisphärensystem eine Wechselwirkung der beiden Hirnsysteme statt. Zuweilen und in der Regel geht die Thätigkeit der Aufnahme vom Hemisphärensystem aus, zuweilen von den Ganglien. In beiden Fällen sind wir auf den äußeren Eindruck *aufmerksam*, aber im ersteren *wollen* wir es seyn, wir richten willkührlich unsere Aufmerksamkeit auf das Object; im zweiten reizt der äußere Eindruck unsere Aufmerksamkeit und nöthigt uns gleichsam unwillkührlich, auf das Acht zu haben, was vorgeht.

Aufmerksam ist zwar auch das Thier, oft auf leise Zeichen, die man ihm giebt, jedoch nur in Richtung seiner Sinne: die Aufmerksamkeit auf sinnliche Gegenstände, ist weiter nichts, als eine Verstärkung der Sinnenthätigkeit durch Spannung der Bewegungsorgane, die sie befördern. Allein die Aufmerksamkeit, von welcher hier die Rede ist, äußert sich als Vermögen des Gemüths, aus der Menge von Sinneneindrücken willkührlich die auszuwählen, die verstanden werden sollen.

Vernehmen kann auch das Thier: es kann combiniren, sich erinnern, aber verstehen kann es nicht. Wir verstehn irgend einen äußeren Eindruck von Erscheinungen oder eine Combinationsreihe, oder irgend eine Vorstellungsthätigkeit, sobald wie sie der inneren Gesetzgebung in unserm Hemisphärensystem unterwerfen.

Das Hemisphärensystem ist ein in sich geschlossenes Ganzes; es wirkt polarisch in sich selbst von seinem Centrum nach seiner Peripherie und umgekehrt. Jede Thätigkeit kann es unendlich mannigfaltig combiniren und man begreift, daß die Größe der Masse der Markfibern, welche nach seiner Peripherie divergent laufen, die Mannigfaltigkeit der Combinationen unendlich erleichtern müsse. Stellen wir uns vor, daß bei jeder Thätigkeit, jeder Vorstellung im obersten Hirnorgan entweder eine Wirkung von der Peripherie, den Gyren, nach dem Hirnbalken, oder von diesen nach jenen hin erfolgt, daß aber die Leitung hierbei durch Markfibern geschieht, die nicht isolirt sind, wie die Nervenfäden zwischen Sinn und Sinnenganglien, sondern in Eine große Masse verbunden: welche Combinationen sind dadurch möglich!

Alle Wirkung im Hemisphärensystem erfolgt nach dem innern Gesetz derselben, welches ihm allein eigenthümlich ist und es vollkommen unterscheidet von allen übrigen lebendigen Körpern, ja welches dem allgemeinen Gesetz des lebendigen Wirkens in der Welt gerade zu entgegengesetzt ist. Denn die allgemeine Tendenz alles Lebens, des kosmischen, wie des uns auf der Erde erscheinenden, ist die Production des Mannichfaltigen. Darum ist alle Bildung synthetisch, alle lebendige Production weitere Entfernung des Products vom Element, und das sinnliche Vorstellungsvermögen ist Wahrnehmung des Mannichfaltigen, Combiniren des Wahrgenommenen mit früheren Erinnerungen oder gleichzeitigen, oder darauf folgenden Sinneneindrükken und Vergleichen der combinirten Vorstellungen. Also wiederum Production größerer Mannichfaltigkeit. Allein das innere Gesetz des Vorstellungslebens der Hemisphären äußert sich in Reduction des Mannichfaltigen auf das Einfache.

Wollte man sagen, das immer neue Mannichfaltigkeiten hervorbringende, unendlich reiche Leben habe sich gefallen, auch einer ihrer Bildungen ein Gesetz seiner Thätigkeit zu geben, nach welchem es das Mannichfaltige wieder auf das Einfache zurück führe; dessen Existenz sey blos eine Mannichfaltigkeit mehr; so würde man nicht der Erscheinung adäquat urtheilen. Denn die lebendige Natur hebt hier ihren Gang und ihr allgemeines Gesetz auf: das Vorstellen der Hemisphären ist eine lebendige Thätigkeit, die nach einem allem Leben entgegenstehenden Ziele gerichtet ist.

Es ist auch die Frage, ob wir uns richtig ausdrükken, wenn wir in dem Vorstellungsleben der Hemisphären ein höher potentiirtes Leben erblicken. Am würdigsten und richtigsten möchten wir wohl das Geheimniß unseres eignen Seins erkennen, wenn wir uns als Mittelglied betrachten, zwischen einer niedern und einer höheren Welt, einer niedern und einer höheren Wesenreihe. Daß die Wesenreihe, als deren unterstes Glied wir uns erkennen, eben so die höhere ist, wie wir selbst in der niederen Reihe der Erdenwesen auf der höchsten Stufe stehn, erkennen wir mit Gewißheit. Denn das Leben producirt das Mannichfaltige nicht anders, als indem es das Einfachere immer weiter vom Element entfernt, der Ursprung des Mannichfaltigen ist also das Einfache. Thätigkeit, die das Mannichfaltige aus seinem Einfachen ableitet oder es darauf zurück führt, erhebt sich also in ihrer Richtung zur Quelle des Mannichfaltigen, aus dem zufälligen zum wesentlichen Sein. Wir erkennen unsre Verwandtschaft mit dem höchsten Urwesen, dem Absoluten, Höchsten, Einfachen, welches aus sich das Mannichfaltige hervorbringt, dessen Thätigkeit ein Erschaffen ist, denn wir sind in unserer höchsten und edelsten Thätigkeit, allein aus allen Geschöpfen, die wir kennen, nach diesem Höchsten hingerichtet, obgleich unser ganzes sinnliches Dasein nichts anders ist, als eine Manifestation des Mannichfaltigen selbst, und wir von einer sehr beschränkenden Sinnlichkeit ausgehn müssen, indem wir der Richtung nach dem Uebersinnlichen folgen.

Wie das Reich der Säugethiere weniger eine Stufenreihe von sich immer höher entwickelnden Wesen, als einen Kreis darstellt, der in überall ziemlich gleich weiter Entfernung den Menschen als seinen Mittelpunkt umgiebt, so könnte vielleicht auf jedem der Millionen kosmischer Körper, denen Lebendige entsprossen sind, ein dem Menschen gleichendes, doch an andre Bedingungen der Sinnlichkeit gebundenes Geschlecht, ebenfalls nach dem Ursein gerichtet, in gleicher Entfernung von diesem abstehn, und seiner Seits ein Mittelglied zwischen der sinnlichen Welt des Mannichfaltigen und dem höchsten Leben, als dessen ewigen und nothwendigen Grund bilden. Denn wie vollkommen auch ein vom Absoluten emanirtes Wesen nach seiner Sinnlichkeit und physischen Beschaffenheit seyn möchte, so bleibt es doch von Ihm immer in demselben Abstand, wie der Mensch; immer ist seine höchste Thätigkeit Erkennen des Einfachen im Mannichfaltigen, die Thätigkeit des Urwesens aber Produciren, Schaffen, Hervorbringen des Mannichfaltigen aus dem Einfachen.

Allen Thätigkeiten des Hemisphärensystems prägt ihr Gesetz, ihre allen andern Leben entgegengesetzte Richtung, einen eigenthümlichen Charakter auf. Der stets längst und allgemein bemerkte Widerspruch im Vorstellungsleben des Menschen hat also seinen organischen Grund: der Mensch hat zwei Vorstellungsorgane, deren eines ein Gesetz befolgt, das dem des andern entgegengesetzt ist und die Thätigkeiten des Hemisphärensystems sind mit denen des Hirngangliensystems wesentlich im Widerstreit.

Wir kommen auf diesen ursprünglichen den Menschen mit sich selbst entzweienden Widerstreit zurück, wenn wir die einzelnen Arten der Aeußerung des menschlichen Vorstellungslebens durchgehn. Wir beginnen mit der inneren Gesetzgebung des Hemisphärensystems.

Die Vernunft.

Wir benennen das Gesetz, nach welchem die Thätigkeiten des Systems der Hemisphären eine dem Gesetz aller übrigen Lebenserscheinung entgegengesetzte Richtung haben, mit dem Namen **Vernunft**.

Dieß Gesetz ist das höchste des menschlichen Vorstellungslebens überhaupt, in sofern das Hemisphärensystem das der Hirnganglien zu überwiegen und zu beherrschen im Stande ist.

Es ist ein vollkommen inneres, ganz allein dem Hemisphärensystem eigenthümliches. In so fern die Richtung der Thätigkeiten des Hemisphärensystems also durchaus nicht von äußeren Bestimmungen abhängt, sondern allein von seinem inneren Gesetz, ist das menschliche Vorstellungsleben **frei**. Denn frei ist, was in seinem Handeln blos seinem inneren, keinem äußeren Gesetze folgt. Die Sinnlichkeit ist nicht frei, weil sie von der Außenwelt abhängt, und in wie fern die Vernunft das Object ihrer Gesetzgebung von der Sinnlichkeit empfängt, wird sie durch diese eingeschränkt.

Gegen diese Beschränkung der Sinnlichkeit behauptet sich die Vernunft als freie und oberste Gesetzgeberin des Vorstellungslebens

1) durch die Fähigkeit, jede Combinationsreihe, jede Art von Vorstellung, außer die sinnliche Empfindung, augenblicklich zu **fistiren** und zu **hemmen**. Wir können ohne allen Anlaß von außen, ja wider dessen sehr lebhaftes Andringen, sogleich jede Vorstellung aufheben, endigen, hemmen und eine andere beginnen. „Ich will etwas anderes den[illegible]" kann nur ein vernünftiges Wesen sagen. Das vernunftlose muß dem

einmal gegebenen Impuls folgen, das vernünftige allein hat in sich das Mittel, eine Vorstellungsreihe abzubrechen.

2) Durch die Fähigkeit, die Thätigkeiten des Vorstellungslebens auf ein Object zu richten, zu erregen. Das Object mag den Sinnen unmittelbar vorschweben oder blos im Gedächtniß vorräthig seyn, so liegt im menschlichen Hirn das Vermögen, daß es alle andre Vorstellungen schweigen und die Denkkraft sich allein mit diesem beschäftigen heißt. Wir richten unsre Aufmerksamkeit völlig nach innerem Gesetz. Zwar können sehr lebhafte Sinneneindrücke uns nöthigen, auf sie zu merken, doch können wir ihrer Lebhaftigkeit immer unsern Willen entgegen setzen.

Die Aufmerksamkeit hat allerdings auch eine sinnliche Seite: wir richten unser Augenmerk gegen das, was unsre Sinne reizt. Allein es liegt in uns das Vermögen, auf das aufzumerken, was entweder mitten unter starken Sinneneindrücken, kaum bemerkbar vorgeht, oder die Vorstellungsreihe zu verfolgen, die wir selbst willkührlich in uns angeregt haben und mitten unter zerstreuendem Sinnentumult nicht auf diesen, sondern blos auf das zu achten, was in uns selbst vorgeht. Diese Kraft ist ein Beweis der Ueberlegenheit unseres Hemisphärensystems über die Hirnganglien, eine Folge der inneren Gesetzgebung im ersteren, also der Vernunft.

3) Durch die Form, welche sie selbst allem giebt, was aus der Sinnlichkeit in das Hemisphärensystem gelangt. So wie alles, was in das System der Hirnganglien gelangen soll, entweder als Licht, oder als Schall, oder als riechbar, schmeckbar, fühlbar, eingehn muß, da sich der Außenwelt nicht mehr Pforten in uns

öffnen, so kann nichts aus diesem in das höhere Hirnsystem gelangen, was nicht entweder ausgedehnt ist oder in einer Reihefolge geschieht. Wir fassen alles Objective nur als im Raume oder in der Zeit auf.

Nach dem, was die Kantsche Philosophie über Raum und Zeit so richtig und scharfsinnig gelehrt hat, wäre es überflüssig, hievon umständlicher zu sprechen. Nennen wir Raum und Zeit die Sinne des Hennisphärensystems, so tragen sie den Charakter ihres Ursprungs an sich. Denn wie in den äußeren Sinnen alles veränderlich und zufällig ist, so ist in ihnen alles nothwendig; wie die äußeren Sinne in jedem Individuum anders wirken können, so sind Raum und Zeit die allgemeinen Bedingungen des Anschauns des Objectiven für alle denkende Wesen, und die Gesetze, nach welchen sie angewendet werden, sind für alle gleich bindend.

Die Sinnlichkeit kennt diese Anschauungsformen nicht, und das Thier kann weder rechnen noch die Verhältnisse der Ausdehnung erkennen, obgleich alles als ausgedehnt oder in Reihefolge erscheinend, vor seinen Sinnen liegt. Nur die Vernunft faßt die Sinnlichkeit unter diesen Formen auf. In unseren Träumen, die selten etwas anderes sind, als regellose Spiele des Combinationsvermögens unserer Hirnganglien, aus Erinnerungen seltsam zusammengewürfelt, sind wir von Raum und Zeit los und combiniren Vorstellungen, die sich mit ihren Gesetzen nicht würden vereinigen lassen.

Die Idee des Ewigen und Unendlichen bildet die Vernunft als Gegensatz des Endlichen und Beschränkten, so wie sie selbst sich dem Mannichfaltigen entgegensetzt. Das Transcendentale ist der Gegensatz des Sinnlichen, es hat keinen andern Ursprung und keine andere Beglaubigung, als daß unser inneres Vorstellungsgesetz uns nöthigt, überall das Mögliche dem Wirklichen entgegen zu setzen.

Ueberhaupt sind alle Ideen der Vernunft gegeben und nicht in ihr ursprünglich vorhanden, wie wohl viele gemeint haben. Denn das Wesen der Vernunft ist, daß sie die Erscheinung des Mannichfaltigen als begründet im Einfacheren erkenne. Dadurch gelangt sie immer höher hinauf, durch fortgesetzte Abstraction nach demselben Princip, bis zum höchst Einfachen, das zugleich nothwendig ist. So begreift sie das Mannichfaltige und Zufällige aus seinem einfachen Ursprung und seinen nothwendigen Merkmalen und das Zusammenfassen derselben bildet dessen Idee. Ohne das zufällige würde sie aber auch nicht das wesentliche denken, folglich ist die Idee oder das Ideale der Vernunft gegeben durchs Reale, nichts anders als das Resultat der Anwendung ihres Gesetzes aufs Reale.

So ist die Abstraction die eine Quelle von Ideen, welche das Reale voraussetzt. Die zweite Quelle der Ideen setzt es aber eben so nothwendig voraus, nämlich die Vorstellung vom Entgegengesetzten des Gegebenen und Realen. So entspringen alle Ideen der Vernunft aus dem Realen und sind die Resultate der Anwendung ihres eigenthümlichen Gesetzes auf dasselbe. Die Vernunft ist an sich so inhaltleer, als das sinnliche Denkvermögen; das Object wird ihr gegeben, an welchem sie sich thätig zeigt, und sie ist nichts anders als das Erkennen des Einfachen im Mannichfaltigen und das Bestimmen des Mannichfaltigen aus dem Wesentlichen und Nothwendigen.

Ich berühre nur das Gebiet der Philosophie, weil mein Weg mich dahin führt und die Erwägung der menschlichen Natur die des Geistes nicht ausschließen darf. Aber weder auf Spitzfindigkeiten kann ich mich einlassen, noch bei weitläuftigen Erörterungen des Gesagten verweilen. Vielleicht wird dieß deutlicher werden, bei Erwägung der weiteren Anwendung des höchsten Vorstellungsgesetzes.

Die Urtheilskraft.

Das Combinationsvermögen, oder die Fähigkeit, daß eine Vorstellung die andere erregt und zugleich das Verhältniß der erregenden mit den erregten bemerkt wird, ist nebst dem Erinnerungsvermögen seiner Basis, allgemeine Eigenschaft des ganzen Gehirns. Das Erinnerungsvermögen ist die Basis desselben, weil ohne dasselbe keine Vorstellungen durch eine andre angeregt werden könnten; wir dürfen uns das Hirn zwar nicht als ein Archiv vorstellen, in welchem alle einmal statt gefundenen Vorstellungen zum Gebrauch in Vorrath liegen, aber kraft seiner Fähigkeit, Thätigkeiten, die es früher begangen, zu wiederholen, wird es allerdings das Magazin unserer Vorstellungen, das stets bereite Organ, welches die Bewegungen wiederholt, die ihm nicht neu sind.

Im System der Hirnganglien sind alle Vorstellungen theils unmittelbare sinnliche Wahrnehmungen, theils aus ihnen folgende Combinationen und die Verhältnisse zwischen der erregenden und erregten Vorstellung müssen sinnliche seyn. Es fehlt ein höheres Gesetz, das die Combinationen bestimmen könne

Im Hemisphärensystem aber kann keine Vorstellung die andere erregen, kein Verhältniß zwischen beiden bemerkt werden, als nach dessen innerer Gesetzgebung.

Die innere Gesetzgebung der Vernunft ist in keinem Theile ihrer Anwendung so vollständig und genau bestimmt, als in der Anwendung auf das Combinationsvermögen.

Die Logik ist als eine vollendete Wissenschaft anzusehn, wie die Mathematik. Die Kategorienlehre, die Lehre von den apodiktischen Urtheilen u. s. w. sind Theile der Logik. Wir dürfen uns freun, wenigstens das Geschäft der Bestimmung des Formalen unseres Erkenntnißvermögens als beendigt ansehn zu können.

Nur hat man bisher das sinnliche Urtheil mit dem vernünftigen verwechselt und die Idee einer im Menschen vorhandenen doppelten Urtheilskraft nicht berücksichtigt. Dadurch kam man in die Nothwendigkeit, den Thieren entweder das Urtheilsvermögen absprechen, oder ihnen Vernunft beimessen zu müssen. Die armen Thiere wissen nicht, in welche Verlegenheit sie die Philosophen gesetzt haben. Mallebranche und Leibnitz sind auf die abentheuerlichste Hypothese zur Erklärung ihrer Urtheilskraft verfallen, die sich nur denken läßt. Des Cartes spricht, sie seyen pure Maschinen. Spätere Philosophen haben das Problem lieber unberührt gelassen. Es erklärt sich ohne Mühe aus dem Anerkennen, daß das sinnliche Urtheil gar nicht in Anwendung der Vernunft auf das Combinationsvermögen besteht. Nicht blos die Thiere setzen in Verlegenheit, sondern der Mensch selbst, der eine Menge sinnlicher Urtheile fällt, die gar nichts mit den vernünftigen gemein haben, nur daß er sehr leicht zu vernünftigen Urtheilen übergeht.

Urtheilskraft ist eine völlig allgemeine Fähigkeit des Vorstellungsvermögens und Galls Meinung, daß es ein besondres Organ der Urtheilskraft im Enkephalon gebe, eben so falsch, als die, daß es ein besondres Gedächtnißorgan gebe.

Nicht also, daß wir urtheilen, sondern wie wir urtheilen, ist Wirkung der Vernunft. Auch ohne sie bemerken wir das Verhältniß der Vorstellungen, denn es erzeugt sich aus zweien eine dritte Vorstellung, aber sie giebt die Regel dieser Erzeugung.

Das ganze Hirn ist ein Organ, welches, einmal in Bewegung gesetzt, willig und leicht fortfährt, thätig zu seyn. Ganz unrichtig ist es, wenn man jede Vorstellung als ein isolirtes Ganze betrachtet, das ein ähnliches Ganze hervorruft, die denn mit einander durch eine Art von Zeugungsact eine dritte hervorbringen. Nein! das Hirn unterhält sich in fortwährender Thätigkeit, welche sich als Vorstellungsreihe ausspricht, in welcher nichts abgesondert, sondern jeder Theil durch den früheren erregt ist.

Je größer die Lebhaftigkeit des Hirns, desto schneller diese Fortbewegung des Vorstellungsvermögens, desto reicher der Strom von Combinationen. Im wohlorganisirten Hirn ist er immer viel stärker und schneller, als im minder glücklich gebildeten. Im Zustand der Schläfrigkeit hört das Combinationsvermögen auf. Die Vernunft ist dessen Gesetz, das sich aber nicht immer gelten macht, wie denn Vorstellungen erfolgen, auch außer dem Hemisphärensystem. Wenn es geschieht, wenn die Vernunft das Combinationsgeschäft ordnet und regiert, so geschieht dieß nach den Gesetzen, welche den Inhalt der Logik ausmachen.

Die Sittlichkeit.

Wie mit den Urtheilen, so ist es auch mit dem Willen: der Strom der sich immerfort zeugenden, erregenden Vorstellungen, das Wirken des Hirns nach seinem höheren Lebenszweck kann sich nach dem Object hin richten, wie es beim Erkennen oder Wahrnehmen vom Object in das vorstellende Subject gerichtet ist, und das Vorstellen wird ein Wollen. Allein dieß Wollen steht bei weitem nicht immer unter dem Gesetz der Vernunft, viel öfter hat es einen blos sinnlichen Zweck. Indessen kann sich die höchste bestimmende Kraft auch als höchstes Gesetz des Wollens gelten machen, und dann ist das Wollen ein sittliches.

Der Mensch will alles, was andre Thiere wollen, sich nähren, sich schützen, sich zu seines gleichen gesellen, thätig seyn, seine Triebe befriedigen, ohne daß seine sittliche Natur an und für sich auf alle diese Aeußerungen seines Willens einigen Einfluß habe. Er begeht vielfältig Handlungen, die völlig das äußere Gepräge sittlicher haben, aus bloßer Gewohnheit, ohne die mindeste Einmischung seines sittlichen Wollens. Ja es giebt unstreitig viele Menschen, die in dumpfer Rohheit ihr ganzes Leben zubringen, ohne ein einzigesmal eine wahrhaft sittliche Handlung ausgeübt zu haben, weder eine böse, noch eine gute.

Der Mensch handelt blos sittlich, wenn er sich des Princips seiner Handlung bewußt ist.

Wir haben als den höchsten, allgemeinen Charakter aller Vernunftwirkung die Reduction des Mannichfaltigen auf das Einfache erkannt. Beim Erkennen geht die Wirkung vom Object aus: dieß ist das Mannichfaltige, welches vom Vorstellungsvermögen vernunftmäßig gefaßt wird, sobald dieß dessen Ursprung im Einfachen erkennt, also seine Kategorien darauf anwendet. Beim Wollen geht die Wirkung von Innen auf das Object; da ist die Handlung das Mannichfaltige, und das Einfache, welches dem vernünftigen Wesen als ihr Bestimmungsgrund deutlich wird, ist ihr Princip.

Das Princip des Wollens ist also die Anwendung des inneren, höchsten Gesetzes auf die zu begehende Handlung, und weil dieß Gesetz ein inneres ist, allein bestimmt durch sich selbst, so drückt es sich als ein Sollen aus, als eine Bestimmung des Mannichfaltigen und Zufälligen der Handlung aus dem Einfachen und Nothwendigen. Den Charakter innerer Nothwendigkeit tragen alle Aeußerungen der Vernunft, weil das Mannichfaltige den Grund seines Erscheinens im Einfachen hat.

Alle Vernunftthätigkeit ist gerichtet nach dem Höchsten, das Höchste aber als wirkend gedacht ist auch das Beßte, weil es nothwendig in allen Beziehungen das Vollkommenste ist.

Die wesentlichen und nothwendigen Merkmale eines Objects bilden dessen Idee: die wesentlichen und nothwendigen Gründe unseres Wollens bilden die Idee der Handlung. Aus dem was allen Ideen zum Grunde liegt, aus ihrem wesentlichen, welches aus dem Höchsten und Vollkommensten hervorgeht, bildet sich das Ideal alles Handelns, Tugend.

Eine Handlung hat also sittlichen Werth, wenn sie aus einem Princip unternommen wird. Sie ist sittlich gut, wenn dieß Princip nach dem Höchsten und Beßten, nach dem inneren Gesetz des Handelns, welches sich in uns als Sollen ankündigt, gerichtet ist.

Allein der Mensch kann dieß Princip erkennen und absichtlich für seine Handlungen ein anderes wählen, welches dem höchsten Gesetz entweder geradezu entgegen steht, oder doch auf eigennützige, selbstsüchtige Zwecke gerichtet ist. Dann handelt er böse. Es ist unmöglich, böse zu handeln, ohne das gute Princip zu erkennen, ohne zu wissen, was man zwar sollte, aber aus Gründen, die gerade zu den Forderungen der Vernunft entgegenstehn, nicht will. Die Folgen einer Handlung können wohl böse seyn, ob sie gleich nach einem als gut erkannten Princip unternommen ist; der Irrthum kann den Menschen mißleiten. Nicht die äußere Gestalt der Handlung, sondern allein das Princip, aus welchem sie unternommen wird, bestimmt ihren sittlichen Werth. Der Gesetzgeber muß sich allerdings an die äußere Gestalt halten, aber der höchste Gesetzgeber richtet anders als Menschen, und in unserer Brust vernehmen wir seine Stimme, alle, die aufgeklärten und gebildeten, wie die schwächsten am Geiste.

In den allermeisten Fällen, im gewöhnlichen Leben, handelt der Mensch aus sinnlichen Antrieben, ohne Bewußtseyn eines Princips seiner Handlungen, die darum auch eben so wenig eine moralische Geltung haben, als die Handlungen der Thiere. Nicht im Hemisphärensystem, sondern im System der Hirnganglien allein gehn die Thätigkeiten vor, welche die Handlungen bestimmen, und die Muskeln bewegen sich gleich leicht auf Bestimmungen, die von ihm, als die vom Hemisphärensystem ausgehn. Die lebhaftesten Thätigkeiten des Hirnganglіensystems sind die Leidenschaften, und die Handlungen, welche durch sie veranlaßt werden, sind offenbar sinnliche, die keine moralische Geltung haben. Daher läßt man selbst im gemeinen Leben bei Beurtheilung einer raschen Handlung wider das innere Gesetz die Entschuldigung gelten, daß sie in der Hitze der Leidenschaft geschehen sey, obgleich der Richter so nicht entschuldigen darf, indem der Vernunft die Herrschaft über das Gangliensystem gebührt und sie allezeit vermag, ihr Recht gelten zu machen.

Nicht das ist gut, was uns glücklich macht, sondern was dem Ideal alles Handelns gemäß ist, was aus dem Vollkommenen, Höchsten als Princip der Handlung fließt. — Es ist zu natürlich, vorauszusetzen, daß das Wohl des Handelnden der Zweck seiner Handlungen sey, als daß nicht der Widerspruch zwischen der Stimme der Pflicht und dem Wohlseyn, ja der Erhaltung und Fortdauer des Menschen häufige Verletzungen der ersteren veranlassen sollte. Ein natürliches Wohlwollen heißt uns für das Wohl anderer alles thun, was wir vermögen, und die Pflicht befiehlt, unser eigenes, ja unser Leben selbst für die Erfüllung ihres Gebots ohne Bedenken zu opfern. Denn aus dem Quell des Nothwendigen und Wesentlichen das Gesetz für das zufällige Handeln schöpfend, kann sie nicht die zufällige Erscheinung zum Augenmerk haben, sondern ihre Idee. Der einzelne Mensch ist aber zufällige Erscheinung selbst und darf nicht der Zweck seines sittlichen Handelns werden, sondern die Idee der Menschheit ist dieser Zweck. Das allgemeinste Sittengesetz ist: **Handle, wie es der Idee der Menschheit gemäß ist.**

Wie aber die Idee der Menschheit wichtiger ist, denn das Individuum, so ist das Sittengesetz höher denn der Wunsch des Einzelnen nach Wohlfahrt, Glückseligkeit und Erhaltung. Der eigne immer rege Trieb des Menschen, nach dem Höchsten zu streben, welches auch dem weniger gebildeten als Ehre vorschwebt, erleichtert die Aufopferungen, welche das Sittengesetz fordert.

Schon die Pythagoräer haben eine zwiefache Seele im Menschen als den Grund des Widerspruchs zwischen seinem sinnlichen und sittlichen Wollen angenommen. Man hat seitdem diese Vorstellung weit weggeworfen, und eine genauere Naturbeobachtung lehrt gleichwohl, daß wahrhaftig im Menschen zwei vorstellende und wollende Organensysteme existiren, deren eines blos auf das Wohlseyn des Individuums abzweckt, während das zweite höhere, diesem gebietende, wenigstens mit ihm um die Oberherrschaft kämpfende, nicht das zufällig erscheinende Individuum, sondern die Idee der Menschheit, gleichviel ob dumpf oder deutlich vom Verstand ausgeprägt, zum Ziel seines Handelns hat.

Alles Handeln des Systems der Hirnganglien ist entweder unmittelbare Bewegung der Muskeln, oder doch Begierde dazu. Dagegen das Wollen des Hemisphärensystems sehr gewöhnlich nicht in die Muskeln reflectirt wird, sondern im System selbst geschlossen bleibt, als bestimmendes Princip, einer oft langen und der Zeit nach sehr ausgedehnten Reihe von Handlungen. Wir nennen die innere Handlung des Hemisphärensystems Entschluß. Wir nennen den Menschen, der ihn ungestört von allen momentanen Hindernissen planmäßig ausführt, stark und er gebietet unsere Achtung. Mit einigem Unrecht nennen wir die sich thatsächlich beurkundende Ueberlegenheit des Hemisphärensystems vor dem so sinnlichen Hirnsystem Festigkeit des Charakters, da das Wort Charakter richtiger die sinnlichen Gemüthsanlagen des Individuums, als Gutmüthigkeit, Weichheit, Härte, Indolenz, Lebhaftigkeit, u. s. w. bezeichnet. Man begreift leicht, woher die Verwechslung komme, denn natürlich wird es den Individuen weit leichter, den Vernunftentschluß praktisch auszuführen, welchen dabei die Gemüthsanlage ihres sinnlichen Lebens zu statten kommt.

Dem sinnlichen Wollen fehlt es durchaus an einem allgemeinen Princip; wie es durch momentane Eindrücke der Sinne bestimmt wird, so wirkt es wieder bestimmend theils nach dem Gefühl des Bedürfnisses, theils nach individuellen Neigungen und Anlagen, theils nach der Stimmung, welche der gesammte sinnliche Zustand im Augenblicke des Handels hervorbringt. Der Unterschied der Temperamente der Menschen ist die gewöhnliche Benennung des Unterschieds individueller Neigungen und Anlagen, in wie fern sie das sinnliche Handeln bestimmen.

Die Temperamentenlehre ist also die Lehre von der Bestimmung des sinnlichen Wollens und steht der Moral als der Lehre von der sittlichen Bestimmung gegenüber. So gewiß und fest diese ist, so schwankend ist jene: ihr Inhalt kann kein anderer seyn, als die Beobachtung des Einflusses sinnlicher Veränderungen und Verschiedenheiten auf die Handlungsweise der Menschen.

Die Galenische Temperamentenlehre beruht auf dem Satz, daß vier Feuchtigkeiten im Menschen, Blut, Schleim, gelbe Galle und schwarze Galle, den vier (Empedokleischen) Elementen entsprechen und wechselsweise im Menschen vorherrschen. Wie eine vorherrscht, bestimmt sie auch die Handlungsweise des Menschen besonders.

Diese Lehre ist also falsch in allen ihren Assertionen und keiner Widerlegung werth.

Gleichwohl hat sie das so alt gewordene, so lange herrschend gebliebene Galenische System um ein paar Jahrhunderte überlebt, so daß noch jetzt von ihr nicht selten die Rede ist.

Sollte man nicht glauben, daß sie zufällig dennoch die Wahrheit getroffen habe, so falsch auch ihre Gründe sind? Daß die Menschen sich wirklich in leichtsinnige und träge, heftig und tief empfindende abtheilen ließen? Aber auch dieß ist völlig unwahr und schon längst anerkannt, indem man erklärt hat, bei den Meisten sey das Temperament aus mehreren der angenommenen zusammengesetzt.

Das Temperament der Menschen beruht:

1) Auf dem Grad der Lebhaftigkeit der Hirnthätigkeiten überhaupt. Der eine ist träge im Wahrnehmen oder Empfinden, noch träger im Combiniren, der andere lebhaft in beidem. Wiederum andre combiniren mit der größten Lebhaftigkeit und vergessen darüber die äußeren Eindrücke, oder sie nehmen sie vielmehr nicht wahr. Man sagt von solchen Menschen, sie sitzen in Gedanken oder im Traume, weil sie in der That nicht merken, was vor ihren Sinnen vorgeht, indem sie blos auf ihre Combinationen achten. Andre empfinden sehr lebhaft und combiniren schlecht: sie geben genau auf alle Kleinigkeiten Achtung, aber außer der Gegenwart steht ihnen keine Fülle von Vorstellung zu Gebote. So giebt es Menschen, die vortrefflich spielen und zu allem ziemlich unbrauchbar sind, was nur ein wenig Nachdenken erfordert, andre, die sehr scharfsinnige Denker sind und dennoch elend spielen. Kinder empfinden und com-

biniren mehrentheils besser als man von ihnen erwartet, heranwachsende Knaben oder Jünglinge aber bleiben sehr leicht bei Einer aufgefaßten Empfindung hangen und werden durch sie zu einem sehr lebhaften Combinationsgeschäft gereizt, daß sie nicht merken, was weiter um sie vorgeht und in jenen Zustand des wachen Träumens verfallen. Greise combiniren doch noch schlechter, als sie empfinden.

2) Auf der Stärke der Instincte. Sie pflegt man im gemeinen Leben ausschließlich Temperamente zu nennen. Im engsten Sinne nennt man Temperament den Geschlechtsinstinct.

Instincte nennt man in der Organisation begründete Triebe, auf äußere Gegenstände auf eine bestimmte Weise einzuwirken. Sie sind in der Organisation begründet, aber durch welche Organe? Dieß ist bei weitem nicht immer klar. Man hat nicht ohne sehr in die Augen leuchtende Gründe gesagt, eine bestimmte Größe oder Kleinheit dieses oder jenes Hirntheils begründe die Stärke oder den Mangel dieses oder jenes bestimmten Instincts. Das kann wahr seyn, wenn man die Hirnganglien meint, aber nimmermehr können einzelne Hervorragungen der Hemisphären Instincte bestimmen: sie sind ganz zuverlässig nicht die Träger der Sinnlichkeit.

Alle Menschen haben Hände, alle Nahrungs- alle Geschlechtsorgane, aber nicht alle haben gleichen Kunst- Nahrungs- oder Geschlechtstrieb. Alle hören und sehn (die Gesunden nähmlich), aber nicht alle haben Gefallen an Musik, an Malerei. Ob nun gleich, so sagt man, ohne Hände der Mensch keine Kunstfertigkeit haben, ohne Augen nicht Maler, ohne Ohren nicht Tonkünstler seyn, ohne Zeugungsorgane sich nicht begatten, ohne

Nahrungsorgane nicht essen und trinken könnte, so sind doch diese Organe selbst nicht allein Ursache, daß der Mensch zuweilen zu einer oder der andern dieser Verrichtungen einen so übermäßig heftigen, zuweilen so geringen Trieb hat, sondern in seinem Hirn entsprechen Organtheile diesen äußeren Organen, und nachdem diese groß oder klein sind, ist der Instinct heftig oder schwach.

Es ist wohl eben so unmöglich, hievon die Wahrheit zu erweisen, als das Gegentheil. Indessen sehn wir weit öfter in dem thätigen Organe die Ursache seiner vorzüglichen Thätigkeit. Der heftige Eßtrieb ist immer mit einem sehr weiten Magen zugleich vorhanden, ja man hat in ausgezeichneten Fressern den Magen behaart gefunden. So kann auch wohl in einem glücklichen Verhältniß der einzelnen Theile des Hörorgans der Sinn für Musik gegründet seyn, obgleich andere auch sehr gut hören, denen das Vermögen abgeht, reine Töne von Mißtönen und Harmonien von Dissonanzen zu unterscheiden: mindestens hat es eben so viel für sich in der richtigen Proportion, z. B. der Schnecke zu den halbkreisförmigen Canälen, oder des Spiralblatts der Schnecke, oder der Größe des Vorhofs oder irgend eines andern Theils im Ohr, oder aller unter sich den Grund des musikalischen Gehörs vorauszusetzen, als in einem Theil der Hirnmasse ihn zu vermuthen. Und so von den übrigen Organen.

Mir scheint, am aller ehesten könne man den Grund der vorzüglichen Thätigkeit eines Organs in der Größe und Ausbildung seines Ganglions suchen, z. B. die Stärke der Geschlechtslust im Nieren- und Schaamgeflecht, die des Nahrungstriebs im großen Bauchganglion und im Plexus coeliacus, die des vorzüglichen Kunsttriebs

triebs im Armgeflecht und dem Theile des Rückenmarks, aus dem die Armnerven ausgehn u. s. f. Doch nicht einmal dieß ist mit voller Schärfe erweislich.

Gewohnheit, Erziehung bilden manchmal ein Talent vorzüglich aus, das anfangs gar nicht vorhanden schien, das blos durch anhaltenden Fleiß, besonders in den Jahren des Wachsthums, durch beharrlichen Eifer erweckt und gestärkt wurde. Dieß entspricht schlecht der Voraussetzung, daß Hirnorgane den Grund der Talente enthalten, denn das Hirn ist schon fast gänzlich so gebildet, wie es bleibt, wenn wir anfangen, uns selbst für unsre eigne Ausbildung zu interessiren.

Wenn aber dieß bei Talenten gelingt, die doch noch weit wahrscheinlicher im Hirn ihre organische Bedingung haben, als die unmittelbar auf Glieder sich beziehenden und durch Glieder wirkenden Triebe und Instincte, so ist sehr zu vermuthen, daß diese ihre organische Bedingung wohl außer dem Hirn haben mögen.

Die Thätigkeiten aller Thiere sind beschlossen in dem Kreise dessen, was ihnen vermöge der Einrichtung seines ganzen Körpers möglich ist. Fliegt der Vogel, weil er Flügel hat, oder hat er Flügel, damit er fliege? Ist der Elephant ein geschicktes Thier, weil er einen so beugsamen Rüssel hat, dessen Ende so kräftig und gelenkig wirkt, oder hat er den Rüssel, damit er so geschickt werde? Wer diese Fragen beantwortet, wird uns auch sagen können, ob die Ursache, daß der Mensch weit größerer Künstler ist, in seiner Hand liege, oder ob seine Hand darum so künstlich gebaut ist, damit sie so viel leiste. Zweckmäßigkeit herrscht durch die ganze Natur, denn das Höchste Einfache bildet alles Mannichfaltige aus sich nach innerem Gesetz.

3) Auf der momentanen Stimmung des Individuums zur Zeit der Handlung. Es ist nichts bekannter, nichts öfter von Dichtern und populären Philosophen durchgegangen, als der Einfluß, welchen äußere Zufälligkeiten der Witterung, Nahrungsmittel und ähnlicher körperlicher Einwirkungen auf die Stimmung des Gemüths äußeren. Mangel an Schlaf, kleine Unpäßlichkeiten u. s. w. können die allergrößten Veränderungen im sinnlichen Charakter des Menschen, in seiner gewohnten Art zu handeln, bewirken. Auch dieß stimmt nicht mit der Herleitung aller Neigungen aus eigenthümlichen Hirnorganen; diese bleiben dieselben. Wohl stimmt es aber mit ihrer Herleitung aus Ganglien der Gliedmaßen, denn durch alle diese Zufälligkeiten wird immer nichts andres bewirkt, als daß ein Ganglion in mehr oder weniger hervorstechende Thätigkeit gesetzt wird, welche die der andern verändert und schwächt. — Es giebt eine glücklicherweise selten beobachtete Gemüthskrankheit, in welcher der Kranke einen unmäßigen Blutdurst hat und durch eine unwiderstehliche Wuth getrieben wird, entweder einen andern Menschen, oder ein Thier, oder wenn er nichts findet, sich selbst zu verwunden, wohl zu tödten. Dieser Paroxysmus befällt zuweilen Menschen vom sanftesten, friedfertigsten Charakter. Wie wäre dieß mit einem besondern, im Gehirn vorhandenen Mordsinn verträglich? Was setzte diesen wohl auf einmal, auf eine kurze Zeit, in eine solche Besinnung raubende Wirksamkeit und was hätte gemacht, daß er das ganze übrige Leben hindurch nicht zu bemerken gewesen wäre?

Der Verstand.

Ist Verstand und Urtheilskraft einerlei, oder sind sie verschieden, und worin? Die französische Sprache hat kein Wort, sie zu unterscheiden, oder sie benennt sie mit dem Namen des Witzes. Unendlich oft ist er mit der Vernunft selbst verwechselt worden, ja Philosophen vom ersten Rang haben geschwankt in seiner Bestimmung und ganz verschiedene Erscheinungen im Vorstellungsleben mit seinem Namen benannt. Woher die Schwierigkeit? Zeugt sie nicht davon, daß es nicht leicht ist, die Sache, die man benennen will, zu bestimmen?

Was heißt verstehn? Ein Object in seinem Zusammenhange erkennen mit seinen inneren Verhältnissen. Dieß ist die sehr dunkle Erklärung.

Wir nehmen ein Object wahr, das von unseren Sinnen empfunden wird.

Wir verstehn es, wenn wir die Ursache seiner Erscheinung erkennen. Also verstehn wir es, wenn der Eindruck desselben aus den Hirnganglien in das Hemisphärensystem übergeht, und dieß sein eigenthümliches Gesetz auf dasselbe anwendet, d. i. seine Erscheinung als Mannichfaltiges sich aus seinen Gründen im Einfachen erklärt.

Folglich können wir nichts verstehn, was wir nicht beurtheilen. Das Mannichfaltige, worauf wir unsre Urtheilskraft anwenden, verstehn wir.

Allein unsre Urtheile sind der Form nach immer richtig und wir verstehn doch so häufig falsch. Worin liegt denn der Unterschied zwischen Verstand und Urtheilskraft?

In der Aufnahme des Mannichfaltigen ins Hemisphärensystem. Schon unsre Sinne nehmen oft die Erscheinung unvollkommen wahr, und oft wenden wir unsere Aufmerksamkeit nur auf einen einzelnen Punkt der Erscheinung, bleiben gleichsam an diesem hängen und supponiren doch ihren einfachen Grund. Eine schwache Aehnlichkeit zwischen einzelnen Momenten der Erscheinung und dem, was aus unsrer supponirten Erklärung folgt, genügt uns, und wir glauben zu verstehn, was wir nicht verstehn. Eben so geht es uns mit Erinnerungen, mit Vorstellungen, die nicht unmittelbar aus der sinnlichen Anschauung kommen, ja mit unseren Vernunftideen selbst. Wir sind äußerst fertig, Gründe zu supponiren, Consequenzen zu machen und uns selbst zu überreden, daß sie mit dem äußeren übereinstimmen, welches der Gegenstand unserer Vernunftoperationen ist, während wir dieß äußere oft gänzlich verkennen.

Was aus dem System der Hirnganglien in das Hemisphärensystem übergeht, das verstehn wir. Der Verstand ist der Repräsentant des Mannichfaltigen im Hemisphärensystem.

Wie aber das Mannichfaltige nicht unmittelbar ins Hemisphärensystem gelangen kann, und die Art, wie Thätigkeiten des Gangliensystems in jenes übergehn, nicht genau bekannt ist, so kann äußerst leicht das Mannichfaltige im Verstand anders repräsentirt werden, als es in der That ist, so daß alle unsre Urtheile nicht auf dasselbe selbst, sondern nur auf das Bild davon in unserm Verstande passen. Im uns fast unbekannten Geschäft des Uebergangs der Vorstellung aus dem sinnlichen ins höhere Vorstellungssystem liegt der Grund unserer Irrthümer. — In diesem liegt vielleicht einer der unwiderleglichsten Beweise des Realismus, indem beim Idealismus alle unsre Urtheile wahr wären, wenn sie nach ihrem formalen Theile richtig wären, indem wir den materialen aus uns selbst nähmen. Da dieß nun gänzlich sich anders verhält, so muß der materiale Theil uns gegeben, aber von uns nicht nach der Wahrheit aufgenommen, d. i. nicht verstanden worden seyn.

Es ist übrigens zuverlässig, daß trotz den Irrthümern des Verstandes das Verstehn denn doch ein Werk des höheren Hirnsystems und nicht ein bloßes Einwirken desselben in die Vorstellungen der Hirnganglien sey, denn es erfolgt nach seinem Ideale, ist nach dem Höchsten gerichtet und hat folglich das Merkmal an sich, daß es ein Erheben über die sinnliche Vorstellung ist.

Die Wahrheit ist das Ideal unseres Verstandes, wie die Tugend das Ideal unserer Sittlichkeit ist.

So nennen wir denn den Verstand das höhere Wahrnehmungsvermögen, gerichtet nach dem Ziel des Uebereinstimmens der Wahrnehmung mit dem Realen.

Es ist sehr wahrscheinlich, daß bei der Aufnahme von Vorstellungen ins Hemisphärensystem die Wirkung von den Ganglien aus in die Peripherie gehe und daß folglich die Gyren des großen Gehirns die organische Bedingung des Verstands enthalten. Möglich, daß einzelne Gyren verwandte Eindrücke enthalten, daß also jede der einzelnen Windungen der Sitz oder das Organ einer dem objectiven Theile nach unter sich verwandten Art von Verstandsbegriffen sey. Doch mehr als blos möglich kann man dieß nicht nennen, am allerwenigsten möchte wohl die Behauptung zu rechtfertigen seyn, daß man die Stelle, den Gyrus nachweisen könne, wo eine bestimmte Art von Begriffen beisammen läge.

Unsere Sprache nennt die Vorstellung im niederen Hirnsystem, welche durch die Sinne erregt wird, Wahrnehmung, die Vorstellung im Hemisphärensystem aber, welche durch das Einwirken des niederen Hirns in demselben entsteht, Begriff. Mit dem Worte: Gedanken bezeichnen wir Combinationsreihen, gleichviel ob im höheren oder niederen Hirnsystem.

Die Einbildungskraft.

Das Hemisphärensystem ist ein in sich geschlossenes Ganze. Es nimmt aus dem System der Hirnganglien Thätigkeiten in sich auf durch den Verstand; es theilt allem aufgenommenen seine Formen mit, Raum und Zeit, nach welchen es den formalen Theil seiner Vorstellungen beurtheilt. Die in ihm waltende eigenthümliche Gesetzgebung ordnet alle seine Thätigkeiten; wir vermuthen, daß sie organisch bedingt sey durch den Hirnbalken als das Centrum des Hirns, wie der Verstand durch die Gyren, als die Peripherie der Hemisphären. Gedächtniß und Combinationsvermögen haben diese mit den Hirnganglien gemein, allein das letztere wird, unter dem Einfluß der Vernunft, zur Urtheilskraft. Die Vernunft als Gesetzgeberin des Willens erhebt den Menschen zur Sittlichkeit, zum Rang eines moralischen Wesens, und als solches ist er in Zwiespalt mit sich selbst, seinem niederen, sinnlichen Willen, seinem Temperamente. Dennoch übt die Vernunft das Herrscherrecht auch über sein niederes Vorstellungsleben.

Die merkwürdige Aeußerung des gebietenden Einflusses des Hemisphärensystems auf die sinnlichen Vorstellungen nennen wir Einbildungskraft.

So wie die Thätigkeiten des sinnlichen Hirnsystems, auf eine uns nicht bekannte Weise, wahrscheinlich durch atmosphärisches Einwirken, im Stande sind, Thätigkeiten im Hemisphärensystem zu erregen, so erregen auch Thätigkeiten des Hemisphärensystems, auf eine uns eben so wenig bekannte Art, gleichzeitige Vorstellungen der sinnlichen Seite des Hirns, jedoch geschieht dieß weder immer, noch bei allen Individuen, am wenigsten mit gleicher Lebhaftigkeit und Deutlichkeit. Vermittelst dieser Fähigkeit des Hemisphärensystems, gleichzeitige sinnliche Vorstellungen zu erregen, werden die Verstandsbegriffe, gereiht in Combinationen, welche nach dem inneren Gesetz des Hemisphärensystems, also vernunftmäßig geordnet sind, zugleich sinnlich, darstellbar; sie werden mit Gestalt und Farbe überkleidet, und der Mensch schafft seinen Vorstellungen eine Lebendigkeit und Wärme, die sie interessant auch für die machen, welche nur ihre sinnliche Seite zu fassen im Stande sind.

Nur seltene, nur sehr glücklich organisirte Menschen haben diese Fähigkeit in einem bedeutenden Grade, und weil auch nur solche gewöhnlich einen bedeutenden Grad von Receptivität für äußere Eindrücke, nebst sehr lebhaftem Combinationsvermögen besitzen, so nennt man das Zusammentreffen dieser Eigenschaften Genie.

Man hat oft Gedächtniß und Phantasie für einerlei erklärt, nicht mit Unrecht. Sinnliche Eindrücke werden im System der Hirnganglien als solche aufbewahrt und wieder erregt; ein etwas lebhaftes Combinationsvermögen treibt also die früher empfangnen Sinnenvorstellungen wieder hervor und paart sie, vielleicht grotesk und seltsam genug, zu Gruppen zusammen. Hier ist nichts thätig, als die allgemeinen Eigenschaften der vorstellenden Organe, Gedächtniß und Combinationsvermögen, und es hindert nichts, anzunehmen, daß auch die Thiere diese Phantasie haben.

Allein die Einbildungskraft ist etwas ganz anders und gehört offenbar zu dem höheren Seelenvermögen, denn sie geht von der Vernunft aus. Es sind die Combinationen des höheren, des Hemisphärensystems, abstracte Begriffe, Ideen der Vernunft, welchen sie durch Anregung sinnlicher Vorstellungen Gestalt giebt, und welche sie, nach einem idealischen Ziele, der Schönheit, strebend, sinnlich darstellt, wodurch sie zu Gegenständen der Empfindung und des Nachdenkens zugleich werden, und die Fassungskraft derer selbst in Anspruch nehmen, die des Nachdenkens ungewohnt und darum so gut als unfähig sind.

In der Wahl und Anordnung der sinnlichen Darstellungsmittel der Ideen zeigt sich der Geschmack, das Urtheil der Vernunft von der Fähigkeit des Sinnlichen, auf andre Menschen ihren Zwecken gemäß einzuwirken. Man begreift sehr wohl, daß auf ihn die Allgemeinheit und Nothwendigkeit, welche alle Wirkungen der Vernunft bezeichnet, nicht anwendbar ist, denn weder die sinnlichen Mittel der Darstellung erlauben das, noch der Zweck, auf andre Menschen zu wirken, die auf so sehr verschiednen Bildungsstufen stehn, an so sehr mannichfaltigen Meinungen und Vorurtheilen hängen können. Darum trägt der Geschmack das Gepräge des Zeitalters und Volks, in welchem er sich zeigt und geht demselben höchstens um einen kurzen Schritt voraus.

Das Geschmacksurtheil ist eine Wirkung der Vernunft in die Sinnlichkeit, allgemein und nothwendig, so weit es vernünftig, veränderlich und zufällig, so weit es sinnlich ist.

Man hat die Einbildungskraft schon oft als männlich und weiblich unterschieden, jene productiv und selbst erschaffend genannt und diese blos in die Fähigkeit gesetzt, die Productionen andrer zu empfinden und zu beurtheilen. Die Einbildungskraft ist warlich immer zeugend. Wohl giebt es Menschen genug, die zwar Sinnlichkeit besitzen, auch Bildung genug haben, um zu verstehn, was andre sagen, allein Einbildungskraft läßt sich diesen schwerlich beilegen, mindestens ist sie zum Selbstzeugen zu schwach. Es giebt Menschen von großem Verstand, großen Talenten, aber ohne alle Einbildungskraft, andre, die viel Einbildungskraft und geringen Scharfsinn haben, oder denen es gänzlich an Beobachtungsgabe fehlt. Die Anlagen des Menschen sind sehr mannichfaltig, denn er selbst ist eine Erscheinung des mannichfaltigen Lebens. Der eine paart in sich mehrere, der andre nicht, und alle in verschiednem Verhältniß; es giebt kein Maas, das die Köpfe ausmißt.

Noch einige Wirkungen des Gangliensystems.

Die Bestimmung des Willens durch das System der Hirnganglien oder von demselben aus erfolgt nicht nach allgemeinen und nothwendigen Gesetzen, die sich als ein Sollen ankündigen, wohl aber nach Zwecken.

Diese Zwecke sind die Erreichung irgend einer Absicht, nach welcher zu streben dem Menschen natürlich ist, ohne daß er weiß, warum, ohne daß er sie mit dem Verstande begreift oder vernunftmäßig die Mittel ihrer Erreichung ordnet. Eine physische Naturnothwendigkeit hat sie ihm gegeben. Wir bezeichnen sie mit dem Namen Instincte oder Triebe; eine besonders heftige Thätigkeit derselben wird zur Leidenschaft. Doch benennen wir auch außerdem jede sehr heftige Thätigkeit des Systems der Hirnganglien mit dem letzteren Namen.

Die allgemeinsten und nothwendigsten unter ihnen beziehn sich unmittelbar auf die Erhaltung des thierischen Lebens. Sie sind früher als alles Raisonnement, und der Mensch ernährt, schützt und vertheidigt sich, ehe er weiß, daß seine Vernunft ihm dieß zur Pflicht macht.

Andre sind minder nothwendig, auch nicht in allen Individuen besonders merklich, doch in den meisten.

Noch andre sind entweder zufällig erzeugt oder überhaupt problematisch.

Zwar ist bei Erwähnung der Temperamentenlehre schon von diesem Instincte die Rede gewesen, doch werden wir der wichtigsten nach obiger Eintheilung hier nochmals gedenken, nicht ohne voraus zu erinnern, daß ihre Wirkungen auf alle Weise veränderlich sind und den Stempel ihres sinnlichen Ursprungs an sich tragen.

1) Allgemeine und nothwendige Instincte.

a) Der Ernährungstrieb. Er regt sich in jedem Thiere, so lange es lebt, ohne krank zu seyn, schon im Kinde, das eben geboren an der Brustwarze ansaugt. Möglich, daß eine Hirnwirkung ihn bedingt, doch wahrscheinlicher möchte er wohl von den großen Bauchganglien abhängen.

b) Der Trieb, sich zu vertheidigen und zu schützen gegen alle unangenehme Außenreize und Gefahren, gegen den Schmerz, gegen Befeindung. Ein eben so allgemeiner Trieb in der ganzen thierischen Natur, der sich nach der verschiedenen Receptivität und nach den verschiedenen Schutzmitteln des Thiers auf die allermannichfaltigste Weise äußert. Der Mensch, wehrlos und empfindlicher als alle Thiere, hat blos künstliche Mittel zu seinem Schutz, zu seiner Sicherung vor Schmerz und Unlust; sich allein und ohne Waffen überlassen kann er nur in der Flucht vor dem, was ihm Furcht oder Schmerz erregt, sein Heil suchen. Gegen die Unfreundlichkeit der Natur, gegen die ihm so weit an Kraft und Schnelligkeit überlegnen Thiere mußte er in den Schlupfwinkeln der Wälder und Berge seine Rettung suchen und der Hunger, der ihn zwang, diese wieder zu verlassen, weckte in ihm den Kunsttrieb. Andre seines gleichen suchten dieselben Schlupfwinkel auf und es erwachte der Trieb zur Geselligkeit.

c) Der Geschlechtstrieb. Von ihm ist bereits umständlich gehandelt worden.

d) Der Trieb, seine Jungen zu nähren und zu schützen. Er äußert sich noch stärker in der Mutter, als im Vater, doch auch in diesem oft mit großer Stärke. Die Natur machte ihn im Menschen stärker, als in den meisten anderen Thieren, besonders im Mann, da das männliche Thier seine Jungen nicht kennt, nicht aufsucht, sich ganz nicht um sie kümmert, (die Vögel und wenige Thiergeschlechter ausgenommen) weil die lange und hülflose Kindheit des Menschen ohne diesen Trieb die Erhaltung der Species schnell in Gefahr gesetzt haben würde.

2) Minder allgemeine Instincte.

a) Der Geselligkeitstrieb. Der Mensch flieht die Einsamkeit instinctmäßig und mag sich aus gleichem Instinct gern zu seines Gleichen gesellen, mit Ausnahme weniger Individuen, und im Zustande der Rohheit wohl ohne alle Ausnahme. Denn die unter uns die Gesellschaft der Menschen fliehn, begeben sich in die anfangs unwillkommene Einsamkeit gewiß nur, weil sie von der Gesellschaft beleidigt sind, oder auch aus Faulheit und Ehrgeiz, wie die Mönche.

b) Der Kunsttrieb. Ihm verdankt der Mensch seine Wohnung, seine Kleidung, seine Waffen, seine Siege über die Thiere, seine Zähmung und Benutzung anderer, seine ganze Cultur. Unterstützt von der Vernunft, doch dieser voreilend hat er den Menschen eher zum Herrn der Erde gemacht, als diese ihm Mittel würde angegeben haben, seine physische Existenz zu sichern. Auch viele Thiere zeigen Kunsttrieb, allein sie wählen ewig gleiche Mittel zu gleichen Zwecken. Der Mensch allein ist in der Wahl seiner Mittel frei und erreicht auf tausendfache Weise seinen Zweck, ehe er noch weit genug zur Vernunft erwacht ist, um seinen Werken außer der Zweckmäßigkeit auch Schönheit verleihen zu wollen. Nirgends ist die Vernunft bereiter ihm weiter zu helfen, als bei seinen Kunstbildungen. Wie einmal der Mensch die Wirkungen des Feuers kennen gelernt hatte, ist er schnell vorgedrungen zu dessen Benutzung für eine Menge seiner Arbeiten. Kaum hatte er das Metall kennen gelernt, als er es auf eine wundervolle Art gestalten und brauchen lernte. Keine menschliche Arbeit ist vollkommen, außer die Werkzeuge, die der Mensch zu seinen Kunstzwecken braucht; diese allein sind unverbesserlich. Wer möchte der Säge, dem Bohrer, der Feile, der Schraube, dem Cirkel noch eine Verbesserung zufügen?

c) Der Nachahmungstrieb. Kein Thier auf Erden, selbst nicht der Affe, ist so bereit und geschickt, alles, was er von andern thun sieht, auch zu probiren, als der Mensch. Man hat Menschen gefunden, die unter Thiere gerathen waren und deren vierfüßigen Gang, das Klettern und Springen vortrefflich gelernt hatten. Das Kind lernt sprechen aus Nachahmungstrieb; man sehe auf seine Spiele und man wird finden, daß es nichts thut, als nachahmen. Es ist eine bekannte Anekdote, daß Kinder einen Delinquenten hatten hängen sehn, und zu Hause sogleich die ganze Execution nachmachten: der zum Hängen gewählte stellte sich ganz ruhig und gern unter den Galgen als zum Spiele. Die Aufführung der Schillerschen Räuber veranlaßte, daß in Leipzig eine Parthie Knaben sich zu einer Räuberbande vereint in den Wald begaben. Man hat eine große, vielbewunderte Nation die Geschichte Roms in ein paar Jahren mit Theaterschnelle durchspielen sehn; sie hatte ihre Theaterbrutusse, ihren Theaterkaiser; ihre Politik sollte eine Nachahmung der römischen seyn; es fehlte nicht an Consuln, römischen Adlern, römischem Kriegsruhm, und endlich — nicht an Barbaren. — Wenn nur einmal erst das Muster und Vorbild der Herrschaft der Vernunft wird gegeben seyn, steht zu erwarten, daß die Menschen auch anfangen werden, die Vernunft nachzuahmen. Bis jetzt zwar haben sie es immer leichter gefunden, die kleinen physischen Schwächen großer Menschen zu copiren. — Der starke Mensch ist selbständiger, als der schwache, aber mehr oder weniger haben

Zeitbegriffe, Umgang und Beispiel auch auf den Stärksten Einfluß, denn frei vom Nachahmungstrieb ist niemand.

d) Der Trieb, sich vor andern Menschen auszuzeichnen. Er ist wohl zu unterscheiden von dem Streben nach Ehre, denn Ehre ist ein Vernunftbegriff. Wenn Franz sagt: „ich habe alles verloren, nur die Ehre nicht!" so schwebte ihm etwas vor von dem, was die Vernunft fordert, daß der Mensch nichts thue, was der Idee der Menschheit unwürdig sey. Die Ritterehre, die er meinte, war nehmlich wirklich eine Ausprägung dieser Idee. Aber der Trieb sich auszuzeichnen macht den kleinen Menschen eitel und den starken zum Bösewicht; er reißt sie zu Handlungen fort, die die Idee der Menschheit schänden und die Ehre beflecken. Die Kinder, die Reisenden macht er zu Lügnern, die größeren Kinder macht er titel- und rangsüchtig, die Studenten zu Renommisten, die Vornehmen gierig nach Ordensbändern; dem Herostrates giebt er die Fackel in die Hand, den Anachoreten jagt er in die Wüste oder auf eine Säule hinauf, dem Fakir hält er die Glieder unbeweglich im Sonnenbrand, den Soldaten regt er auf zum Mißbrauch der Gewalt, zum Raub und Mord, zum Streben nach eitlen Titeln und zur Verwüstung der Erde, wo die Sonne zwischen heißen Sandwüsten ein fruchtbares Stromthal grünen macht oder wo Zufall und Handel dem starrenden Frost etwas nehmenswerthes abgerungen haben. Die Ehre ist groß und würdig, die Eitelkeit kleinlich und erbärmlich, die Ruhmsucht die furchtbare Mutter von Verbrechen. Sie treibt die Menschen zum Haß, zum Neid, zur Verfolgung; sie empört gegen das Verdienst und denkt nicht daran, daß sie sich Schande säet, statt Lob, nach welchem sie strebet.

e) Der Hang zur Bequemlichkeit und Trägheit. Kaum kann wohl ein Trieb allgemeiner im Menschen seyn, als der nach Ruhe; er gehört in die vorhergehende Klasse, ob er sich gleich nicht auf die Erhaltung der menschlichen Species bezieht. Selbst der gebildetste kann sich des Gedankens kaum erwehren, daß er thätig sey und sich anstrenge, um künftig einmal in Ruhe zu genießen, ob ihm gleich die Vernunft sagt, daß er ohne Thätigkeit auch nicht genießen kann. Der sinnliche Mensch setzt die Seeligkeit in das Nichtsthun: seine Götter sind bewegungslose Automaten in Ewigkeit. Den Vortheil des Rangs und des Reichthums setzt er darein, daß man da nicht zu arbeiten brauche. Dieser Trieb steht übrigens mit allen übrigen in Widerspruch; Bedürfnisse und Triebe reißen den Menschen, auch ehe er noch Thätigkeit als Pflicht ansehn lernt, zu rastlosen Bestrebungen und Anstrengungen fort, die er alle unternimmt, um, wenn er seinen Zweck erreicht hat und fertig ist, der Glückseligkeit nichtsthuend zu genießen. Allein ehe er mit dem einen zu Stande kommt, muß er für etwas anderes wieder sorgen und so bleibt dieß selige Nichtsthun ein immer unerreichtes Ziel. Geben es ihm Zufall und Schicksal, so machen sie ihm das unseligste Geschenk, das sich denken läßt: er fühlt sich elend, wenn er unthätig seyn muß, und schleppt die schwere Kette der Langenweile, wenn es ihm an Aufforderungen zur Thätigkeit fehlt.

f) Die Neugier. Immer strebt der Mensch nach Veränderungen der Dinge die ihn umgeben; alles will er hören, sehn, was um ihn vorgeht, und in demselben Verhältniß, in welchem er vom Druck der Arbeit sich frei fühlt, wird er neugieriger. Dieser Trieb dient wohl mehr als irgend ein andrer zur Erziehung des Menschen und führt ihn am nächsten zur Befreiung und Entwicklung seines höheren Lebens.

g) Die Rachsucht. Einer der allgemeinsten Triebe des Menschen, der in manchen Völkern bis zum Unglaublichen steigt, z. B. unter den alten Deutschen, den Nordamerikanern, den Sarden und Korsen.

h) Die Gutmüthigkeit, ein mit dem vorigen sehr contrastirender Trieb. Der Mensch empfindet beim Anblick eines Leidenden gleiche oder ähnliche Gefühle, wie der Leidende selbst, ja die bloße Vorstellung von eines andern Schmerz erschüttert ihn. Er ist gern bereit zu helfen; es kostet ihm Ueberwindung, jemand Böses zuzufügen; er hat einen Abscheu vor dem, von welchem er weiß, daß er sich Grausamkeiten erlaubt habe. Es giebt Menschen, deren natürliche Gutmüthigkeit sehr groß ist; bei andern hat dieser Trieb viel engere Gränzen. Uebrigens ist der Mensch in der Regel nur gutmüthig gegen Schwächere, gegen solche, die er unter sich sieht: die er sich überlegen glaubt, mag er viel lieber befeinden. Ganze Nationen besitzen einen Grad von Gutmüthigkeit, wegen welcher ihre Nachbarn sie verlachen: die Deutschen sind im Besitz dieser wahren Ehre, von allen Gränznachbarn dieser Eigenschaft wegen verspottet zu werden. Und in der That, sie haben alle recht, denn sie sind alle boshafter, als der Deutsche.

3) Problematische Instincte.

a) Das radicale Böse. Es ist dem Menschen unendlich leichter, das Beispiel des Bösen, des Schlechten zu befolgen, als das des Guten. Er freut sich über anderer Schaden, er neckt sie mit Vergnügen: schon im Kinde ist dieser Trieb sichtbar. Ist der Mensch einmal

im

im Zuge, zu zerstören, zu rauben oder sonst Böses zu thun, so thut er dessen viel mehr, als sein Interesse fordert; er kennt keine Gränzen seiner Wuth. Man hat empörte Pariser das Fleisch der Adlichen, die sie für ihre Feinde hielten, mit kannibalischer Wuth mit den Zähnen zerreißen und fressen sehn: dieselben Franzosen haben als Eroberer durch unnütze Grausamkeiten ohne Maas und Zahl die Erbitterung aller Völker wider sich aufgeregt.

Hierauf dient zur Antwort, daß das Böse und Schlechte immer auch das Sinnliche ist, folglich viel leichter gefaßt und befolgt wird, als das Gute, welches fast immer einige Ueberwindung, einige Selbstbeherrschung kostet. Dazu kommt oft der Reiz des Verbots: dieß wird als eine Hemmung der Willkühr unangemehn empfunden; jeder Trieb bringt im Menschen die Sehnsucht nach vollkommen ungebundnem Gebrauch aller Mittel zu seiner Befriedigung hervor und der sinnliche Mensch benutzt gern die Gelegenheit, das diese Sehnsucht hemmende Verbot zu übertreten. Schadenfroh ist der Mensch, weil das Gefühl seiner eignen Ueberlegenheit durch des andern Schaden erregt wird. Aus dem allen folgt wohl, daß der sinnliche Mensch als solcher von sittlichen Zwecken und sittlicher Würde nichts weiß, was eigentlich keines Beweises bedürfte, aber daß er einen Trieb, einen instinctmäßigen Hang zum Bösen habe, folgt nicht. Als sittliches Wesen ist sein Streben nach dem Höchsten und Beßten gerichtet, wie überall alles Streben der Vernunft, und als Sinnenwesen hat er gar keinen allgemeinen Zweck; nichts mehr will er, als Befriedigung der eben aufgeregten Empfindung, am allerwenigsten will er das Böse, das er nur als sittliches

Wesen zu erkennen fähig ist, welches folglich der Zweck seines sinnlichen Strebens gar nicht seyn kann, wenn dieß auch je einen allgemeinen Zweck hätte. Roh ist der Mensch wohl und freut sich seiner Kraftäußerungen, besonders mag er ihnen nicht gern eine willkührliche Gränze setzen, wenn er sie wider Gegenstände übt, die er sonst achtete. Es macht ihm eine kindische Freude zu entdecken, daß ihre ganze Stärke in seiner Meinung von derselben bestand. Aber böse ist der Mensch nicht von Natur: er wird es erst durch den Mißbrauch der Vernunft, die der sinnliche weder braucht, noch mißbraucht.

b) Der Diebssinn. Giebt es wirklich Menschen, die von der Natur den unseligen Beruf erhalten haben, zu stehlen? Die Beweise dafür sind, 1) daß es einzelne Menschen giebt, die unwiderstehlich dem Hange zu stehlen folgen, dann aber das Gestohlne wiedergeben, also nicht um zu behalten stehlen, sondern blos um zu stehlen. 2) Daß ganze Nationen äußerst diebisch sind und mit der größten Schlauigkeit und Gewandheit zu stehlen wissen. 3) Daß Gall ein physiognomisches Zeichen am Schädelbau nachgewiesen hat, aus welchem dieser Hang zum Stehlen zu erkennen ist.

Als Gegengrund darf nicht angeführt werden, daß dieser Diebsinstinct mit der sittlichen Würde des Menschen und seinem inneren Gesetz in Widerspruch stehe, denn fast alle sinnliche Neigungen stehn mit dem Gesetz entweder an sich im Widerspruch, oder verwickeln den Menschen unter Umständen darein. Aber wichtiger ist die Betrachtung, daß der Begriff von Eigenthum dem Menschen erst durch die bürgerliche Gesellschaft kommt, daß folglich der Mensch nicht von Natur ein Dieb seyn kann, weil er von Natur nichts besitzt, andern also ihr Eigenthum nicht nehmen kann, wenn sie keines haben. Wohl strebt der sinnliche Mensch, durch List und Gewalt alles an sich zu ziehn, gerade wie Thiere dasselbe thun. Schlauheit und List kann ein natürlicher Instinct des Menschen seyn, der anderen fehlt, und wer sie besitzt, wird dadurch zum Stehlen gereizt, weil es ihm unwiderstehliches Vergnügen macht, den andern zu überlisten: aber so wenig z. B. ein Thier wirklich stiehlt, da es des Begriffs von Recht und Eigenthum unfähig ist, sehr wohl aber mit List und Behendigkeit oft wegnimmt, was es begehrt, so wenig giebt es Menschen, denen mehr als List und Schlauigkeit, denen eigentlicher Diebssinn angeboren ist. Es giebt auch Menschen, die das Spiel nicht lassen können, weil die Gewohnheit sie daran kettet: sollen wir deswegen auch einen Faro- oder L'hombre-Instinct am Hirnschädel aufsuchen?

c) Der Aberglaube. Der Mensch hat einen natürlichen Hang, an alles zu glauben, was unglaublich ist. Das Kind hört nichts mit mehr Interesse an, als Gespenstergeschichten. Erwachsne sind darin nicht viel besser und wer ihnen mit Dreistigkeit etwas übernatürliches und hohes und unbegreifliches vorlügt, ist sicher, Gläubige zu finden. Die aufgeklärtesten Nationen in ihren Hauptstädten, im Mittelpunct der Cultur, haben zu Zeiten, wo ihre Bildung am höchsten stand, erbauliche Beispiele gegeben, wie weit selbst unter Ständen, denen es an äußerer Bildung gar nicht fehlt, die Imbecillität gehe. Zu Ludwig XIV. Zeiten bekamen die Pariser Convulsionen auf dem Grabe eines alten Pfaffen, und noch jetzt eben fühlen die B — r das Wehen eines wundervollen Geistes aus zerstoßenen Glas-Bouteillen, melken Hanfstricke und streicheln Eisenstangen.

Wozu Beispiele? Die ganze Geschichte, die flüchtigste Beobachtung lehrt uns den Menschen als abergläubisch kennen. Die Frage ist nur: ist dieß eine Folge instinctmäßiger Anlage seines sinnlichen Vorstellungsvermögens, oder nicht?

Kann wohl ein Instinct, der seiner Natur nach, nichts andres seyn kann, als ein Trieb, dessen Object sinnlich ist, den Menschen ans übersinnliche reißen?

Woher kommt ihm die Idee des Uebersinnlichen? Unstreitig allein aus der Vernunft, die auf doppeltem Wege zu ihr gelangt, einmal, indem sie es als Gegensatz des sinnlichen voraussetzt, dann, indem sie nach dem Einfachen, Höchsten, als nach ihrem Ziele gerichtet ist, dieß aber der Grundidee der Sinnlichkeit, der Mannichfaltigkeit, gerade entgegen steht.

So lange der Mensch diese Voraussetzung des Uebersinnlichen nicht mit dem Verstand erkennt und zu beurtheilen vermag, kündigt sie sich seinem sinnlichen Vorstellungsvermögen an als eine dunkle Ahnung, die er nicht weiter entwickeln kann. Dann ist nichts natürlicher, als die Ausprägung dieser Ahnung in tausenderlei abergläubige Fratzen, die bald aus Träumen, bald aus Vogelflug, bald aus Todtenknochen, bald aus Hanfstrikken, Mirakel sehn.

Leidenschaften.

Alle sehr lebhafte Thätigkeiten des sinnlichen Vorstellungsvermögens heißen Leidenschaften. Es ist weder ein Maaß anzugeben, wo der Grad der Lebhaftigkeit so hoch steigt, daß die Thätigkeit leidenschaftlich wird, noch sind die Leidenschaften so getrennt und unter sich geschieden, daß sich eine Gränzlinie bestimmt nachweisen ließe, wo die eine anfängt und die andere aufhört, am allerwenigsten hat jede ein besonderes Organ, so daß einer ein Organ des Jähzorns, der andre eins der Furcht rc. an sich herum trüge.

Die Empfindungen des Menschen sind gewöhnlich gemischt, und Haß z. B. nicht ohne Neid, Angst nicht ohne Betrübniß u. s. w. Auch bewirken bei weitem nicht alle Leidenschaften Handlungen, veranlassen sie aber deren, so sind diese um so weniger vernünftig, je stärker die Heftigkeit der Wirkung im System der Hirnganglien dem Einwirken des Hemisphärensystems widersteht.

Die merkwürdigste Erscheinung, welche die Leidenschaften darbieten, ist ihre Reflexion in die Ganglien des Bildungslebens, von welcher weiter unten die Rede seyn wird.

Unterschied zwischen der geistigen Ausbildung beider Geschlechter.

Welcher Unterschied findet in der Bildung der Hauptmassen des Nervensystems der Männer und der Frauen statt?

Der Kopf des Mannes ist größer, als der des Weibes, doch ist die Schädelhöhle des Weibes im Verhältniß zu den Gesichtsknochen größer, als die des Mannes im Verhältniß zu den seinigen.

Im weiblichen Hirn treffen wir dieselben Windungen der Hemisphären, wie im männlichen, ganz denselben Bau, doch ist das kleine Gehirn des Weibes im Verhältniß zu dem großen etwas größer, als beim Manne.

Ich habe zu wenig Gelegenheit gehabt, durch genaue Untersuchung mich überzeugend zu belehren, allein es hat mir geschienen, als wenn überhaupt alle Hirnganglien des Weibes im Verhältniß zu den Hemisphären größer wären, als beim Manne.

Wenn sich dieß bestätigt finden und eine Induction ohne Ausnahme beweisen sollte, daß vorzüglich die Sehehügel, die gestreiften Körper und das kleine Gehirn im Weibe größer im Verhältniß gegen die Hemisphären seyen, als im Manne, so läge der Grund aller Eigenthümlichkeiten des weiblichen Charakters am Tage. Sie sind:

1) Größere, schnellere Receptivität. Die Frauen nehmen viel feiner und richtiger wahr, was unmittelbar aus ihren Sinnen vorgeht, während der Mann viel geneigter ist, seinen Vorstellungen nachzudenken und auf die Gegenwart minder achtet.

2) Größere Leidenschaftlichkeit und Sinnlichkeit. So häufig auch die Beispiele von Selbstbeherrschung unter den Frauen sind, so wird ihnen diese doch nur möglich, wenn sie durch Erziehung diese Rohheit abgelegt und sich gewöhnt haben, zu thun, was sie sollen. Und selbst bei gebildeten Frauen ist die Leidenschaft, wenn sie dennoch siegt, heftiger und länger andauernd als bei Männern. Weiber, die miteinander leben, vertragen sich viel schlechter, als Männer; sie sind viel reizbarer gegen Kleinigkeiten, welche von diesen gar nicht bemerkt werden.

3) Schwächere Wirkung der Vernunft, viel festeres Anhängen an Gewohnheiten, als an Grundsätzen, gegeringere Fähigkeit zu allen wissenschaftlichen Anstren-

gungen, Festhalten an den sinnlichen Zeichen der Begriffe, ohne Penetration ihres Sinnes.

4) Schwächere Einbildungskraft. Frauen bringen es oft sehr weit in aller Kunstausübung, aber in dem, was Erfindung in der Kunst heißt, erhebt sich äußerst selten ein Frauenzimmer über das ganz gemeine. Es giebt ganz vortreffliche Klavierspielerinnen, die spielen, was sie auf Noten vor sich haben oder auswendig wissen, allein phantasiren, eigenthümlich musikalische Gefühle und Combinationen auf der Stelle ausdrücken, kann ein Frauenzimmer äußerst selten und wenn sie es thut, hört, wer sie genauer kennt, immer nur einzelne Glieder des von außen empfangnen, nicht eigne Dichtung. Darum ists auch mit aller weiblichen Schriftstellerei eine gar mißliche Sache, und eine wahre Dichterin, die nicht blos aus Nachahmung entstanden wäre, mir nicht bekannt.

5) Größere Gutmüthigkeit. Die Frauen interessiren sich viel schneller und lebhafter für alles, was sinnlichen Eindruck auf sie macht, darum sind sie mitleidiger, theilnehmender.

6) Bedürfniß des festen Anhängens an Männer. Die Frauen fühlen die Ueberlegenheit des männlichen Verstands und ihrer größeren Charakterfestigkeit sehr lebhaft und gern: sie achten den stärkeren Mann und hangen mit großer Innigkeit an ihm, ob sie gleich oft unbillig in ihrem Begehren und Fordern sind, und ihn mit ihren Launen quälen. Charakterschwäche macht ihnen den Mann verächtlich und löst alle Bande auf, die sie an ihn knüpften, so wie umgekehrt dem Manne nichts unerträglicher ist, als ein Mannweib.

7) Schnellere Reife. Nicht bloß daß der weibliche Körper sein Wachsthum volle sechs Jahre früher vollendet, als der männliche: auch Verstand und Charakter des Weibes gelangen schneller zu ihrer Reife. Denn das System der Hirnganglien ist schon im Fötus mehr entwickelt, als das Hemisphärensystem und vollendet früher sein Wachsthum: da sich aber im Weibe das Hemisphärensystem nicht so kräftig entwickelt, als im Manne, so bleibt das Weib auf einer niederern Stufe stehn, als die der Mann erreicht, gelangt folglich früher, als er, zu seiner endlichen Ausbildung, gerade wie der ganze Körper zwar schneller wächst, als der männliche, aber auch früher zu wachsen aufhört und darum dennoch kleiner bleibt.

Man vergesse nicht, daß hier die Rede von den Verhältnissen der Geschlechter im Ganzen und Allgemeinen ist. Denn wie es einzelne Frauen giebt, deren Körper dem einzelner Männer an Größe und Stärke weit überlegen ist, so sind auch die intellectuellen Kräfte, die Charakterstärke einzelner Frauen auf einem viel höheren Standpuncte, als die vieler Millionen Männer.

Nur im Ganzen gilt, daß Frauen schwächer, leidenschaftlicher, als Männer, mehr der Gegenwart angehören und für den Augenblick leben und wirken, als Männer, die mehr in die Zukunft leben, die ewige Planmacher sind und immer beginnen und anlegen und sich abmühn für eine künftige Zeit, die niemals wirklich wird.

Resultate.

Die ganze Masse des Enkephalon ist der Träger des Vorstellungsvermögens und dessen Thätigkeiten sind

Vorstellungen, sobald sie nicht die Vegetation der Hirnmasse zum Zweck haben.

Das Enkephalon zerfällt im Menschen und überhaupt in den Säugethieren in zwei gänzlich verschiedne Organensysteme, in das Hemisphärensystem und das System der Hirnganglien. Durch die ganze Reihe der Thiere findet das letztere entweder allein statt, oder es ist doch das deutlich vorherrschende, räumlich größte. Allein im Menschen ist das Hemisphärensystem das vorherrschende, doch nicht im Embryo, nicht im neugebornen Kinde; erst nach der Geburt erhebt sich allmählig das Hemisphärensystem.

Alle Eindrücke von der Außenwelt gelangen ins System der Hirnganglien: sinnliche Wahrnehmung ist ausschließlich in ihm organisch begründet.

Weil Vorstellung ohne Object unmöglich ist, so geht nothwendig die Thätigkeit der Hirnganglien der des Hemisphärensystems voraus, als welches eine bloße Vorstellungsfähigkeit ohne Object ist, so lange es nicht Objecte aus der Sinnenwelt aufnimmt. In allen Vorstellungen hat der objective Theil einen äußeren, realen Ursprung.

Erinnerungsvermögen und Combinationsvermögen sind die allgemeinen Eigenschaften der ganzen Hirnmasse. Letzteres ist die Fähigkeit des Vorstellungsvermögens, daß eine Vorstellung die andere errege mit Bemerken des Verhältnisses beider, so daß der einmal von außen gegebne Anstoß eine ganze Reihe von Vorstellungen veranlaßt. Auch vermögen beide Systeme bestimmend nach außen zu wirken. Also sind Wille, Gedächtniß und (Spontaneität) Combinationsvermögen, Eigenschaften beider Vorstellungssysteme.

Wodurch sich beide wesentlich unterscheiden, das ist die innere, eigenthümliche Gesetzgebung des Hemisphärensystems, die dem Gesetz alles übrigen Lebens, auch des niederen Vorstellungssystems, geradezu entgegen steht. Alles andre Leben äußert sich nämlich als Production des Mannichfaltigen, im Hemisphärensystem werden die Vorstellungen auf ihr Einfaches reducirt und seine Gesetzgebung ist nach dem höchst einfachen, absoluten, als nach seinem Ziele gerichtet.

Das Hemisphärensystem nimmt das äußere, objective aus dem sinnlichen Vorstellungssystem auf; wie? das ist uns bisher unmöglich geblieben, nachzuweisen. Wir nennen dieß Aufnehmen ein Verstehn und die Receptivität des höheren Vorstellungsvermögens den Verstand.

Allem Objectiven, was wir verstehn, geben wir zwei Formen, Raum und Zeit, gerade so wie das sinnliche Hirnsystem an allem objectiven sinnliche Merkmale wahrnimmt.

Der Charakter der Allgemeinheit und Nothwendigkeit bezeichnet alles, was das höhere, der Charakter der Veränderlichkeit und Zufälligkeit alles, was das niedere Vorstellungssystem angeht.

Das Combinationsvermögen wird unter dem Einfluß des inneren Gesetzes im Hemisphärensystem zur Urtheilskraft. Sie geht von Begriffen aus, denn das Mannichfaltige, aufgenommen in das Hemisphärensystem, ist der Begriff des Erscheinenden. Indem die Begriffe dem Gesetze des höheren Vorstellungssystems gemäß behandelt werden, entstehn Ideen, Vorstellungen, die das allgemeine und nothwendige der Erscheinung enthalten. Ideale sind die Richtpunkte, nach welchen alle höhere Vorstellungsthätigkeit hinstrebt, als Wahrheit, Tugend, Schönheit. Auch heißt so die Vorstellung vom Höchsten und Ersten Ideal.

Das innere Gesetz des höheren Vorstellungsvermögens heißt Vernunft.

Bestimmend für den Willen heißt die Vernunft Sittlichkeit. Ihre Vorschriften sind ein Sollen und, wie alles, was aus der Vernunft kommt, allgemein und nothwendig. Sie stehn den Bestimmungen des sinnlichen Wollens, den Trieben entgegen, die unbestimmt, widersprechend und zufällig sind.

Die Thätigkeiten des Hemisphärensystems können auf die des sinnlichen Vorstellungssystems erregend wirken. Ein Individuum, bei welchem dieß in einem gewissen Grade der Fall ist, besitzt Einbildungskraft, deren höchste Grade, besonders mit lebhafter Receptivität gepaart, Genie heißen.

In allen Menschen überwiegt die Macht des höheren Vorstellungssystems die Lebhaftigkeit des niederen. Diese Herrschaft der Vernunft äußert sich besonders im Vermögen, eine Combinationsreihe, welche sie will, augenblicklich abzubrechen und einzuhalten, ferner im Regemachen irgend einer Vorstellung und in der Fähigkeit, sie ausschließlich zum Gegenstand der Hirnthätigkeit zu machen, wenn auch äußere Hindernisse sich entgegenstellen. Die Aufmerksamkeit, die der Mensch richtet, worauf er will, die Kraft, etwas anderes zu denken, als man gerade denkt, bezeichnet die Wirkung der Vernunft auch in solchen, die sich gewöhnlich blos mit dem sinnlichen Vorstellungssystem begnügen.

Es ist ewiger Antagonismus zwischen beiden vorstellenden Systemen und der Mensch von Natur mit sich selbst in Widerspruch.

So mögen denn diese wenigen Sätze billige und gründliche Beurtheilung finden! Jeder Tag vermehrt die Kenntniß vom Vorstellungsorgan des Menschen. Die Erfahrung wird vielleicht bald entscheiden, ob die Hauptidee dieser Erklärung des menschlichen Denkvermögens, die Theilung des Organs derselben in zwei antagonistische, coordinirte Systeme, richtig ist.

Fünftes Capitel.

Verhältniß des Bildungslebens zum Vorstellungsleben und Wirkung des letzteren auf das Bildungsleben.

Die höchst wichtige Vergleichung der beiden Leben, aus welchen das Thierische überhaupt zusammengesetzt ist, zerfällt in mehrere Theile.

Zuvörderst muß untersucht werden, wie das Bildungsleben das Vorstellungsleben unterstützt und fördert.

Zweitens darf uns nicht unbeachtet bleiben, wie das Vorstellungsleben das Bildungsleben befördert.

Drittens muß der Antagonismus beider Leben unsere Aufmerksamkeit beschäftigen.

Bildungs- und Vorstellungsleben sind im Thier, noch mehr im Menschen aufs innigste verbunden. Es ist vielleicht nur Schein, daß die Verbindung um so loser ist, je näher das Thier der Pflanze steht, und daß sie im Verhältniß, wie das Thier sich vollkommen entwickelt, immer inniger wird. Allerdings scheint die lange Fortdauer des Lebens in getrennten Gliedern niederer

Thiere, das Fortleben nach abgeschnittenem Kopfe ꝛc. dieß zu beweisen, allein vielleicht beweisen diese Phänomene nur, daß in den niederen Thieren das Nervensystem weniger innig unter sich verbunden, weniger abhängig von seinem Centrum ist. Je niedriger der Einfluß des Hirns auf das Nervensystem ist, desto unabhängiger ist das Leben der Glieder vom Kopfe.

Merkwürdiger und wahrer ist die Bemerkung, daß das Bildungsleben selbst um so energischer ist, je geringer der Grad der Entwicklung des Vorstellungslebens bleibt. Es ist dieß das allgemeinste Merkmal des Antagonismus zwischen Vorstellungs- und Bildungsleben, dem wir in der Folge noch besondere Aufmerksamkeit widmen müssen. Alles ist im Lebendigen im Antagonismus gegen einander und es lassen sich alle Organensysteme als eng verbunden und als im Widerstreit der Wirkungen mit einander betrachten.

Die Prolification, die vorzüglichste und höchste Aeußerung des Bildungslebens, ist in den Weichthieren unendlich viel größer, als in den Säugethieren, am allerstärksten vielleicht in den Fischen. Die Würmer haben noch keine bestimmten Prolificationsorgane; was zu der einen Jahreszeit in einigen Gattungen bald Magen, bald Ausleerungsorgan ist, das ist zur andern Fruchthälter. Eben so wenig haben sie, wenigstens die meisten Arten derselben, bestimmt getrennte Geschlechter.

Diese Trennung zeigt sich zuerst bei den Insecten, und wie unglaublich groß ist die Prolification bei denselben! Bei einigen Arten wird sie noch durch die schnelle Reife der Jungen vermehrt, die, kaum geboren, wieder zeugen, namentlich bei den flügellosen Insecten. Nicht minder stark ist sie bei den Amphibien, und bei den Fischen scheint sie ihren höchsten Grad zu erreichen. Bei den Vögeln, die schon ein weit ausgebildeteres Hirn haben, nimmt sie sehr beträchtlich ab, bei den Säugethieren noch mehr, und bei dem Menschen ist sie am geringsten, wenn man an seine lange Kindheit denkt und berücksichtigt, daß beide Geschlechter einen so langen Theil ihrer Lebensdauer zur Zeugung unfähig sind, welches bei keinem Säugethiere der Fall ist. Die Erde wäre wahrscheinlich nicht im Stande, ein Geschöpf zu erhalten, dessen Vorstellungsleben noch höher, als im Menschen entwickelt wäre, weil seine Kindheit noch länger und hülfloser seyn und sein Alter noch schneller eintreten müßte. Setzen wir die Lebensdauer des Menschen auf siebenzig Jahre, so ist der Mann, dessen Zeugungsfähigkeit in der Regel als vom achtzehnten bis zum fünfundsechzigsten Jahre dauernd angenommen werden kann, 23 Jahre von dieser Zeit, also ungefähr ein Drittel, geschlechtsunfähig, die Frau aber, deren Geschlechtsfähigkeit nur als vom 15ten bis zum funfzigsten Jahre dauernd angesehen werden kann, gar nur die Hälfte ihrer Lebensdauer zum Zeugungsgeschäft brauchbar. Das Verhältniß wird noch schlimmer, wenn man erwägt, daß man das Lebensalter des Menschen auf noch mehr als siebenzig Jahre rechnen kann. Eine verhältnißmäßig zu seiner Lebensdauer so kurz währende Geschlechtsfähigkeit hat kein Thier. Der Hund lebt zwölf bis funfzehn Jahre und ist vom ersten Jahre an bis etwa ein Jahr vor seinem Tode, also ungefähr den siebenten Theil seiner Lebensdauer, geschlechtsfähig, so auch die übrigen Säugethiere.

Offenbar ist eine Abnahme der Prolificationskraft im Verhältniß zur Entwicklung des Nervenlebens durch die Reihe der Thiere bemerklich. Eben so auffallend ist die Abnahme der Reproduction beschädigter oder verlorner Glieder im Verhältniß zu derselben Entwicklung.

Die Akephala kann man zerschneiden und die Stükken leben eine geraume Zeit einzeln fort, gerade wie man von Pflanzen Zweige abschneiden und pflanzen kann, die eine neue Pflanze bilden. Auch die Würmer, die einen Kopf haben, können bekanntlich diesen und noch andre Glieder verlieren und reproduciren ihn. Sehr viele Insekten reproduciren innere und äußere Organe nach deren Verlust; das bekannteste und auffallendste Beispiel geben die Krebse, die alle Jahre ihren Magen, ihre Schalen erneuern und neue Scheeren, neue Füße erhalten, wenn sie die ihrigen verloren haben. Die Verwandlungen der geflügelten Insecten zeugen von der großen Energie ihrer Reproductionskraft. Die der Fische kennen wir nicht recht; die der Amphibien erkennen wir ebenfalls aus ihren Verwandlungen. Im Reiche der Vögel nimmt sie merklich ab, noch mehr bei den Säugethieren, in welchen sie jedoch noch immer ungleich grösser ist, als im Menschen. Wie schnell füllt sich nicht die Wunde eines Säugethiers mit Fleischwärzchen, und wie langsam geschieht dieß bei dem Menschen, der nichts reproducirt, als Haare, Nägel und die Haut des Scrotums. Gleichwohl unterstützen die Nerven die Reproduction. Wunden im Gesicht, dem nervenreichsten Theile des Menschen, heilen viel schneller und besser, als andre; am schlechtesten heilt der Unterschenkel zwischen Wade und Knöchel.

Wenn man Bildungs- und Vorstellungsleben trennt, so geschieht dieß besonders in Rücksicht auf die verschiedenen Zwecke, welche beide befolgen, denn an sich sind sie schon darum verbunden, weil jedes Organ des Vorstellungslebens selbst sein Bildungsleben lebt. Vielleicht ist es nicht uninteressant, das eigne Bildungsleben der Vorstellungsorgane des Menschen einzeln zu betrachten.

Im allgemeinen zeichnen sich die Organe des Vorstellungslebens vor denen des Bildungslebens dadurch aus, daß sie in beiden Hälften des Individuums symmetrisch gebildet sind: um so genauer, je wichtiger sie für das Vorstellungsleben sind. So ist die Symmetrie der Knochen viel weniger genau, als die der Muskeln, die der Sinnwerkzeuge noch genauer; besonders auffallend streng aber ist die der beiden Hirnhälften.

1) Eignes Bildungsleben des Hirns.

Im Fötus entwickelt sich das Hirn zu aller erst, sobald nur überhaupt etwas an ihm unterscheidbar ist.

Es wächst schneller in ihm, als alle übrigen Organe. Doch ist das Gangliensystem des Hirns mehr entwickelt, als das der Hemisphären, welches letztere nach der Geburt schnellere Fortschritte macht, als jenes.

Das Hirn entfernt aus sich alle, dem Bildungsleben gehörende Organe so weit als möglich und behauptet sich mit der vollständigsten Ueberlegenheit. Nirgends im Körper giebt es ein Beispiel von so schneller Umwandlung der größten Arterien in kleine Gefäße: überall erfolgt dieser Uebergang allmählig, indem erst die Arterienstämme sich verästeln, verzweigen; hier nicht. Unmittelbar aus dem Arterienkranze der Schädelbasis entspringen zarte Leitungsgefäße, die man gar nicht weit zu verfolgen vermag, weil sie sogleich in die feinsten Gefäße übergehn: nur hier und da durchzieht die Marksubstanz ein sichtbares Gefäß. Einen grossen Theil seiner Gefäße hat das Hirn theils an seiner Oberfläche,

theils

theils in seine innere grosse Höhle gedrängt, wo sie die weiche Hirnhaut und den Plexus Choroideus bilden. Auch die Lymphgefäße hat es gänzlich aus seiner Substanz nach seiner Oberfläche verwiesen, wo sie sich als Arachnoiden in eine Membran vereinigen. So schnell wie die Arterien sich in kleine Gefäße umbeugen, so schnell ergiessen diese ihr Blut in die Sinus und entfernen es allenthalben auf dem kürzesten Wege aus dem Enkephalon. Dabei wird aus der großen Menge von Blut in der Kopfhöhle nichts bereitet, als die Ernährung der Hirnsubstanz, keine Absonderung, keine Verdunstung; ein unbedeutender Absonderungsapparat ist zu unterst in der Kopfhöhle angebracht. Kein Fett wird producirt, das sonst bei manchen Individuen fast allenthalben entsteht; besonders wo die Arterien vor den Venen überlegen wirken, welches in der Kopfhöhle sehr der Fall ist.

Das Hirn entwickelt und erhält blos sich selbst, ohne etwas anderes synthetisch zu produciren: seine eigenthümliche Thätigkeit erfolgt ohne alle erkennbare chemische Production, wie sonst keine im Körper, denn aue Lebensthätigkeiten haben eine chemische, synthetische Seite. Unter allen Organen erhält sich aber das Hirn am längsten und vollständigsten in seiner eigenthümlichen Form und Mischung: es wächst und bildet sich schnell aus, erreicht bald, schon im Knabenalter, die Form und Grösse, die es nachher behält und behauptet seine Integrität am längsten unter allen Organen gegen die Wirkungen des Alters. Kein Organ wird durch Krankheit so selten verändert, als das Hirn: keines also zeigt dieselbe Energie des Strebens, seine Normalform zu behaupten.

2) Eignes Bildungsleben des übrigen Nervensystems.

Ungefähr dasselbe, was vom Hirn gesagt ist, gilt auch von allen übrigen Theilen des sogenannten Nervensystems. Zwar werden einzelne Nerven etwas leichter, als Hirntheile, pathologisch verändert, doch immer weit seltner und schwerer, als alle übrige Organe. Als einen Beweis davon wird man erkennen, daß kein exanthematisches Gift oder andres Contagium die Form der Nerven zu verändern vermag, obgleich alle andre Organe von diesen am leichtesten bald vorübergehend, bald bleibend afficirt werden.

Ein sehr merkwürdiger Beweis der inneren, eigenthümlichen Elasticität der Nerven ist ihr Vermögen, sich wieder herzustellen. Dies ist ganz unläugbar und bei allen etwas großen Verwundungen in die Augen fallend. Sehr häufig werden, besonders durch Hieb- und Schnittwunden, beträchtliche Nervenstämme zerschnitten und man mag die Wunde durch Vereinigung oder durch Eiterung heilen, so ist nach der Vernarbung weder in der Haut, noch in den Muskeln Lähmung übrig. Man hat beim Gesichtsschmerz die Zerschneidung der Nerven, die zur schmerzhaften Stelle gehn, fruchtlos ausgeübt. Selbst nach zerschnittenen Hauptstämmen hat man allmählig Beweglichkeit und Empfindung unterhalb der zerschnittnen Stelle zurückkehren sehn. Die Erscheinung des Gehirnschwammes bei Schädelwunden ist ein Beweis mehr für die Stärke des eigenthümlichen Bildungslebens in Nervengebilden, welche selbst in wuchernde Substanz auszuschweifen genöthigt ist, wenn Localursachen sie vermehren.

3) Eignes Bildungsleben des Muskelsystems.

Im Muskelsystem, wo Gefäß und Nerv sich vereinigen, die Gefäßstructur aber mit der zelligen zugleich vorwaltet, zeigt sich die Productionsfähigkeit nicht als eigenthümliche, sondern als die der drei Systeme, aus deren Vereinigung die Muskelsubstanz entsteht. Und gerade ist es die zellige Substanz, die niedrigste von allen, welche sich am unvollkommensten reproducirt, wenn sie verletzt worden ist. Die Gefäße werden ersetzt, die Nerven auch, aber das Zellgewebe wird nicht dem vorigen gleich, sondern fester, kürzer, weniger expansibel, sehnenartiger. Sehnen werden gar nicht ersetzt. Auch verwandelt sich die Muskelsubstanz leicht, selbst bei fortdauernder Gesundheit. In Sehnen entstehn Verknöcherungen, Fleischfibern gehn in Sehnenfasern über, noch mehr aber zeigen sie bei disponirten Individuen Geneigtheit sich in Fett zu verwandeln. Man kann den Muskeln, als zusammengesetzten Organen, nicht füglich ein eigenthümliches Bildungsleben zuschreiben. Dasselbe gilt von den Sinnwerkzeugen.

Bildung ist Verwandlung des äußeren Stoffs in inneren. Die Nerven aber nehmen keinen äußeren Stoff auf, sondern ihr Ernährungsstoff wird ihnen durch die Blutgefäße zugeführt. Zwar gehören sie zu den Organen, in welchen die Gefäßstructur am aller weitesten aus dem Auge verschwindet, so daß zwischen Nerv und Gefäß, Hirn und Herz, ein förmlicher Antagonismus eintritt: dessen ungeachtet gehn die Gefäße in die Structur der Nerven wesentlich ein, nur daß sie zu zart sind, um noch als solche zu erscheinen, und dynamisch hören sie auf als Gefäße zu wirken, da die dynamische

Wirkung der Nerven als solcher der ihrigen sehr überlegen ist.

Diese Ueberlegenheit der dynamischen Wirkung des Nervensystems über die eigenthümliche der in dasselbe eindringenden Blutgefäße ist Ursache, daß besonders das Hirn, dessen Thätigkeit vorzüglich an Energie vor allen übrigen Nervenmassen sich auszeichnet, nicht hinreichend ernährt werden könnte, ob es gleich eine so große Menge Blut empfängt, wenn nicht in der thierischen Natur die Vorrichtung getroffen wäre, daß sich die Eigenthümlichkeit des Nervenlebens im Hirn periodisch herabstimmt, um der vegetativen Thätigkeit freieren Spielraum zu lassen.

Der Schlaf.

Alle Thiere vom Reiche der Insecten an bis hinauf zum Menschen **schlafen** und bedürfen dieser Pause ihrer Vorstellungsthätigkeiten eben so nothwendig zur Fortsetzung ihres Daseyns, als der Nahrungsaufnahme. Lange haben die Philosophen dieß allgemeine Phänomen der thierischen Natur weder nach seiner Ursache, noch nach dem inneren Grunde seiner Nothwendigkeit zu erklären gewußt: erst seit wenigen Jahren haben sich richtigere Begriffe über den Schlaf verbreitet.

Man erkannte wohl von je her, daß der Schlaf das Vorstellungsleben nach kurzer Unterbrechung weckt und belebt, aber man war viel geneigter, ihn aus dem Schließen der äußeren Sinne, als aus seiner wahren Ursache zu erklären.

Ein Beweis davon ist die so oft wiederholte, so gewöhnliche Vergleichung des Schlafs der Thiere mit dem, was man sehr uneigentlich den **Pflanzenschlaf** nennt.

Schlaf ist Sistiren des Vorstellungslebens in dessen eigenthümlichen Gebilden, bei fortdauerndem Bildungsleben derselben.

Die Pflanzen leben aber kein Vorstellungsleben. Folglich ist ganz unmöglich, daß die Pflanzen schlafen können.

Man hat zweierlei Erscheinungen an den Pflanzen mit dem Namen des Schlafs bezeichnet.

1) Ihre Unthätigkeit im Winter. Diese zeugt zwar vom Periodischen ihres Lebens, denn sie als bloße Folge der Kälte zu betrachten ist irrig. Aber man irrt sehr, wenn man das Leben in den perennirenden Pflanzen im Winter für unthätig hält. Sie verlieren zwar ihre Blätter, aber in den bleibenden Theilen währt das Leben unaufhörlich fort, und so wenig wir sagen können, der Baum schlafe oder sey unthätig, wenn die an ihm gereifte Frucht abgefallen ist, so wenig können wir dieß vom entlaubten Baume sagen. Die Blätter sind anzusehn als eigne, unabhängiges Leben besitzende Gewächse, die nur auf dieser bestimmten Baumart in dieser eigenthümlichen Form sich entwickeln, eben, wie plantae annuae, nur ein Jahr hindurch, oder vielmehr nur die warmen Monate hindurch leben, während der Stamm perennirt, auf dem sie gewachsen sind. Poetisch kann man wohl sagen, vegetabilische Natur schlafe im Winter, aber mit wissenschaftlicher Genauigkeit kann man nicht so sprechen, denn der entlaubte Baum giebt wenigstens durch das ununterbrochne Wachsthum seiner Knospen den unverwerflichen Beweis seines fortwährenden Lebens und Wirkens im Winter.

2) Das Schließen der Blüthen sehr vieler Blumen um eine gewisse Tageszeit. Dieß hat man ganz eigentlich Pflanzenschlaf genannt und sogar eine Blumenuhr

entworfen, indem sich die Blüthen verschiedner Pflanzenarten immer um verschiedne Zeit schließen, so daß z. B. das Tragopogon luteum sich schon früh um 9 Uhr schließt, andre um Mittag, andre in den Nachmittagsstunden, die meisten endlich mit Sonnenuntergang.

Man würde unrecht thun, wenn man sagen wollte, das Blühn der Pflanzen stehe zu ihren übrigen Lebensacten in demselben Verhältniß, wie das Vorstellen zum Bildungsleben der Thiere. Das Blühn ist auch nichts anders, als eine Vegetationsart, allein das Vorstellen hat mit einem Bildungsact keine Analogie.

Sollte ich die Aehnlichkeit zwischen dem Schlaf der Thiere und dem Zuschließen der Blüthenkrone mancher Gewächse nachweisen, so würde ich in Verlegenheit seyn, wenn man sich nicht mit dem begnügen wollte, daß beim Schlafen dem Thiere die Augen sich eben so zuschließen, wie bei diesen Pflanzen die Blüthenkrone. In der That scheint auf diesem Zuschließen die ganze Aehnlichkeit zu beruhn.

Warum aber schließen sich die Blüthenkronen? Ohne Zweifel blos darum, weil ihr Befruchtungsgeschäft bald mehr bald weniger den Reiz des Lichts und der Tageswärme fordert. Es giebt sehr viele Blüthen, die sich nicht schließen; die meisten schließen sich Abends, weil alsdann die Sonne fehlt, die ihren Blüthenstaub sich verhauchen ließ und die Kronenblätter ihre wesentliche Bestimmung erfüllen, die Griffel und Staubfäden zu schützen. Bei manchen ist nur eine kurze Zeit des Sonnenscheins nöthig, um allen Blüthenstaub, der vor der Hand ausgehaucht werden kann, zu consumiren; dann schließt sich die Blüthe sehr bald. Bei andern tritt dieß später ein, doch nicht erst mit Sonnenuntergang, und so geschieht dieß Schließen später. Kein Gewächskundiger ist unbekannt mit dem großen Einfluß der Sonne auf das Befruchtungsgeschäft der Pflanzen; sehn wir nicht, daß viele Blumen an trüben Tagen, wenn der Sonnenschein fehlt, ihre Blüthenkrone gar nicht öffnen? Der Redner und Dichter mag dieß periodische Oeffnen und Schließen der Blumen immerhin Schlaf nennen; wir können als Physiologen nicht dasselbe thun.

Wenn die Thatsache richtig ist, daß in unsern Gewächshäusern sich viele Blüthen öffnen und schließen, nicht wenn bei uns die Sonne die zu ihrer Befruchtung günstigste Höhe erreicht oder überschritten hat, sondern genau um die Stunde, wenn dieß in ihrem Vaterlande, unter einem ganz andern Längengrade der Fall ist, gerade wie die Pflanzen vom Cap und von Neuholland im December in unsern Treibhäusern am schönsten blühn, im Monat ihrer heimischen Blüthenzeit, so gehört sie unter die aller merkwürdigsten. Doch gilt wohl die Erscheinung nur bei Treibhauspflanzen, die eine durchaus künstliche Existenz haben, welche die ihres Vaterlands nachahmet. Die Amerikanischen Gewächse, die bei uns im Freien blühn, richten sich willig in allem nach unserer Sonne und unseren Tageszeiten.

Im Reich der Thiere beginnt die Fähigkeit zu schlafen zugleich mit der Anlage des Kopfs: alle einen Kopf habende Thiere schlafen.

Das allgemeine bei der Erscheinung des Schlafs ist, daß das Thier sich hinlegt, die Augen schließt, kein Glied mehr bewegt, nur zuweilen zuckt oder auffährt, tiefer, langsamer zu athmen beginnt, kühler wird, daß sein Puls langsamer, weicher schlägt, vollkommen ohne Bewegung, außer der des Athmens da liegt, endlich anfängt, sich wieder unruhiger, immer noch mit geschloßnen Augen, zu bewegen, diese dann öffnet, um sich blickt und unter Augenreiben, Gähnen, Ziehen und Dehnen aller Glieder seine gewohnten Bewegungen wieder beginnt.

Die wesentlichsten dieser Erscheinungen sind die Ruhe der willkührlichen Muskeln und das Schließen der Augen. Die beiden andern in Entfernung wirkenden Sinne können nicht eben so geschlossen werden, indessen zeigen Erscheinungen deutlich, daß sie alle gleichsam stumpf und sehr wenig empfänglich für äußere Eindrücke sind, im Verhältniß zur Tiefe des Schlafs.

Diese Erscheinungen kehren periodisch wieder, nach folgendem Verhältniß:

1) Je jünger das Thier ist, desto länger und anhaltender schläft es, desto kürzer sind die Perioden seines Wachens. Neugeborne Thiere schlafen fast immer; nur das Bedürfniß der Nahrungsaufnahme weckt sie auf und die Anstrengung der Kiefermuskeln bei Befriedigung derselben ermüdet sie schon wieder hinreichend, daß sie gleich aufs neue einschlafen.

2) Sobald das Thier ungefähr die Hälfte seines Wachsthums erreicht hat, schläft es ungefähr ein Drittel des Tages ununterbrochen und tief; die übrigen zwei Drittel sind seine Sinne und seine Bewegungsmuskeln thätig; es wacht.

3) Die Länge der Schlaf- und Bewegungsperioden richten sich bei allen Thieren nach den Anlässen, die es zur Thätigkeit reizen. Ein sattes Thier schläft. Wird es gereizt, so vermag es, etwa zwei Drittel des Tags zu laufen: dann sucht es Ruhe und schläft. Beim Menschen findet in diesem allen ungefähr dasselbe statt, nur daß er sich mehr an gewisse Schlafstunden gewöhnt.

4) Im Alter schläft der Mensch nicht so anhaltend nach einander, als in der Jugend, allein er ist genöthigt, binnen vierundzwanzig Stunden öfter sich dem Schlaf zu überlassen.

5) Außer dieser täglichen Schlafperiode haben sehr viele Thiere auch noch eine jährliche, die mit dem Anfang des Winters, für manche erst mit den stärkeren Frösten eintritt, in welcher sie mehr in Erstarrung liegen, als schlafen, in welcher sie keine Nahrung zu sich nehmen, sondern bis zur Wiederkehr der Frühlingswärme verborgen ruhn.

Dieser Winterschlaf ist von dem eigentlichen Schlaf dadurch wesentlich verschieden, daß während desselben nicht blos das Vorstellungsleben eine Pause macht, sondern auch das Bildungsleben nur in sehr vermindertem Grade fortdauert.

Insecten, Fische, alle Amphibien unseres Klimas und viele Säugethiere schlafen im Winter, aber kein einziger Vogel: diese ziehn in wärmere Länder und verlassen uns. Daß der Winterschlaf der Schwalben eine Fabel ist, weiß man gewiß.

Einige dieser Thiere bedürfen zu ihrem Leben eines höheren Wärmegrads, als wir in den kalten Monaten unseres Klimas haben, und erstarren blos in der Kälte. Ist einmal mitten im Winter ein warmer Tag, so erwachen sie. Dieß gilt von den Insecten, den Mücken, Fliegen, Bienen rc., aber auch von der Fledermaus, dem Dachs und einigen Säugethieren. Alle Amphibien unseres Klimas, der Aal und der Schlammbeißer unter den Fischen, richten sich mit ihrem Winterschlaf mehr nach der Jahreszeit, als nach der Kälte: wenn es in den Herbstmonaten noch so warm ist, sieht man sie dennoch nicht mehr; bloß der Frühling vermag sie zuweilen zeitiger zu wecken, als am Ende der Fröste. Der Hamster bedarf zum Einschlafen nicht der Kälte allein; er muß sich in eingeschloßner Luft befinden.

Während des Winterschlafs sind die Thiere nicht blos völlig unempfindlich, wie man denn einem Hamster den Leib aufschneiden kann, ohne daß er erwacht, sondern Puls und Athem sind so vermindert, daß man sie bei den meisten durchaus nicht wahrnimmt, obgleich ein vor die Nase gehaltener Spiegel durch sein Anlaufen das Fortdauern des Athmens beweißt. Rechnet man dazu den Stillstand des Verdauungsgeschäfts: so sieht man, daß auch das Bildungsleben während dieses Schlafs nur sehr unvollkommen fortdauert. Blos das Magerwerden der den Winter durchschlafenden Thiere, die alle sehr geneigt zum Fettwerden sind, beweißt, daß die Ernährung fortwährt.

Die Entziehung des Schlafs bewirkt beim Menschen anfangs Stumpfheit der Empfindung, Frieren allmählich ungemein erhöhte Empfindlichkeit, Hitze, Fieber mit großer Beschleunigung und Kleinheit des Pulses, Sinken des Gedächtnisses, der Urtheilskraft, Neigung zu Convulsionen aller Art und endlich den Tod.

Ursache des Schlafs.

Es hat viele berühmte Physiologen gegeben, die des Schlafs in ihren Werken entweder gar nicht gedacht, oder doch jeden Erklärungsversuch unterlassen haben. Andre haben versucht, ihn aus den kosmischen Einflüssen zu erklären, nach welchen die Lichtentziehung des Nachts eine periodische Ermüdung herbeiführen soll. Millionen Menschen leben in voller Gesundheit, die des

Nachts thätig sind und bei Tage schlafen: nördliche Länder wären des Sommers unbewohnbar und im Winter müßte der Schlaf dort Wochenlang dauern, wenn dieß wahr seyn sollte. Die Zeit des Schlafs ist wie die des Essens, Sache der Gewohnheit, obgleich die Kühle und Dunkelheit der Nacht den Schlaf mehr begünstigt, als das Geräusch und die Helle des Tages.

Andre erklären den Schlaf vom Bildungsleben aus; sie suchen dessen Ursache im Blute, in dem Assimilationsgeschäft, in der periodischen Abwechslung bei allen Thätigkeiten des Bildungslebens überhaupt, obgleich bei den wichtigsten, der Blutbereitung und dem Kreislauf, nichts periodisches statt findet, was nicht von außen her durchs Nervensystem motivirt wird.

Andre sind viel gelehrter. Sie erkennen einen Widerstreit des Lichts und der Materie, welcher im Organismus einen Widerstreit zwischen Reproduction und Irritabilität zur Folge haben soll, obgleich die Irritabilität die Bedingung der Reproduction ist. Daraus soll nun ein wechselndes Sinken und Steigen der Sensibilität und der vegetativen Kraft im Lebendigen entstehn. Es ist eine Kleinigkeit, hieraus die Bewegungen der mimosa pudica und der Dionea muscipula zu erklären.

Bedenklich sind in der Wissenschaft alle Erklärungen, die so viel Voraussetzungen bedürfen: gewöhnlich findet sich, daß diese blos erträumt sind. Dieß Schicksal möchte wohl den Widerstreit des Lichts und der Materie ganz vorzüglich auch treffen. Doch ist in dieser (Troxlerschen) Erklärungsart eine richtige Idee.

Nämlich es ist wahr, daß im Schlaf ein Vorwalten der Reproduction vor der Sensibilität statt findet, nur nicht im ganzen Körper.

Schon daß alle Thiere schlafen, die ein Gehirn haben hätte darauf leiten müssen, die Ursache des Schlafs im Gehirn zu suchen.

Noch weit mehr der Umstand, daß alle Erscheinungen beim Schlaf auf eine veränderte Thätigkeit des Hirns deuten. Sie betreffen nämlich alle theils die äußeren Sinne, theils die Muskeln, Organe, die keinen andern Zusammenhang haben, als den durch ihr gemeinschaftliches Centrum, das Gehirn.

Zwar wird auch Puls und Athmen langsamer im Schlafe. Dieß darf uns aber keinen Augenblick verleiten, die Ursache desselben in den Centralorganen des Bildungslebens zu suchen, denn wir wissen, daß die Muskelbewegung die Bewegung des Bluts durch die Venen und mittelbar durch sie Puls und Athem beschleunigt. Die Verminderung der Hautwärme erklärt sich ebenfalls aus der fehlenden Muskelbewegung: im inneren wird der Wärmegrad des lebendigen Körpers durch den Schlaf nicht vermindert.

Auch die Folgen der Schlaflosigkeit zeugen deutlich, daß Hirn und Nervensystem durch den Mangel an Schlaf eine Bedingung ihres Wohlbefindens verloren haben. Die Stumpfheit der Sinne, des Gedächtnisses, des Combinationsvermögens, die große Reizbarkeit und Convulsibilität, endlich die Langsamkeit sogar, mit welcher dieß alles die Zerstörung des Geschöpfs herbeiführt, da aufgehobne Bedingung der Normalität des Bildungslebens so viel schneller tödtet, beweisen sämmtlich, daß das Centrum des Vorstellungslebens dadurch leide und endlich untergehe.

Bis zur höchsten Evidenz beweisen aber pathologische Erscheinungen, daß das Gehirn die Ursache des

Schlafs sey. Drückt ausgetretnes Blut mechanisch auf die Oberfläche des Hirns, so liegt der Mensch in lethargischem Schlaf, aus welchem er augenblicklich erwacht, sobald der Druck entfernt ist. Wird dieser Druck absichtlich erneuert, so erneuert sich auch der Schlaf. Alles, was die Thätigkeit der Kopfgefäße vermehrt, macht Schlaf: narkotische Mittel wirken nicht anders. Daß Congestionen nach dem Kopfe mehrentheils Schlaflosigkeit zur Folge haben, ist kein Beweis des Gegentheils: die gewöhnliche Ursache dieser Congestionen ist ein gereizter Zustand der Bauchganglien, durch welchen zugleich so lebhafte Reizungen vom inneren Sinn aus gegen das Hirn determinirt werden, daß der Schlaf verscheucht bleibt.

Was geschieht aber im Gehirn, wenn der natürliche Schlaf eintreten soll? Wirkt auch da irgend ein Druck auf dasselbe? sammelt sich vielleicht Blut an und drückt dieß auf das Gehirn?

Es läßt sich keine Ursache denken, warum das Blut periodisch stärker und schwächer auf das Gehirn drücken sollte; geschähe dieß als Bedingung des Schlafs, so wäre dessen Ursache demnach nicht im Hirn, sondern in dem Umstande zu suchen, der diesen Druck bestimmte.

Das Gehirn ist viel zu edel, als daß es sich in seinen Hauptthätigkeiten passiv verhalten sollte: nur im Aufnehmen des äußeren Eindrucks verhält es sich passiv, wenn dieser stärker ins System der Hirnganglien, als der Hemisphären wirkt; reizt er aber die Aufmerksamkeit, so ist selbst diese Aufnahme mehr freie Selbstthätigkeit des Gehirns, als Affection desselben.

Das ganze Enkephalon empfängt überhaupt dreierlei Reize, steht in dreifacher Verbindung mit der Außenwelt. Nämlich durch die Nerven der äußeren Sinne erhält es absolut äußere Eindrücke, durch die Verbindungsfäden mit den Ganglien der beiden unteren großen Höhlen empfängt es relativ äußere Eindrücke vom Bildungsleben aus, und durch das Blut empfängt es das Material seiner Ernährung, aus welchem es die Integrität seiner Textur und Structur selbstthätig, allein durch seine Vegetationskraft, nicht als Vorstellungsorgan behauptet.

Von diesen dreierlei Eindrücken, welche zusammen als die Normalreize der Thätigkeiten des Hirns wirken, sind die lebhaftesten in der Regel die der äußeren Sinne. Es fällt in die Augen, daß sie am unmittelbarsten das Vorstellungsleben angehn, obwohl unstreitig die Bildung des Gehirns durch ihr Einwirken zugleich mit befördert wird.

Minder lebhaft, doch unablässig, wirkt der Blutreiz auf das Hirn, und verursacht, vielleicht blos mechanisch, Pulsation desselben, dann aber, und vorzüglich, die vegetativen Actionen des Hirns, mittelst welcher es wächst und in seiner Textur und Structur sich behauptet. Der Blutreiz geht am unmittelbarsten das Bildungsleben des Hirns an, obgleich die Pulsation desselben alle Vorstellungsthätigkeiten auf eine uns unbekannte, wenigstens nicht zu erklärende Weise zu bedingen scheint.

Der dritte Reiz auf das Enkephalon, vom Bildungsleben ausgehend und fast allein dessen Abnormitäten ins Vorstellungsleben reflectirend, ist ein blos periodischer und erregt nur dunkle Empfindungen, als eine bloße eigenthümliche Modification des Gefühlsinns. In der Regel schweigt er ganz, so lange nämlich das Bildungsleben ohne alle Störung seinen Fortgang hat. Allein jedes Bedürfniß desselben wird ins Vorstellungsleben reflectirt, besonders Nahrungsbedürfniß, Bedürfniß der Ausleerungen, Geschlechtsreiz und endlich alle Krankheitszustände des Bildungslebens, insofern sie empfunden werden. Dieser dritte Reiz bildet das Vorstellungs- und Bildungsleben und geht, sobald er wirkt, mit beiden vorhergehenden parallel; er schließt weder den Sinnenreiz noch den Blutreiz aus.

Zwar kann man auch von diesen beiden nicht sagen, daß sie einander ausschließen, indem der Blutreiz immer und unablässig neben dem Sinnenreiz fortdauert. Allein in gewisser Rücksicht wirken beide einander allerdings entgegen.

Nämlich der Sinnenreiz giebt den Anlaß zu allen Arten der Vorstellungsthätigkeiten und indem das Hirn mit der größten Lebhaftigkeit diese vollendet, wirkt es nicht oder wenigstens nur unvollkommen als vegetirendes Organ. Es hat nicht Zeit, für seine Erhaltung und Bildung zu sorgen, während es vorstellt: das höhere Leben in ihm beschränkt und hindert das niedere, gerade wie in den Muskeln der Zeitpunkt ihrer Anstrengung, ihrer Ernährung nicht günstig ist, sondern der ihrer Ruhe. Wie aber die Muskeln, welche immer ruhn, schlecht ernährt werden, und die vorhergegangene Arbeit bewirkt, daß die Ernährung in der auf sie folgenden Zeit der Ruhe sehr viel vollkommner von statten geht, als außerdem, so wird auch das Hirn ungleich besser und vollständiger ernährt, es lebt ein viel höheres Bildungsleben, wenn es durch Denken und Vorstellen vorher ermüdet war, und diejenigen Hirnorgane oder Hirnpartien, die man am meisten braucht, entwickeln auch am vollständigsten ihre Form.

Nur während der Anstrengungen des Denkens und Vorstellens selbst ist der Sinnenreiz mächtiger als der Blutreiz und das vegetabilische Leben des Hirns gegen sein höheres gering. Dieß ist der Grund der Ermüdung.

Alle Systeme des Vorstellungslebens fühlen nämlich nach anhaltender Anstrengung das Bedürfniß, daß sie, um sich thätig und fähig zu erhalten, um ihre Integrität zu behaupten, eine Zeit lang das fast unterlassene Geschäft ihres plastischen, vegetabilischen Lebens wieder ungestört treiben und sich wieder ernähren müssen.

Daß die Thätigkeiten des Bildungslebens in den Systemen, welche zugleich dem Vorstellungsleben angehören, nur unvollkommen von statten gehn, während das letztere in voller Thätigkeit wirkt, das ist der Grund, warum alle Vorstellungsthätigkeiten die Organe so schnell ermüden, während die Bildungsthätigkeiten theils gar nicht, theils sehr langsam ermüden, höchstens durch die Abwechslung der Qualität des Reizes sofort wieder gestärkt werden.

Hiezu kommt die Wirkung des Gesetzes der Gewohnheit, nach welchem jeder Reiz um so schwächere Reizungen hervorbringt, je öfter er seine Wirkung wiederholt.

Der Sinnenreiz wirkt aber nicht anders als parallel mit dem Blutreiz auf das Hirn; letzterer bleibt, bis auf graduelle Verschiedenheiten, während der Gesundheit unablässig derselbe, während der Sinnenreiz seiner Natur nach veränderlich und nur pausenweis wirkt.

Der

Der Sinnenreiz muß also nothwendig, wenn er lange genug anhaltend gewirkt hat, einmal so viel schwächer empfunden werden, daß der Blutreiz mächtiger ist, als er und das Hirn mehr zu den Thätigkeiten bestimmt, denen er angehört, als der Sinnenreiz zu den seinigen. Dieß wird noch befördert, indem der Sinnenreiz nicht anders als pausenweis wirkt.

Für die Thiere, deren Vorstellungsleben fast nur als ein Mittel angesehn werden kann, die Bedürfnisse des Bildungslebens auf andre Art zu befriedigen, als die Pflanzen, würde ein immerfort wirkendes Vorstellungsleben ohne Zweck seyn. Und der Mensch muß sich erinnern, daß er allein unter den Erdgeschöpfen sich über das sinnliche Leben empor heben kann, daß also dieser Vorzug ihm gnügen und die Beschränkung des Vorstellungslebens, die er mit den Thieren gemein hat, ihn nicht befremden dürfe.

Gleich als ob das geistige Leben eine Erscheinung sey, die, auf dieser Erde fremd, nur mühsam und auf Kosten der ihr eignen Art lebendiger Wirkung erhalten werden könne, gehört das System der Vorstellungsorgane mindestens ein Drittel der Tageszeit allein dem Bildungsleben an: es wächst, wird ernährt und die Vorstellungsthätigkeiten machen eine Pause.

Im Gehirn ist die Ursache des Eintritts dieser Pause theils activ, theils passiv. Activ, indem das Gehirn, ermüdet durch seine Vorstellungsthätigkeiten, diese anstellt, um sich den Bildungsthätigkeiten allein zu überlassen. Passiv, indem es hiezu von dem Butreiz determinirt wird, welcher, nachdem der Sinnenreiz eine Weile hindurch gewirkt hat und dadurch gewohnt worden ist, endlich mächtiger wirkt, als dieser und das

Hirn zu den Thätigkeiten bestimmt, die er veranlaßt, den vegetabilischen.

Der Schlaf des Gehirns ist also der Zustand desselben, in welchem es dem Reiz der äußeren Sinne nicht folgt, sondern dem Reize des Blutes, in welchem es sein Vorstellungsleben unterbricht, um seinem Bildungsleben ausschließlich Raum zu verschaffen.

Schläft das Gehirn, so ruhn auch die Muskeln, welche den Anstoß zu ihren Bewegungen vom Gehirn aus empfangen. Ueberdieß tritt auch für sie nach einer anhaltenden Arbeit das Bedürfniß der Erholung ein.

Mit der allgemeinen Ruhe der willkührlichen Muskeln ist das Ruhen der Augenmuskeln und das Schließen des Sphinkter der Augenlider zugleich gegeben. Zugleich sind Augen und alle äußere Sinne ermüdet und bedürfen für sich selbst der Ruhe. Die Sinnenempfindung hört auf; ohnehin wird sie nur unvollkommen und schwächer percipirt, als der jetzt dominirende Blutreiz.

Der Schlaf ist allgemeines Bedürfniß für die thierische Natur, weil sich in ihr zwei Leben vereinigen und sie periodisch dem einen mehr angehört, als dem andern, damit sich beide wechselseitig erhalten.

Der Schlaf erquickt; in ihm, durch ihn erholen sich die vorstellenden Kräfte, weil während desselben das Vegetationsleben wirklich den Organismus der Vorstellungsorgane ernährt und herstellt. Ermüdung ist Gefühl des Bedürfnisses dieser Herstellung.

Das Träumen.

Schlaf und Wachen sind nicht zwei so scharf gegeneinander abgeschnittne Zustände, daß nicht Einer in den Andern gleichsam übergreifen und während der Fortdauer des einen der andre sich nicht schon ankündigen sollte.

Dem Schlafe geht die Schläfrigkeit vorher, in welcher der Mensch schon nicht mehr recht empfindet, nicht vermag, sich zu erinnern oder Vorstellungen zu combiniren, oder ganz irrig combinirt, ohne auf das außer ihm vorgehende zu achten, ob er gleich noch nicht eigentlich schläft: das Bildungsleben des Hirns bekommt allmählig über das Vorstellungsleben, der Blutreiz über den Sinnenreiz die Oberhand.

Ein ganz ähnlicher Mittelzustand geht dem völligen Erwachen vorher. Gemäß dem Gesetz der Gewohnheit wird der Blutreiz, nachdem er eine Zeit lang der herrschende gewesen ist, wieder schwächer empfunden, als der Sinnenreiz; noch ist zwar die Sinnenthätigkeit nicht völlig erwacht, doch auch nicht mehr unthätig; es gelangen wieder Sinneneindrücke zum Hirn; dieß percipirt sie wieder, aber weder deutlich genug, noch im Zusammenhange. Indessen bewirkt doch die leise, durch die Sinne angeregte Hirnthätigkeit eine Vorstellung, die nach dem Combinations- und Erinnerungsvermögen sofort neue weckt und fort erregt, welche mit der Sinnenempfindung, die sie erregt hat, vielleicht nicht in dem allerentferntesten Verhälniß stehn. Das sich selbst überlassene, weder von der inneren Gesetzgebung geregelte, noch von der Außenwelt geleitete Combinationsvermögen weckt eine Vorstellung nach der andern und mengt sie in bunter Gruppe bald confus durch einander, bald giebt es ihnen einen scheinbaren Zusammenhang; das Vorstellungsleben wird immer reger, der Traum immer lebhafter; endlich siegt es völlig über das Bildungsleben: der Mensch erwacht.

Alle lebhafte Träume endigen sich mit Erwachen und allem freiwilligen Erwachen gehn lebhafte Träume vorher. Dieß ist die eine Quelle der Träume und in dieser Hinsicht steht das Träumen dem Schläfrigseyn gegenüber: wie dieß der Mittelzustand ist zwischen Wachen und Schlaf, mit vorherrschendem Wachen, so ist es Mittelzustand zwischen Schlaf und Wachen, mit vorherrschendem Schlaf.

Woher haben die Alten die Vorstellung von zwei Thoren genommen, aus welchen die Träume ausgehn? Vermuthlich blos aus dem Bedürfniß zu erklären, warum der Glaube an die prophetische Kraft der Träume so oft getäuscht wird. Aber das Sonderbare ist, daß sie wirklich Recht haben: es giebt zwei Hauptquellen der Träume. Die relativ äußere Empfindung, welche durch die Verbindungsfäden der Ganglien der beiden untern großen Höhlen mit dem Hirn in dieses reflectirt wird, ist die Hauptquelle der zweiten Art von Träumen des Menschen.

Diese Ganglien, die der Kürze wegen mit dem Namen des sympathischen Systems bezeichnet werden sollen, schlafen nicht, oder wenn man lieber will, sie schlafen immer, so lange weder ein Bedürfniß sie weckt, oder irgend ein körperliches Leiden; im vollkommnen gesunden Zustande reflectiren sie nichts nach dem Hirn. Aber die Bedürfnisse der Ausleerung, Blähungen, Regungen der Geschlechtsorgane, Hunger und Durst, vor allem aber alle krankhafte Thätigkeiten im ganzen Arteriensystem werden aus dem sympathischen System nach dem Hirn reflectirt, zu welcher Zeit es immer sey.

gleichviel ob dieß schlafe oder wache. Diese Empfindungen erregen aber das Combinationsvermögen des Hirns zu einem eben so ungeregelten und unwillkührlichen Spiel, als die vorerwähnten Sinnenempfindungen: sie werden percipirt, aber sehr oft viel zu undeutlich, als daß sich der Mensch dessen bewußt würde, viel zu schwach, als um völlig zu erwecken. So entsteht die zweite Gattung von Träumen, die vorzüglich alle Krankheiten begleitet und vom eigentlichen Delirium nur sehr wenig entfernt ist. Sehr oft mögen sich Sinneneindrücke und solche Reflexionen aus dem sympathischen System wechselseitig die Hand bieten, um die Träume noch sonderbarer, verworrener und seltsamer zu gestalten. Es darf uns nicht befremden, wenn Träume uns überraschen: dieß unerwartete, überraschende träumt uns gewöhnlich nur, wenn wir dem Erwachen nahe sind, und beweist, daß unsre Aufmerksamkeit den unregelmäßigen und seltsamen Gang des Combinationsvermögens bemerkt, daß also das Hemisphärensystem Antheil nimmt an den Vorstellungen im System der Hirnganglien.

Wir nöthigen uns oft zum Schlaf, weil gerade die Tageszeit es mit sich bringt, daß man schlafe, nicht weil wir Bedürfniß des Schlafs fühlen. Dann vermögen wir aber nicht wirklich zu schlafen, sondern schlummern nur, d. i. wir schließen die äußeren Sinne, allein unsre Hirnthätigkeit erfolgt fast eben so regelmäßig und klar, als wenn wir wachten. Wir haben dann sehr deutliche, zusammenhangende, verständige Träume.

Man erinnert sich allerdings jeder gehabten Vorstellung, allein nur, wenn man auf dieselbe Art auf sie geleitet wird, auf welcher sie zuerst erregt wurde: darum geht man, wenn man etwas vergessen hat, an den

Ort zurück, wo man sich befand, als man daran dachte. Die Leitung der Vorstellungen im Traum ist so seltsam und unregelmäßig, daß wir uns der meisten Träume darum nicht erinnern können, weil im Wachen unser Combinationsvermögen an die Gesetze des Beieinanderseyns und der Aufeinanderfolge viel strenger gebunden und von dem obern Hirnsystem beherrscht ist, als im Traum, wir also den Weg nicht wieder finden können, auf welchem wir zu unsern Traumbildern kamen. Wenn besonders bei unserm Erwachen sogleich lebhafte Sinneneindrücke auf uns wirken, vergessen wir ungern, augenblicklich, was die viel schwächeren Sinnen- oder äußeren Eindrücke im Schlaf für Vorstellungen in uns rege gemacht haben.

Es ist wohl kaum eine Meinung so alt, kaum ist eine so durchgängig geglaubt und von allen Nationen der Erde angenommen worden, als die von der prophetischen Eigenschaft mancher Träume. Muß sie der Verstand völlig als ein abergläubisches Vorurtheil verwerfen, oder ist es möglich, etwas zu ihrer Rechtfertigung vorzubringen?

Es scheint, das einzige, was sich zu ihrer Rechtfertigung sagen lasse, sey, daß die Sinnlichkeit des Menschen allerdings noch auf mehrfache andre Weise erregt und in Anspruch genommen werden könne, als auf die gewöhnliche im Sehen, Hören, Fühlen, Riechen und Schmecken, daß aber diese von der Außenwelt auf uns wirkenden Einflüsse viel zu leise seyen, als daß sie neben dem bestimmteren und deutlicheren der Sinne im Zustande des Wachens wahrgenommen würden. Im Schlaf aber, wo die Sinne schweigen, weil sie ermüdet seyen, könne zuweilen diese Art der äußeren Einflüsse lebhaft genug werden, um Vorstellungen zu erregen, die mit der Wirklichkeit in einem uns unerklärbaren Zusammenhang stehn, dessen Unerklärbarkeit blos daher rühre, weil wir jene Einflüsse nicht kennen.

Oder hat man Lust, die Welt mit Gnomen und Elfen zu bevölkern, die im Schlaf zu uns reden?

Nichts ist gewisser, als daß bei weitem der allergrößte Theil dessen, was man von prophetischen Träumen erzählt, entweder erlogen oder doch nichts weniger als prophetisch ist, und daß die Menschen an Träume nur in eben dem Grade glauben, in welchem sie voll Vorurtheil und von der Freiheit entfernt sind, in welche die Vernunft uns setzen kann. Die Träume mögen wohl die wahrhaftesten von allen seyn, die uns über den nahe bevorstehenden Zustand unserer Gesundheit belehren, denn allerdings muß der Eindruck vom sympathischen System aufs Hirn während des Schlafs, wo er nicht durch die Concurrenz der äußeren Sinne geschwächt und verdunkelt ist, weit stärker und lebendiger seyn und zu viel anderen Vorstellungen bestimmen, als im Wachen. Wer aber, der kein Magnetiseur ist, wird glauben, daß von dem sympathischen System künftig zufällige Ereignisse wahrgenommen werden können?

Beförderungsmittel des Schlafs.

Die vorgetragne Erklärung vom Schlaf, wird bestätigt durch alles, was den Schlaf begünstigt. Es begünstigt aber den Schlaf

1) Ermüdung der Sinne. Einerlei Gegenstände ermüden bald und unwillkührlich schließen sich die Augen, die von nichts neuem gereizt werden. Besonders aber ist dieß der Fall mit hörbaren Eindrücken: die monoto-

nische Stimme eines Predigers oder Vorlesers hat eine unwiderstehlich in Schlaf zaubernde Gewalt und wer eine Tanzmusik dreißig bis funfzig mal noch einander hören kann, ohne mitzutanzen, und dennoch nicht einschläft, den muß die Natur ganz besonders organisirt haben.

2) Mäßige Ermüdung der Muskeln. Sie erhöht das Bedürfniß der Ruhe und der Ernährung der Muskeln, begünstigt also den Schlaf als allgemeine Anstrengung des Vorstellungslebens. Allzugroße Ermüdung, bei welcher die Muskeln schmerzen, folglich von ihnen aus Eindrücke ins Rückenmark und Hirn reflectirt werden, hindern den Schlaf.

3) Mäßige Anstrengung der Denkkraft. Es bedarf hiezu keiner Erklärung. So lebhafte Anstrengung der Denkkraft, daß die Vorstellungen immer neues Interesse haben, die Aufmerksamkeit unablässig reizen und spannen, hindert den Schlaf, macht ihn unmöglich.

4) Vollkommne Gesundheit des Bildungslebens. Eine Hauptbedingung des Schlafs, damit er nicht durch Eindrücke vom sympathischen System aus gestört werde. Wenigstens müssen Krankheiten des Bildungslebens der Art seyn, daß sie keine solcher Eindrücke veranlassen.

5) Entfernung aller körperlichen Bedürfnisse, namentlich des Hungers, des Dursts, der Ausleerungen. Aus dem vorigen Grunde. Alle die Bedürfnisse pflegen uns erst Träume zu veranlassen und dann zu wecken.

6) Aeußere Stille und Ruhe, oder ein ganz einförmiges Geräusch, z. B. des Regens, des Rieselns eines Bachs, einer Mühle; dabei Dunkelheit und Entfernung von Gerüchen. Zuverlässig ist unter allen Sinnen der Geruchssinn der fruchtbarste zur Erweckung

von Träumen, denen wir ihren Ursprung oft gar nicht ansehn. Fensterläden befördern den Schlaf ausnehmend, der außerdem wenigstens beim Vollmond nie ruhig und traumlos ist. Auch das Gefühl hat sein sehr wichtiges Recht. Alle Thiere suchen ein weiches Lager zum Schlaf, damit sie der Schmerz nicht erwecke, welcher entsteht, wenn der Körper auf etwas Hartem liegt.

7) Kühle Luft zum Athmen, doch warme Bedeckung. Warme Luft nimmt die Kohlensäure, die die Lungen bei der Blutbereitung aushauchen, viel weniger auf, als kühlere, auch ist sie zu dünn, nöthigt zu schnellerem Athmen und beschleunigt den Pulsschlag mittelbar durchs Athmen. Im Schlaf ist es uns aber natürlich, langsam zu athmen, folglich stört uns Wärme der Luft. Aber eben durch den langsamern Pulsschlag, das langsamere Athmen und das Ruhn aller Muskeln werden wir im Schlafe kälter, als wir im Wachen sind, denn die äußere Luft kühlt die von den Mittelpuncten des thierischen Lebens entfernteren Organe mehr ab. Diese Kälte würde uns aber theils erwecken, theils gerade zu schaden. Wir bedürfen also im Schlaf einer warmen Bedeckung.

8) Aufenthalt im Freien. Der Aufenthalt im Freien reizt viel stärker unsre Sinne, als der in Zimmerluft. Auge und Ohr erhalten viel mehr und schneller wechselnde Eindrücke, besonders aber die Haut wird durch die ewig bewegte Luft ungleich stärker gereizt, als durch die stegnirende Stubenluft. Dabei ist das Geschäft des Athmens viel vollständiger und ersprießlicher, wenn wir in Gefahr kommen, dieselbe Luft wieder athmen zu müssen, die wir oder andre schon geathmet haben. Vorzüglich aber begünstigt die freie Luft das Hautgeschäft,

welches diesem Organ einen großen Theil der Verwandlung des Blutes anweißt: wir wissen, daß die Ausdunstung eben so gut Ausscheidung von Kohlenstoff aus dem Blut ist, als die Aushauchung der Lungen, obgleich die Haut das Blut in Venenblut, die Lunge dieß in arterielles umändert.

Die freie Luft befördert also den Schlaf theils indem sie die Sinne schneller ermüdet, theils indem sie die Kraft und Energie des vegetabilischen Lebens beträchtlich erhöht. Dessen ungeachtet schläft man besser in eingeschloßner Luft, weil die freie Atmosphäre zu veränderlich ist, als daß sie nicht den Schlaf theils stören, theils gefährden sollte, aber man schläft am besten, wenn man die Zeit des Wachens vorher im freien verlebt hat. Wie viele Menschen würden die Schwindsucht vermeiden, wenn sie die freie Luft nicht scheuten!

9) Das jugendliche Alter. Die Hauptursache, warum der junge Mensch besser schläft, als der ältere, ist die höhere Energie des Bildungslebens in der Jugend. Das ist eben das Alter, daß die Stärke des Bildungslebens immer mehr und mehr nachläßt und hinsinkt, folglich der Blutreiz nicht mehr so thätig ins Hirn wirkt, als in der Jugend, und das Hirn selbst nicht mehr so schnell und vollständig sich ersetzt. Je stärker das Bildungsleben, desto besser der Schlaf. Darum schlafen Neugeborne am meisten und besten, denn sie sind nur eben erst zum Thierleben erwacht, dem Pflanzenleben fast noch allein zugehörend. Darum ist guter und fester Schlaf ein Zeichen kräftiger und ausdauernder Gesundheit, auch im älteren Menschen, und der unruhige, kurze Schlaf verkündet ein frühes Alter, indem er es zugleich selber beschleunigt. Nichts zerstört

den Menschen so schnell und führt ihn so bald ins Greisenalter, oder vielmehr zum Marasmus, als anhaltende Entbehrung des Schlafs oder stete Unterbrechung desselben, so daß der Mensch nie im Stande ist auszuschlafen. Soldaten, die bei übrigens mäßigen Strapatzen wochenlang durch Bivouacs, Exerciren, Märsche und häufigen Dienst am Schlaf gehindert worden sind, bekommen auf einmal das Ansehn, als wären sie um zehn Jahre älter geworden.

10) Die Befriedigung der Geschechtslust im männlichen Alter. Es ist bekannt, daß dieß eines der größten Beförderungsmittel des Schlafs ist. Zum Theil mag wohl die Entfernung einer Gelegenheit zum Erwachen diese Wirkung erklären, allein gewiß wirkt der Zeugungsact nicht blos negativ hierbei, sondern positiv. Nicht sowohl durch die Anstrengung, nicht einmal durch die Entleerung des Saamens, welcher für den mäßigen gewiß nicht schwächend, im Gegentheil sehr naturgemäß, eher stärkend ist, sondern indem dadurch das Gangliensystem, das sympathische nämlich, in eine starke Thätigkeit kommt, wird das Bildungsleben überhaupt energischer und das Vorstellungsleben im Hirn geringer. Der Blutreiz wirkt also in das Hirn ungestörter und kräftiger danach und so erklärt sich der süße Schlaf, der die verbrauchte Kraft bald wieder herstellt, wenn nicht Mißbrauch und schnöde Wollust die Fackel des Lebens in eine Grabesfackel verwandeln.

11) Unthätigkeit. Der Nordamerikanische Wilde, wenn er weder im Krieg noch auf der Jagd beschäftigt ist, schläft. Was soll er auch sonst thun? Er weiß sich mit nichts anderem zu beschäftigen. Die alten Deutschen thaten eben so, und alle rohe Menschen mit ihnen. Je

geringer die Entwickelung des Vorstellungslebens ist, desto näher gränzt der Mensch an den thierischen Zustand: hat er sich Nahrung und alle körperliche Bedürfnisse verschafft, so schläft er so lange, bis diese Bedürfnisse ihn wieder wecken. So leben die Thiere. Die meisten Menschen scheuen nichts so sehr, als Anstrengungen ihrer Denkkraft: sie übernehmen sie nie freiwillig, sondern müssen dazu von außen gespornt und getrieben werden. Geschieht dieß nicht, so thun sie gar nichts und schlafen um so ruhiger, je weniger das Vorstellungsleben die Vegetation des Hirns zu stören geneigt ist.

12) Laue Bäder. Es dürfte wohl in der Reihe der Dinge nicht leicht etwas geben, was den Namen eines beruhigenden Mittels mit so großem Rechte verdiente, als ein laues Bad. Indem es alle peripherische Thätigkeiten erhöht, das sympathische System folglich frei macht und zugleich die Gefühlsnerven mehr als alles durch seinen sanften, sich überall gleichen Eindruck ermüdet, befördert es das ganze vegetabilische Leben, auch das des Hirns, den ruhigen Schlaf.

13) Gewohnheit, sowohl was die Dauer, als was die Zeit des Schlafs betrifft. Mit der Dauer des Schlafs verhält es sich fast wie mit der Quantität der Nahrungsmittel: alle Menschen müssen essen und schlafen, aber der eine hat sich gewöhnt sehr viel zu essen, sehr lange zu schlafen, der andre begnügt sich mit wenigem. Das Minimum, bei welchem es in der Regel dem dreißigjährigen Menschen möglich ist, zu bestehn, kann man etwa auf 5 Stunden in einem Tage setzen: die Gewohnheit jedes Individuums entscheidet. Anlangend die Zeit des Schlafs, so hängt auch hierin der Mensch ganz von seiner Gewohnheit ab, obgleich die Kühle, Stille und Dunkelheit der Nacht den Schlaf

sehr begünstigen. Es ist ein Vorurtheil, daß der Schlaf vor Mitternacht erquickender sey, als der Morgenschlaf. Millionen Menschen sind sehr gesund, ob sie gleich nie vor Mitternacht schlafen. Kömmt die gewohnte Stunde des Schlafs, so schläfert jeden, den nicht grade irgend ein zufälliger Umstand um diese Zeit in ungewöhnliche Spannung setzt: ist sie vorüber, so wird es oft schwer, den Schlaf zu finden.

14) Der Wille. Es ist bekannt, was über diese Macht des Willens Kant gesagt hat. Indessen verfährt doch der Wille im Hervorbringen des Schlafs nicht anders, als indem er die andern Umstände absichtlich benutzt, die den Schlaf herbeiführen, indem man z. B. zählt, beschäftigt man das Vorstellungsvermögen auf eine höchst uninteressante, langweilige Weise, die darum schläfrig macht. Der Schuldner, der alle seine einzelnen Schulden zusammen zählt, der Reiche, der alle gefährlich stehenden Posten summirt, schläft über dieß Zählen gewiß nicht ein.

15) Lange Entbehrung des Schlafs. Das Bedürfniß wächst mit der Entbehrung, doch nur bis auf einen gewissen Grad. Ist dieser überschritten, so kann der Mensch den Schlaf nicht wieder finden. Hat einmal die Vegetation des Hirns so sehr gelitten, daß die Folgen davon bereits Schwächung des ganzen Bildungslebens veranlaßt haben, so ist es äußerst schwer, die Gesundheit herzustellen und den Schlaf wieder seine erquickende Wirkung thun zu machen. Nie thut Uebermaas in Befriedigung irgend eines körperlichen Bedürfens so großen Schaden, als Entbehrung, und es ist viel leichter, den Folgen der Unmäßigkeit, als denen des Darbens zu begegnen.

16) Alles, was den Andrang des Blutes, nach dem Hirn beträchtlich vermehrt. Auf diese Art wird der Schlaf durch narkotische Mittel befördert: indem sie alle in der Wirkung übereinkommen, daß sie die Lebhaftigkeit der Vorstellungen befördern und sodann die des arteriellen Systems besonders erhöhn, verursachen sie zuerst schnellere Ermüdung des Hirns und nachher stärkeren Andrang von Blut nach demselben, dessen Folge tiefer Schlaf ist. Offenbar wirken alle durch den Mund genossene narkotische Mittel zunächst auf das sympathische System. Wie kann ihre Wirkung anders als durch die Nerven erfolgen, da sie sich schon äußert, nachdem sie kaum genossen sind, in einer Geschwindigkeit, die nicht den Gedanken zuläßt, daß sie erst eingesaugt und ins Blut aufgenommen werden müßten? Nur fragt es sich: was leisten sie dem sympathischen System? Denn mit diesem allein, nicht mit dem Cerebralsystem kommen sie in unmittelbare Berührung im Magen: auf dieses könnten sie nur durch das Medium des Blutes unmittelbar wirken, sonst muß ihre Wirkung eine mittelbare durch den Antagonismus des sympathischen und des Cerebralsystems seyn.

Alle Erscheinungen, die sie im sympathischen System hervorbringen, deuten darauf hin, daß sie es lähmen.

a) Sie bringen Ekel, und in reichlichem Maaße genossen Erbrechen und Durchfall hervor. Symptome widriger Affection des sympathischen Systems.

b) Sie machen Verstopfung des Stuhls, indem sie die peristaltische Bewegung vermindern: wenigstens das Opium wirkt so, besonders in kleinen Dosen, da es in großen oft auch Brechen und Durchfall macht. Verminderung der peristaltischen Bewegung deutet aber auch auf nichts anders, als auf verminderte Lebhaftigkeit des sympathischen Systems.

c) Sie erregen heftigen Durst, ohne Zweifel durch Verminderung der Secretion des Schlundes.

d) Die Pupille erweitert sich. Sogar dies entfernte Ganglion wird durch sie halb gelähmt, von welchem die Bewegung der Pupille abhängt.

So verschieden auch die Wirkung der narkotischen Substanzen unter sich seyn mag, indem der Wein z.B. zuverlässig anders wirkt, als Belladonna, überhaupt jedes einzelne Narcoticum seine Eigenthümlichkeiten hat, so kommen doch alle darin überein, daß sie die Thätigkeiten des sympathischen Systems vermindern.

Thun sie dies direct, indem sie einen Theil seiner Lebensfähigkeit hemmen, oder indirect, indem sie es zu besonders starker Thätigkeit reizen, durch welche es schnell ermattet wird?

Gewöhnlich erklärt man die schwächende Wirkung der narkotischen Substanzen auf das sympathische System aus Ueberreizung desselben, allein es fehlen gänzlich die Erscheinungen großer Reizung, die doch alsdenn nothwendig der Halblähmung oder Ueberreizung vorausgehn müßten.

Die Reizsymptome, die man wahrnimmt, ereignen sich nicht im sympathischen, sondern im Cerebralsystem, und beweisen vielmehr, daß jenes an Lebhaftigkeit verloren habe, wodurch dieß, als mit ihm antagonistisch, desto thätiger hervortrete. Je mehr die Thätigkeit des sympathischen Systems sinkt, desto größer wird die der antagonistisch wirkenden Hirnganglien, desto lebhafter das Combinations- und Erinnerungsvermögen, desto unwirksamer die Herrschaft des Hemispärensystems; — Zustand des Rausches.

In dieser Erhöhung der Thätigkeit des Systems der Hirnganglien liegt unstreitig der Grund, warum den Menschen narkotische Mittel so angenehm sind.

Indessen wird auch die Lebhaftigkeit der arteriellen Thätigkeiten durch sie erhöht: zwar wird der Pulsschlag gewöhnlich langsamer, aber voller, weicher, und alle Secretionen werden beschleunigt. Beweißt dies Reizung des Nervensystems?

Im Gegentheil beweißt es ein Hervorrufen des Antagonismus zwischen Gefäß- und Nervensystem, nach welchem jenes sich um so kräftiger thätig zeigt, je unwirksamer dieß ist.

Wenn endlich das narkotische Mittel resorbirt und dem Blute beigemischt ist, erregt es Schwindel; der Pulsschlag wird immer größer, alle Hirnactionen immer verworrener und unvollkommner, bis das Vorstellungsleben gänzlich aufhört und das Hirn dem Bildungsleben anheim fällt. Ueberall also sehn wir durch diese Mittel Verminderung der Vitalität des Nervensystems.

Und so tödten sie auch. Das stärkste unter ihnen, die Blausäure, tödtet die Nerven sogleich örtlich, wo sie sie berührt, und von diesem örtlichen Absterben verbreitet sich erst der Tod allmählig bis auf die Centraltheile des Nervensystems. Die schnelle Fäulniß an narkotischen Giften verstorbener beweißt ebenfalls schnelle und allgemeine Vernichtung der Irritabilität des Nervensystems, wie sie durch den Blitzstrahl erfolgt. Die Humboldschen Versuche beweisen ebenfalls, daß die Nerven durch alles narkotische direct geschwächt werden.

Sehn wir auf die chronische Wirkung der narkotischen Getränke, so finden wir zwar, daß die Menschen bei deren mäßigem Gebrauch lange leben und gewöhnlich

lich fett werden, daß aber bei deren Uebermaas Sinne und Denkkraft stumpf, alle Muskelbewegung zitternd und schwach wird und am Ende der Tod erfolgt, wenn das Nervenleben den höchsten Grad der Schwächung erreicht.

Das narkotische Princip in den Pflanzen erhöht also das vegetabilische Leben auf Kosten des Nervenlebens. Erwägt man, daß gerade die Bildung des Nervensystems den Hauptunterschied zwischen Pflanzen und den vollkommneren Thieren ausmacht, so begreift man leicht, wie es Produkte des Pflanzenreichs geben kann, die, in thierische Körper gebracht, Neigung zeigen, diese sich selbst zu assimiliren, also das Nervensystem und seine Thätigkeiten direct zu hemmen oder anzugreifen, auch begreift man, warum diesen Körpern kein andres Reagens gegenüber steht, als eben die Nerven selbst.

Der Schlaf, um von dieser Digression, die dem Leser hoffentlich nicht unzweckmäßig scheinen wird, zurückzukommen, wird durch die narkotischen Mittel also auf doppelte Weise befördert, durch Verminderung des gesammten Nervenlebens und durch Vermehrung des Blutandrangs nach dem Hirn.

Aller krankhafte Schlaf wird durch diesen Blutandrang nach dem Hirn erklärt. Nur wenn er von Krankheiten herrührt, welche ihren Sitz in den beiden unteren großen Höhlen haben, beobachten wir ihn, ohne daß Schlaf seine Folge ist. Freiwillige Congestionen nach dem Kopf hindern den Schlaf eher, als daß sie ihn befördern, weil sie nicht statt finden können, ohne daß zugleich das sympathische System so sehr leidet, daß dessen unruhige Thätigkeit unaufhörlich ins Hirn reflectirt wird und das stete Gefühl des Leidens der Organe dieß munter erhält. Steigt die Congestion auf einen hohen Grad, so erfolgt ein höchst unruhiger Schlaf mit angstvollen Träumen, in Fiebern Corea vigil.

17) Blutverminderung, mäßiger Blutverlust. Warum schläft man nach einem Aderlaß, nach Nasenbluten, nach anderem mäßigen Blutverlust so gut und erquickend, wenn die Stärke des Blutreizes die Stärke des Schlafs bestimmt? Stößt diese Thatsache nicht die ganze Erklärung des Schlafs um? Muß nicht das Nervenleben durch Blutausleerung unmittelbar erhöht wirken, gemäß dem Gesetz des Antagonismus? und wir sehn Ohnmacht erfolgen, während des Blutverlusts, nicht selten wenn auch dieser sehr mäßig ist, Schlaf, nach einigen Stunden, nachdem er erfolgt ist.

Die Ohnmacht erklärt sich unstreitig daraus, daß bei schnellem Blutverlust die Blutvertheilung unregelmäßig wird und ein paar Pulsschläge erfolgen, in welchen die Carotiden leer bleiben. Dann stockt zugleich die Pulsation des Hirns, deren augenblickliche Folge Ohnmacht ist.

Schlaf erfolgt auf Blutausleerung nur nach einigen Stunden, und während dieser, während des Wachens nach der Blutausleerung, ist das Vorstellungs- das gesammte Nervenleben allerdings so, wie es nach dem Gesetz des Antagonismus seyn muß, äußerst rege und lebhaft. Eben diese Lebhaftigkeit ermüdet aber auch das Hirn und aus dieser Ermüdung erklärt sich der Schlaf, der um so ruhiger zu seyn pflegt, da durch den Blutverlust zugleich die Energie des sympathischen Systems erhöht und befreit ist, folglich keine Reize von diesem aus den Schlaf beunruhigen.

18) Große Kälte bewirkt unüberwindliche Schläfrigkeit, ehe sie tödtet. Die Thatsache ist richtig und die Erklärung nicht schwer. Sobald die Kälte stark genug ist, daß sie, unaufgehalten durch die Hüllen des Schädels, das Hirn so erkältet, daß der Strom des Bluts nicht hinreicht, ihre erkältende Wirkung aufzuheben, wird das Vorstellungsleben unmöglich, während daß das Bildungsleben noch fortdauert, denn die Eingeweide der Brust und die Leber werden sicher noch später erkältet, als das Hirn. So dauert das vegetabilische Leben noch eine kleine Weile länger im Gehirn fort, als das Vorstellungsleben und der Tod erfolgt durch das allmählige Erstarren der Rippenmuskeln, die das Athemholen endlich aufheben.

Kürzer als die Beförderungsmittel des Schlafs können die Hindernisse desselben abgehandelt werden.

Das Wesen des Lebens der Sinne und des Hirns hebt den Schlaf auf: es ist der natürliche Zustand der Sinne, daß sie empfinden, der Muskeln, daß sie sich bewegen, des Hirns, daß es vorstellt. Der Schlaf ist diesen blos periodisch nothwendig, weil im Wachen ihre Ernährung nicht vollständig genug erfolgt, ein Beweis und die Folge der Unvollkommenheit ihres eigenthümlichen Lebens. Das Erwachen muß also auf den Schlaf nothwendig folgen, nach der wesentlichen Bestimmung der thierischen Natur. Unmittelbar bestimmt wird es

1) Durch Erreichung des Zwecks des Schlafs. Sobald das Hirn wieder so vollständig ernährt ist, daß die Ermüdung durch die früheren Vorstellungsthätigkeiten völlig aufgehoben ist, erwacht der Mensch.

2) Nach dem Gesetz der Gewohnheit. Hat der Blutreiz eine Zeit lang allein auf das Hirn gewirkt, so percipirt das Hirn die Einwirkung des Blutreizes wieder mehr, als ihn; der Mensch wacht auf. Ein allgemeines Strecken aller Muskeln ist die erste Wirkung des erwachten Vorstellungslebens ins Muskelsystem: das Kiefernsystem das seine Muskelnerven nicht aus dem Rückenmark, sondern aus dem Hirn hat; wird auch besonders gestreckt: der Mensch **gähnt**. Erwachen und Einschlafen gewähr ganz ähnliche Erscheinungen.

3) Durch alle Sinnenreize. Mitten aus dem tiefsten Schlaf wird der Mensch erweckt: so bald ein ungewöhnlicher Reiz seine Sinne stark genug rührt: nichts ist bekannter. Je mehr er das Bedürfniß des Schlafs bereits gestillt hat, desto geringeren Sinnenreizes bedarf er, um aufzuwachen. Eben so wirkt auch der relativ äußere Sinn vom sympathischen System aus. Dieser ist im kranken Zustand immer rege, darum ist Krankheit das größte Hinderniß des ruhigen Schlafs. Alle körperliche Bedürfnisse, Hunger, Durst, Trieb zu Ausleerungen, der Geschlechtsreiz hindern den Schlaf durch diesen Sinn und bewirken das Erwachen.

Dies sind die Ursachen des Erwachens. Die der Schlaflosigkeit gehören eigentlich in die Pathologie, indessen um der Vollständigkeit willen, und weil außer denen, die durch den Reiz entstehn, welcher vom sympathischen System ausgeht, ihrer nur wenige sind, kann ihrer auch hier gedacht werden.

Die erste ist die Schwäche des Bildungslebens überhaupt. Darum würden Greise gar nicht schlafen, wenn nicht das Vorstellungsleben des Hirns zugleich mit dessen Bildungsleben sänke, und, leicht und schnell ermattet, dennoch das Bedürfniß des Schlafs herbeiführte, um so eher, je reicher das Gedächtniß, je geübter das Combinationsvermögen von den Zeiten der Kraft her geblieben ist. Im Kinde gleicht das Hirn einer leeren Tafel, im Greis einer vollgeschriebenen, auf welcher neue Aufschriften nicht mehr Platz finden, aber er hat noch reges Vorstellungsleben in seiner Vergangenheit. Die Schwäche des Organs vermag nur nicht lange Anstrengung zu ertragen, eine leichte schon macht ihn schläfrig, aber der Schlaf ist von kurzer Dauer, denn auch das Bildungsleben wirkt nicht mehr energisch genug.

Alle wahrhaft geschwächte Menschen, Gichtkranke, alle solche, die an den Folgen der Erschöpfung des Bildungslebens, der vegetirenden Kraft der Organe leiden, schlafen sehr wenig. Das hektische Fieber, das Symptom des hinsinkenden Bildungslebens, ist mit Schlaflosigkeit immer begleitet. Das Wachen wechselt nur mit dem Zustand unruhigen, unerquickenden Schlummers.

Die zweite Ursache der Schlaflosigkeit ist allzurege Thätigkeit des Vorstellungslebens. Leidenschaftliche Regungen des Gemüths, von welcher Art sie auch seyen, machen den Schlaf unmöglich. Sorgen, die sich mit leidenschaftlichen Regungen trauriger Art so gern verbinden, überdieß die Vorstellungskraft immer in gespannter Thätigkeit erhalten, haben dieselbe Wirkung. Das Nachdenken, die Gewohnheit der Hemisphären, in immerwährender Thätigkeit zu seyn, verscheucht den Schlaf um so sicherer, je interessanter die Gegenstände des Nachdenkens sind; indem es den Werth und die Intensität des Lebens erhöht, kürzt es dessen Dauer ab, denn die Folge anhaltender Schlaflosigkeit ist unaufhaltsames Sinken der Bildungskraft im Gehirn, Verfallen des

Mittelpunkts alles Lebens und führt dadurch erst Krankheiten chronischer Art, durch sie aber das Ende des Lebens herbei.

Der magnetische Schlaf.

Eine Physiologie, die des magnetischen Schlafs nicht gedächte, würde eine wesentliche Lücke haben. Auch der scharfsinnige Stieglitz hat das Bedürfniß einer Erklärung, wie das Manipuliren eines Menschen im andern die Nervensymptome erregen könne, die unter dem Namen Somnambulismus u. s. w. bekannt sind, nicht aufgelöst. Allerdings sind jene Erscheinungen krankhaft, allerdings sind sie Symptome mancher Nervenkrankheiten, und als Mittel zur Heilung anderer Krankheiten sind sie mindestens sehr sonderbar gewählt, indem sie viel besser passen, Aufsehn für den Magnetiseur zu erregen, bei den Schwachen am Geiste ihm das Ansehn eines Wunderthäters zu verschaffen und eine anziehende Kraft auf die edlen Metalle in den Cassen der Unmündigen auszuüben. Allein der große Punkt ist: Wie können diese Nervensymptome durch Manipulation erregt werden?

Vor allererst ist das Factum zu constatiren.

Auf die allermeisten Menschen wirkt weder die magnetische Manipulation, noch die bezauberten Glastrümmer im Baquet, um welches die Jünger des Meisters angebunden sitzen, beschäftigt, Stricke zu melken, noch ein bezauberter Baum, noch gesegnetes Wasser irgend etwas. Ich selbst gehöre zu den Unglücklichen, die vom magnetischen Zauber nicht das geringste empfinden, auch habe ich nie andern irgend eine magnetische Wirkung mittheilen können. Freilich hat mir der Glaube gefehlt.

Andre werden ganz warm vor Ungeduld und Erwartung der Dinge, die da kommen sollen, andre finden die Bezauberungs-Ceremonien gewaltig langweilig und schlafen darüber ein, aber solcher Schlaf ist vom natürlichen durch nichts verschieden und sehr begreiflich.

Nun giebt es aber wirklich häufige Fälle, wo durch das Manipuliren die schlafenden Magnetisirten in den Zustand übergehn, welcher in allem wesentlichen übereinkommt mit dem gewöhnlichen Nachtwandeln. Wollen wir dieß läugnen, so müssen wir eine große Menge Menschen, die wahrhaftig nicht aufs Betrügen ausgegangen sind, Lügner und Betrüger schimpfen. Dieß mag daher als Factum feststehn.

Was ist aber der Zustand eines Nachtwandlers?

Wir nennen so einen Menschen, der im tiefen Schlafe, wo ein bedeutendes Geräusch, Licht, Gefühlseindrücke sonst sehr empfindlicher Art u. s. w. nicht von ihm wahrgenommen werden, so lebhaft träumt, daß sein Muskelsystem alle Handlungen verrichtet, die man sonst wachend zu thun pflegt, ja oft solche, die ein wachender nicht im Stande wäre zu verrichten.

Das Wesen des Zustands des Somnambulisten besteht in großer Thätigkeit des Hemisphärensystems und sehr bestimmter Herrschaft desselben über die Muskeln bei geschlossenen äußeren Sinnen.

Dabei lehrt die Erfahrung, daß es möglich sey, durch Bemühung und Berührung mit so schlafenden Menschen in solche Verbindung zu kommen, daß sie hören, was der so mit ihnen verbundene spricht, ob sie gleich nichts anderes hören, daß sie dieß beantworten.

überhaupt Einwirkungen von dem verbundenen Individuum aus annehmen. Allein minder gewiß sind die noch außerdem behaupteten Erscheinungen von Sympathie zwischen dem Magnetisirten und dem mit ihm im Rapport stehenden. Ich selbst habe mich mit einem Nachtwandler (keinem Magnetisirten) in Rapport gesetzt, worauf dieser alle meine Fragen beantwortete, während er sonst nichts, selbst das lauteste Rufen eines anderen, nicht hörte. Allein ich gab mich gegen ihn für einen anderen aus und er beantwortete alle meine Fragen in dem Sinn, als ob ich dieser andere wäre, irrte sich also gänzlich in meiner Person, ein Beweis, daß Somnambülen nicht immer Clairvoiants sind. — Wird der Somnambulismus durch Magnetisiren hervorgebracht, so steht der Magnetiseur in Rapport mit dem Magnetisirten.

Alle andere Facta, Hexereien, Prophetenkünste, Wahrsagungen u. dgl. beleidigen den Menschenverstand allzusehr, als daß man sie auf die treuherzige Versicherung irgend eines Menschen für baare Wahrheit annehmen könnte. Nur ganz unumstößliche Beweise könnten hinreichen, dergleichen Dinge, wie uns die Magnetiseurs glauben machen wollen, für wahr anzunehmen, und diese möchten sehr schwer zu führen seyn. Die wissenschaftliche Untersuchung schließt also alles, was übernatürlichem Spuk ähnlich sieht, aus ihrem ernsten Gesichtskreis aus, als ihrer unwürdig, so lange es auf unerwiesenem Geschrei der leichtgläubigen oder derer beruht, die wohl gar ein Interesse haben, zu täuschen.

Beim Somnambulismus ist zweierlei zu erklären, die consequenten und planmäßigen Handlungen der Somnambülen bei geschlossenen äußeren Sinnen, und der

Rapport, in welchen einzelne Individuen mit ihnen treten können, während sie für die übrige Außenwelt unempfindlich sind.

Die Möglichkeit des planmäßigen Handelns in tiefem Schlafe ist nicht zu erklären, wie die eines gewöhnlichen Traums. Beim Traum erwacht der Mensch äußerst leicht; seine Sinne sind viel excitabler, als im traumlosen Schlafe, beim Somnambulismus sind sie fast unerwecklich. Im Traume bewegt zwar der Mensch seine Muskeln auch, allein bei weitem nicht mit der Präcision, Absicht, Ordnung und Kraft. Der Nachtwandler steht vom Lager auf, nimmt allerlei sehr consequente Handlungen vor, geht mit großer Sicherheit seiner Absicht gemäß, ohne zu fallen oder auszugleiten, an die gefährlichsten Orte. In Rapport mit einem andern gesetzt beantwortet er Fragen mit dem größten, dem Individuum sonst ungewöhnlichen Scharfsinn, mit Wahrhaftigkeit, die er im Wachen wohl nicht so weit treiben möchte; er zeigt ungeahnte Kenntnisse, entwikkelt Schwierigkeiten, die ihm im Wachen unauflösbar waren, wie ich denn selbst bezeugen kann, daß ein Student, der erst vor kurzem als Professor der Mathematik zu C. verstorben ist, eines Nachts eine sehr schwere Rechnung vollendete, die sein berühmter Lehrer H. und er den Abend vorher vergeblich aufzulösen sich bemüht hatten. Er schrieb die Auflösung des Problems an seinem gewöhnlichen Schreibtisch, bei völliger Finsterniß, schlafend nieder. Nachtwandler war er immer gewesen.

Diese Erscheinungen beweisen a) vollständige Wirksamkeit des Organs, welches die Thätigkeiten der Muskeln bestimmt. b) sehr freie und vollständige Thätigkeit des Hirntheils, welcher die organische Bedingung des

Verstands ausmacht. c) Unthätigkeit, ja größere als im gewöhnlichen Schlafe, der Hirnorgane, zu welchen die Sinnennerven leiten.

So drängen uns denn diese Erscheinungen sehr bestimmt auf die Erklärung hin. Ein Antagonismus ist erweckt zwischen Hemisphären- und Gangliensystem. Dieß ist im allertiefsten Schlafe, völlig unfähig zu empfinden und vorzustellen, während jenes desto reiner, desto präciser und besser vorstellt, über die Muskeln sehr vollständig gebietet.

Die Erklärung, daß die großen Nervenknoten und Geflechte des Bauchs die Rolle des Hirns übernehmen, möchte ich wohl drollig nennen. Das Ganglion der thierischen Gefühle soll verständigere Aeußerungen geben, als das Hirn.

Wie ist aber die Möglichkeit des in Rapport setzens zu erklären? Das Hemisphärensystem hängt sonst nur mit der Außenwelt durch das Gangliensystem zusammen, und dieß ist vollkommen schlafend. Es muß also, wenn die Hemisphären mit der Außenwelt in Verbindung treten sollen, entweder wenigstens partiell geweckt werden, oder es muß beim Rapport eine andre Art von Verbindung zwischen dem Hemisphärensystem und der Außenwelt geöffnet werden, als die im wachenden Zustande statt findet.

Für das partielle Erwecken des Gangliensystems scheint zwar das Hören des Somnambülen zu beweisen. Allein erwägt man, daß dieß Hören nicht das gewöhnliche ist, indem der Somnambüle nur den hört, der mit ihm in Rapport ist, sonst aber nichts, ferner daß die Hemisphären sehr füglich die Schwingungen der elastischen Kopfknochen hören können, ohne die Thätigkeit des gewöhnlichen Hirnorgans, daß ferner das partielle Erwecken des Ganglienſyſtems wider das Weſen des Somnambulismus ſtreitet, ſo iſt die Annahme eines andern Wegs der Verbindung der Hemiſphären mit der Außenwelt, als durch die äußeren Sinne mindeſtens wahrſcheinlicher.

Möglich iſt eine doppelte Verbindung. Erſtlich die durch den relativ äußeren Sinn, durch das ſympathiſche Syſtem. Dieß ſteht nicht blos durchs fünfte Paar und den recurrirenden Nerven, es ſteht unmittelbar durchs Rückenmark und die kleinen Muskularganglien mit den Hemiſphären in Verbindung. Eindrücke von ihm aus können ſich also ſehr wohl nach den Hemiſphären reflectiren ohne Berührung des Syſtems der Hirnganglien, und wenn die Magnetiſeurs nicht gänzlich erdichten, ſo findet im Somnambulismus ein ſolcher Zuſammenhang wirklich und unleugbar ſtatt. Auch mit der Außenwelt kann das ſympathiſche Syſtem ſehr wohl connectiren, indem es ſich mit den Rückenmarksnerven verbindet, deren viele nach der Haut gehn. Doch iſt eine ungezwungenere Erklärung, wie das ſympathiſche Syſtem Sinneneindrücke von außen aufnehmen und vom relativ äußeren Sinn zum abſolut äußeren werden können, möglich, wenn wir uns erinnern, daß die Atmoſphäre aller Nerven ohne Zweifel erweiterungsfähig iſt, und daß alle Nerven atmoſphäriſch in ihren Verbreitungsflächen wirken.

Dieſe Eigenſchaft des Nervenſyſtems, die auf den allergewiſſeſten Thatſachen beruht, führt aber auf die zweite Art, wie das Hemiſphärenſyſtem mit der Außenwelt in Verbindung treten kann, ohne Sinne: es kann nämlich unmittelbar ſelbſt ſeine wirkſame Atmoſphäre sehr wohl über die Gränzen der Kopfhüllen hinaus erweitern. Wir haben die Oberfläche des Hirns als die wirksame Verbreitungsfläche der Markbündel kennen gelernt. Im gewöhnlichen Zustande, wo die äußeren Sinne thätig sind, kann eine Erweiterung der Atmosphäre dieser Verbreitungsfläche wohl vorfallen, allein der hellere Sinnenreiz, die Gewohnheit, die Außenwelt nur durch ihn zu empfinden, die Thätigkeit des Systems der Hirnganglien überstimmen die hierdurch eingehenden Eindrücke oder verwandeln sie in dunkle Ahnungen. Allein in dem Zustande, in welchem die äußeren Sinne schlafen und das Vorstellungsleben des Systems der Hirnganglien suspendirt ist, kann die thätige Atmosphäre des Hirns sehr wohl sich erweitern und es ist unmöglich, die Gränze zu bestimmen, bis zu welcher sie es kann, da die größte Nervenmasse hier wirkt, welche aufs höchste dynamisch vollkommen ist. Da wir die Art und die Bedingungen gar nicht kennen, wie Mittheilungen also unmittelbar ins Gehirn gelangen mögen, so ist die Besonderheit, mit welcher das sich in Rapport setzen geschieht, d. i. die Weise, wie ein andres Individuum von der wirksamen Atmosphäre des Hirns wahrgenommen werden kann, durchaus noch nicht Gegenstand der Erklärung, sondern des Experiments, wie denn die ganze Sache zur Zeit blos wahrscheinlich, aber noch problematisch ist und der genauen Untersuchung sehr würdig scheint, indem sie am allerersten verspricht, die mysteriösen Unbegreiflichkeiten physisch und rationell aufzuklären, die bisher so oft als mit dem Verstand in Widerspruch und dessen Unzureichenheit beweisend dargestellt worden sind.

Alsdann wird sich eher aufklären, wie das Streichen über die Oberfläche des Körpers des einen Individuums, verrichtet von einem robusteren andern, aber nach bestimmter Richtung und unter bestimmten Bedingungen, zuerst das Einschlafen des Gangliensystems, dann das Erwachen des Hemisphärensystems, und endlich die Erweiterung der Atmosphäre dieses Letzteren über die Gränze der körperlichen Form hinaus bewirken können. Das Muskelsystem des Somnambülen ist bei dieser Art des Erregens dieses Zustands weit weniger, das Hemisphärensystem weit mehr wirksam, als im freiwilligen Somnambulismus. Noch stehn wir an der Schwelle eines großen und wichtigen Geheimnisses der menschlichen Natur, dem nichts mehr zu wünschen ist, als der Fleiß und die Unbefangenheit wahrheitliebender Beobachter. Doch so viel haben wir schon entdeckt, daß es wahrhaftig da ist und daß es mit den magnetischen Wirkungen, den Aeußerungen des eigenthümlichen Lebens kosmischer Körper, schlechterdings nichts gemein hat, daß also die Ausdrücke Magnetismus, Magnetiseur, magnetischer Schlaf vollkommen unpassend sind und blos an die elenden Gaukelspiele erinnern, durch welche eine große und würdige Sache eher der abergläubischen Menge als dem Forschergeist der Verständigern Preis gegeben worden ist.

Es ist wahrhaftig sehr nothwendig, daß man sich alles Ernstes dem magnetischen Spuk entgegensetze, der hie und da getrieben wird. Soll das Studium der menschlichen Natur wieder verfallen? Soll die Arzneiwissenschaft, die sich seit einem Jahrhundert so schön erhoben hat, wieder werden, was sie bei den rohesten Völkern ist, eine Schamanengaukelei? Sollen wir das Schicksal der Römer des zweiten und dritten Jahrhunderts haben, die von einer hohen Stufe der Cultur zum nichtswürdigsten Aberglauben herabsanken und mit Amuleten, Besprechungen und magischen Künsten heilten? Deutschland ist gewohnt, auf die zweite seiner Städte als auf ein Vorbild zu sehn, das ihm in allen Bestrebungen des menschlichen Wissens voranleuchte; besonders haben die großen Aerzte, die diese Stadt enthält, die Achtung von ganz Europa in hohem Grade erworben und eine blühende Schule verbreitet die hier vorgetragenen Kenntnisse unmittelbar über einen großen Theil des Vaterlands. Soll man da gleichgültig ansehn, wenn es in dieser Stadt Aerzte giebt, die in allem rechtskräftige Ansprüche auf eine ausgezeichnete Stelle unter ihren Collegen machen dürfen und ihre Kranken mit Anblasen, mit Neigen eines eisernen Augurenstabs, mit gestoßnem Glas kuriren, das in einem wohlbemalten Fäßchen in der Mitte der gläubigen Schaar steht? Ein witziger Kopf verglich diese Schaar mit der Gesellschaft des Landgrafen von Hessen, zu dem Eulenspiegel kam, sich für einen Maler ausgab, dessen Gemälde niemand sehn könne, der nicht von ehrlicher, ehelicher Geburt sey, sich vier Wochen mit seinen Gesellen einschloß, aß und trank und endlich dem Landgrafen und seinem Hofe eine weiße Wand mit einem Vorhang behangen, zeigte, mit dem Vorgeben, daß hier der Landgraf, die Landgräfin und Gott weiß wer sonst noch gemalt sey. Das fanden sie alle sehr schön und ähnlich, denn keiner wollte der erste seyn, der von sich gestand, seine Mutter sey untreu gewesen, bis endlich ein unkluges Hoffräulein laut versicherte, sie sehe eigentlich gar nichts, worauf denn die übrige Gesellschaft eingestand, daß es ihr nicht besser gehe; aber der Schalk von Maler hatte sich schon aus dem Staube gemacht.

Schon Asklepiades wußte, daß man durch Streichen schläfrig wird und bei fortgesetztem Frottiren einschläft. Ein alter Officier, der von Mesmer und seinen Jüngern nie gehört hatte, ließ sich von seinem Bedienten alle Abende den Rücken bürsten, bis er einschlief. Aber daß man den Magnetismus auf andre Körper übertragen kann, aus welchen er auf ganzen Gesellschaften en gros wirkt, das ist etwas ganz neues.

Alle Aerzte, die bisher mit Erfolg magnetisirt haben, widmeten sich diesem Geschäft für eine einzige Kranke, die sie sehr sorgfältig und mit großem Aufwand von Zeit und Kräften behandelten. Die ungewissen Resultate dieser Versuche lassen noch kein bestimmtes Urtheil, weder über die Wirkungsart, noch über den möglichen Nutzen dieses Manipulirens zu und auf einmal fängt man an, was schon vor der französischen Revolution als Unfug vorwerfen wurde, mit der Miene der Wissenschaftlichkeit und der unbefangnen Untersuchung wieder aus seinem Schattenwinkel vor zu holen, die Leute gruppenweit zu magnetisiren, ohne sichs eben viel Mühe kosten zu lassen und von nichts, als von dem großen, universellen Nutzen dieses Verfahrens zu sprechen. Möchte es wirklich nutzen in Lähmungen! Aber nein! nicht auf einzelne Klassen von Krankheiten beschränkt man sich, sondern man unternimmt, jeden chronischen Kranken, er habe Skirrhositäten, oder Epilepsie oder Wassersucht, oder ein chirurgisch zu heilendes Uebel, als Wasserbruch, Mastdarmfistel u. dgl., dadurch zu heilen, daß man ihn anbläst, mit einem Hanfstrick ihn um ein Faß voll Glasscherben bindet und mit der Miene eines Augurs den Augurenstab auf ihn neigt. NB. dieß widerfährt bemittelten, dankbaren Kranken: ärmere schickt man mit einem geweyten Amulet nach Hause, das man ihnen auf der Brust tragen heißt. Und das geschieht in einer hochaufgeklärten Stadt, die sich wahrlich nicht die letzte unter den Städten Deutschlands dünkt und dazu wohl Ursache hat. Das geschieht angesichts einer Schaar von Jünglingen, die hierher gekommen sind, sich zu bilden und von hier das Muster ihres künftigen Verfahrens nach allen Gegenden Deutschlands mit nehmen. Das geschieht von Männern, die als geweihte Priester der Kunst geachtet werden. Soll denn niemand seine Stimme erheben und sagen: seht zu, daß nicht die Sache der Wahrheit leide! daß nicht die Ehre der Wissenschaft gefährdet werde? Mit offenem Visir habe ich den Fehdehandschuh fallen lassen. Will man ihn aufheben? Ich werde die Replik nicht schuldig bleiben.

Bisher ist die Rede gewesen vom Bildungsleben der Organe des Vorstellungslebens, zuerst von ihren eigenthümlichen, dann vom mitgetheilten. Es ist noch übrig zu betrachten, welchen Einfluß das Vorstellungsleben des Menschen auf sein Bildungsleben habe.

Daß das Bildungsleben für sich und ganz ohne allen Antheil des Vorstellungslebens bestehn könne, beweißt das Daseyn des Gewächsreichs. Dem Bildungszweck ist der Vorstellungszweck an sich fremd: dieser kann nur in organischen Geschöpfen erreicht werden, folglich setzt es das Bildungsleben voraus, ist von ihm abhängig. Allein das Bildungsleben ist an sich unabhängig vom Vorstellungsleben.

So

So mag es auch in den Infusionsthieren seyn, allein im Menschen und den vollkommneren Thieren, ja in allen, in welchen wir deutliche Nerven wahrnehmen, ist es nicht so. Ihr Vorstellungsleben übt nicht nur auf ihr Bildungsleben einen sehr wichtigen Einfluß aus, sondern dieß besteht nur durch die stete Einwirkung eines eigenthümlichen Organensystems, welches zwar aus Nervenmassen gebildet ist, die dem allgemeinen Gesetz der Nerventhätigkeit folgen, allein ganz dem Bildungsleben zugehört und dieß aufs innigste mit dem Vorstellungsleben verbindet. Wir haben dieß wichtige System, dessen schon oft hat Erwähnung geschehn müssen, das sympathische System genannt.

Es bildet sich in den niederen Thierreichen früher aus, als das Rückenmark- und Cerebralsystem. Sobald nur überhaupt Nervenmassen unterscheidbar sind, erscheinen sie als Nervenknoten des Speisecanals. Doch es ist unser Zweck, die Gattung dieses Systems im Menschen zu untersuchen: wir verfolgen daher die Ausbildung desselben durch die Reihen der Thiergeschlechter nicht, sondern halten uns blos an dessen Vorkommen im Menschen.

Gekannt hat man es schon lange, allein man hatte sich gewöhnt, es als aus dem Hirn und Rückenmark stammend anzusehn. Gegenwärtig ist aber wohl kein Physiolog mehr, der daran zweifeln sollte, daß es eine völlig selbständige, vom Hirn und Rückenmark ganz unabhängige Existenz hat und blos mit demselben durch vielfache Fäden verbunden ist.

In Absicht auf seine organische Form fehlt ihm sogleich das erste und allgemeinste Kennzeichen aller Organe des Vorstellungslebens, die symmetrische Bildung:

die Nervenknoten liegen, alle in geringer Entfernung von der Wirbelsäule, ganz unsymmetrisch, bald links, bald rechts. Eben so fehlt ihm das zweite: es zeigt sich in ihm keine Spur von Centricität. Denn obgleich das halbmondförmige Ganglion die größte Masse dieses Systems ist, so hat doch jedes andre Ganglion eben so viel Anspruch auf den Namen eines Mittelpunkts, als dieses. Die sämmtlichen Ganglien nämlich reflectiren nicht nach einem gemeinschaftlichen Mittelpunct, sondern jedes wirkt für sich und einzeln, gerade wie die Eingeweide, zu welchen sie gehören, einzeln wirken und ohne symmetrische Bildung sind.

Mit dem Hirn und Rückenmark steht dieß System in gar keiner unmittelbaren Verbindung, wohl aber in sehr vielfacher mittelbaren, denn es verbindet sich durch Fäden beinahe mit allen Muskelnerven, auch mit allen Sinnenhülfsnerven.

Beschreibung des sympathischen Nervensystems.

Die Beschreibung dieses Systems ist um so schwieriger, da es keinen Mittelpunkt hat, von welchem man ausgehn kann. Wir folgen der Reihe der Knoten von oben an.

1) Das Ganglion cervicale magnum, der oberste, große Halsknoten.

Die Lage dieses Ganglions ist am Körper des zweiten und dritten Halswirbels bis zum vierten hin, doch oft veränderlich, wie seine Größe, die von einem halben bis zu mehr als drei Zollen varirt. Er erscheint gewöhnlich oval doch schmal im Verhältniß zur Länge, dünn, platt, nicht selten in mehrere Knoten getheilt, von röthlicher Farbe.

Aus ihm geht ein Nervenfaden nach dem Knochencanal der Karotis, durchdringt diesen, zerspaltet sich dann in zwei Fäden und vereinigt sich in der Schädelhöhle mit Fäden vom zweiten Aste des Kiefernerven, und mit Fäden des sechsten Paars der Hirnnerven. Selten ist es mit den Stimmnerven durch einen Faden vereinigt, aber allemal mit mehreren Cervicalnerven, vorzüglich mit dem zweiten.

Alle diese Fäden, mit welchen es sich mit dem Hirn- und Rückenmarksystem verbindet, gehn von seiner hintern, dem Wirbelkörper zugewandten Fläche ab.

Diese Verbindungen sind äußerst wichtig als Hauptnexus des sympathischen Systems mit dem Gehirn.

Aus der vorderen Fläche dieses Gängliöns kommen

a) die weichen Nerven, an Anzahl unbestimmt, von zwei bis sechs, die sich theils an die Karotis begeben und sie begleiten; indem sie in ihre Membranen übergehn, dann sich mit Fäden vom Stimmnerven, vom Glossopharyngeus und vom fünften Paar vereinigen, aus welchen Vereinigungen zwei Nervenplexus entstehn, das Schlundkopfsgeflecht und das Kehlgeflecht. Diese Plexus geben Fäden zum Schlund- und zum Kehlkopf und bringen die Veränderungen der Stimme bei Gemüthsaffecten, auch den Antheil hervor, den der Schlundkopf an diesen nimmt.

b) Der flache Herznerv (cardiacus superficialis supremus) vereinigt sich mit einigen Fäden von den weichen Nerven, giebt dem an Schlund- und Kehlkopf Fäden, vereinigt sich mit andern Nervenfäden aus dem sympathischen System und verliert sich in die subclavia und Aorta.

Folglich erhält die ganze aufsteigende Aorta ihre Nerven von diesen Knoten. Einige Fäden gehn zu den Sprach- und Schluckorganen, doch ist er vorzugsweise der obern Aorta, Karotis, und allen aus ihr entspringenden Schlagadern bestimmt. Gleich wichtig ist seine Bestimmung als Verbindungsorgan des ganzen sympathischen Systems mit dem Gehirn durch die Fäden, die man gewöhnlich den Anfang des sympathischen Nerven zu nennen pflegt. Aus dem untern, meist spitzen Ende des großen Halsganglions geht ein Verbindungsnerv zum zweiten Halsganglion ganz dicht neben dem Stimmnerven fort, welcher sich oft durch Fäden mit ihm verbindet. Außerdem bekommt dieser Nerv Fäden von den ersten vier Cervicalnerven.

2) das Ganglion cervicale medium ist nicht immer vorhanden. Wenn es da ist, liegt es am Körper des sechsten Halswirbels, ist von elliptischer Form, allemal kleiner als das vorige. Es giebt Nerven an die Wirbel- Schilddrüsen- und Lungenschlagadern, empfängt Fäden vom fünften und sechsten Cervicalnerven und aus ihm geht der Hauptfaden des sympathischen Nerven zum folgenden Ganglion fort.

3) Ganglion cervicale inferius s. cardiacum ist viel beständiger vorhanden, als das vorige, größer, wo dieß fehlt, oft selbst in zwei Theile getheilt. Seine Lage hat es an den Querfortsätzen des siebenten Halswirbels in der Ausbeugung der ersten bis zweiten Rippe. Es ist ebenfalls platt, von unbestimmter Form, bald vier- bald dreieckig, bald oval. Es erhält Fäden vom vierten, fünften, auch wohl vom sechsten und siebenten Hals-

und vom ersten Rückennerven, gewöhnlich auch vom Zwerchfellnerven.

Aus seiner vorderen Fläche entspringen Fäden, die vereinigt mit dem flachen Herznerven, einigen weichen Nerven und Fäden vom zurücklaufenden Nerven das Herzgeflecht — plexus cardiacus — bilden. Dieß Herzgeflecht giebt der Lungenarterie und den Kranzschlagadern des Herzens ihre Nerven. Imgleichen bekommen andre Schlagadern der Brust und der aufsteigenden Aorta Fäden aus diesem Ganglion, besonders die Subclavia.

Aus seinem unteren Ende geht der Leitungsfaden zum ersten Brustganglion bald einfach, bald doppelt, und bildet auf diesem Wege zuweilen, doch bei weitem nicht in allen Subjecten, noch ein und das andere kleine Ganglion; sind dergleichen vorhanden, so treten Fäden vom sechsten Halsnerven, vom Stimmnerven, vom zurücklaufenden Nerven, vom weichen Herznerven an sie und alle ausgehende Fäden verstärken den plexus cardiacus.

4) Ganglion thoracicum primum oder dorsale magnum. Es liegt auf dem Körper des siebenten Halswirbels oder auf der ersten und zweiten Rippe nahe an ihrer Articulation, hat eine sehr unregelmäßige Gestalt und eben so ist es an Größe sehr abweichend. Die unteren Halsnerven, auch wohl die ersten beiden Rückennerven senden ihm Fäden und aus seiner vorderen Fläche sendet es Fäden nach der Aorta, den Herzschlagadern, der Lunge, der Wirbelschlagader.

5) Elf bis zwölf kleine Brustganglien. — Aus dem obersten großen Brustganglion geht ein Verbindungsfaden, den man den Stamm des sympathischen Nerven

nennt, längs beider Seiten der Wirbelsäule, dicht an den Rippenköpfchen herab und verbindet sich mit allen Rückennerven; jeder sendet ihm gleich bei seinem Austritt aus dem Rückenmarkscanal in die Brusthöhle bald einen bald mehrere Fäden zu, und wie er sich mit ihm vereinigt, schwillt er zu einem kleinen Ganglion auf. An Gestalt, sogar an Zahl, Lage und Größe sind diese Ganglien sich allesammt ungleich. Sie versehen die absteigende Aorta, die Zwischenrippenarterien und den Schlund mit Nerven.

6) Die Lungengeflechte. Sie hängen beide mit dem Stimmnerven zusammen. Am größten und wichtigsten ist das hintere Lungengeflecht auf der hinteren Fläche der Lungen, welches den Luftröhrenästen, den Gefäßen des kleinen Kreislaufs und den Bronchialgefäßen Aeste giebt.

7) Die Schlundgeflechte. Ebenfalls im Zusammenhang mit dem Stimmnerven. Sie gehören dem Schlunde.

8) Die Magengeflechte. Ebenfalls mit dem Stimmnerven verbunden, nicht mit dem Hauptverbindungsnerven des sympathischen Systems. Sie sind ungepaart, da alle vorherige Geflechte und Ganglien gepaart, obgleich nichts weniger als symmetrisch waren. Das vordere Magengeflecht verbreitet sich auf der kleinen Krümmung der vorderen Fläche des Magens und sendet Fäden nach dem Lebergeflecht. Das hintere Magengeflecht umgiebt die Cardia, sendet Fäden nach allen Theilen des Magens und vertheilt sich in alle Schlagadern dieser Gegend, namentlich die gastraepiploica, coeliaca, hepatica ꝛc.

9) Die Lebergeflechte. Das hintere ist größer als das vordere, jenes mit dem Stimmnerven, dieß mit dem großen Bauchganglion in Verbindung. Beide geben der Leber und dem Gallensystem Nerven, das größere mehr als das kleinere.

10) Das große Bauchganglion, plexus solaris, ganglion semilunare, coeliacum, splanchnicum, cerebrum abdominale sind die Benennung des größten wichtigsten Ganglions des ganzen sympathischen Systems. Seine vielfache Verbindung, seine Lage mitten im sympathischen System, seine viel ansehnlichere Größe geben ihm den Schein eines Centralorgans dieses ganzen Systems. Ist dieser Schein ganz ohne Grund? ist wirklich alle Wirkung im sympathischen System einzeln und blos die Reaction gegen das Cerebralsystem allgemeine Wirkung im ganzen System? Es ist schwer, diese Fragen mit Bestimmtheit zu beantworten: nimmt man aber Rücksicht auf die Erscheinung, daß der Magen so schnell an allem Theil nimmt, was sich in andern Theilen, die Nerven aus Ganglien erhalten, ereignet, so gewinnt die Meinung, daß das große Bauchganglion allerdings für das ganze System central wirke, an Wahrscheinlichkeit. Auch daß der Magen mit dem Cerebralsystem in genauerem, näherem Consensus steht, als die übrigen Eingeweide, scheint dafür zu zeugen. Doch ist nicht zu behaupten, daß alle Wirkung der übrigen Ganglien auf das große Bauchganglion als ihr gemeinschaftliches Centrum reflectirt werde; am wahrscheinlichsten ist, daß eine Reflexion aus allen andern Theilen des sympathischen Systems auf dieß centrale Ganglion zuweilen statt finden könne, umgekehrt daß auch zuweilen Wirkungen aus dem centralen Ganglion

sich auf alle übrige ausbreiten, ob wir gleich nicht wissen, unter welchen Bedingungen diese Allgemeinwirkung eintrete und unter welchen die Thätigkeiten der Ganglien einzeln und isolirt bleiben.

Dieß Bauchganglion ist ungepaart und in Absicht auf Lage, Größe, Figur und selbst Verbindung eben so abwechselnd, nicht nach fester Regel gebildet, wie alle übrigen Ganglien.

Doch ist soviel in Absicht auf die Lage bestimmt, daß es allemal die große Bauchschlagader, arteria coeliaca, umgiebt und zwar auf ihrer vorderen Fläche und zu beiden Seiten.

Es bildet zwar allerdings eine gemeinschaftliche Masse, allein diese besteht aus einer Menge von kleinen einzelnen Massen, aus sehr vielen, bald größeren bald kleineren, innigst unter sich zusammenhängenden, röthlichen, platten, fast membranenartigen, an einander gedrängten Knoten, die den Stamm der großen Bauchschlagader auf die bemerkte Weise umgeben. Wer sie sieht, begreift, warum sie bald plexus solaris, bald ganglion genannt worden ist, denn sie ist ein Geflecht von Ganglien.

Was man plexus mesentericus superior genannt und oft als ein besondres Ganglion angesehn hat, ist nichts als ein etwas abstehender Theil dieser großen Ganglienmasse, welche sich an die obere Gekrösschlagader begiebt.

Seine Verbindungen mit dem Cerebralsystem sind

1) unmittelbar

a) durch den Stimmnerven (vagus), welcher sich an dieß Ganglion begiebt.

b) durch den Zwerchfellnerven (phrenicus) von welchem dasselbe gilt;

2) mittelbar durch alle Brustganglien, die aus Fäden von Rückenmarksnerven und Fäden vom Leitungsnerven zwischen den Ganglien gebildet werden.

Seine Verbindungen mit den übrigen Ganglien sind

1) die nach oben durch den nervus splanchnicus. Dieser geht vom großen Bauchganglion aus, durchdringt mit der Aorta zugleich das Zwerchfell und vereinigt sich in viele Fäden zertheilt, mit allen Brustganglien bis zum sechsten hinauf, bisweilen bis zum fünften. Manchmal hat er noch einen Beinerven. Er ist gepaart, d. i. zwei Splanchnici verlassen das große Bauchganglion und begeben sich nach den Rückenganglien beider Seiten. Der sogenannte kleine Splanchnische Nerv kommt nur zum Theil vom großen Bauchganglion und hat eine zweite Wurzel im Nierengeflecht.

2) Die durch den Stimmnerven mit allen Ganglien, welche im Zusammenhange mit diesem sind.

3) Die mit den untern Ganglien, theils unmittelbar durch besondre Communicationsfäden, theils mittelbar durch den sympathischen Nerven als das allgemeine Verbindungsmittel des ganzen sympathischen Systems.

Die von ihm ausgehenden Nerven versehn alle Eingeweide der reg. gastricas mit Nerven und bilden unter sich wieder mancherlei Geflechte, ein Magengeflecht, ein vorderes Lebergeflecht, ein Milzgeflecht, auch könnte man ein besonders Geflecht des Pankreas unterscheiden. Alle dünne Därme und das Querstück des Dickdarms bekommen davon ihre Nerven. Diese Nerven sind weicher und röthlicher, als Cerebralnerven und vereinigen sich netzförmig mit den Arterien, anstatt daß die Cerebralnerven an diesen hinlaufen, ohne sich mit ihnen zu vereinigen.

11) Das Gekrösgeflecht. Plexus mesentericus medius. Es liegt auf der art. mesenterica inferior und begleitet sie in allen ihren Vertheilungen eben so innig, wie alle übrigen Nerven des sympathischen Systems. Es hängt durch stärkere oder schwächere Fäden mit allen übrigen Bauchganglien, namentlich mit dem großen, zusammen und hat keine unmittelbare Verbindung mit dem Cerebralsystem. Diese Geflechte sind ungepaart, also in allem das Herzgeflecht, das große Bauchganglion und das untere Gekrösgeflecht, nebst einigen kleineren, die mit dem Stimmnerven zusammenhangen, alle übrige sind gepaart, doch deswegen nicht symmetrisch gebildet.

12) Das Nierengeflecht, Plexus renalis. An beiden Nierenarterien liegen Nervenknoten, an der linken mehr als an der rechten, welche durch Communicationsfäden mit dem großen Bauchganglion zusammen hängen. Auch sind sie von beiden Seiten unter sich verbunden, und haben einen Verbindungsfaden mit dem zehnten und elften Brustganglion. Die von ihnen ausgehenden Fäden sind mit den Nierenarterien verwebt. Ein höchst wichtiger Nerv, der von diesem Geflecht ausgeht, ist der Schamnerv, welcher einige Fäden an die Ureteren abgiebt und dann mit der Samenarterie fortgeht, im weiblichen Körper aber sich an den Grund des Uterus und die Ovarien verbreitet.

Ueber dem Stamm der Aorta, tiefer unten, liegen als Anhang dieses Nierengeflechts die Samen-Ganglien, die mit dem großen Bauchganglion und den Gekrösgeflechten noch besondre Verbindung haben und den unteren Schamnerven geben, welcher sich eben so wie der erst genannte ausbreitet. Es sind dieß die inneren Geschlechtsnerven, die mit den äußeren in Antagonismus stehn und für die Erklärung der Zeugung und Geburt große Wichtigkeit haben.

14) Das Beckengeflecht, Plexus hypogastricus. Dieß Ganglion scheint aus mehreren zusammengesetzt und liegt an der Zertheilung der Aorta, verbreitet auf beide Stämme, in welche sie sich zertheilt, und auf die Hypogastrica. Es giebt dem untern Theil des dicken Gedärmes, der Harnblase, den Ureteren, und im Weibe dem Muttermund und der Scheide ihre Nerven.

Dieß Ganglion ist das letzte des Systems und steht nicht nur mit dem allgemeinen Verbindungsfaden desselben in Verbindung, welcher sich in ihm endigt, sondern auch mit den Lendenknoten und mit mehreren Kreuzbeinnerven. Es hat einigen Physiologen gefallen, ihm eine sehr große Wichtigkeit, gleichsam als dem Gegenpol des Hirns, zuzuschreiben, welche es ohne Zweifel nicht hat. Doch verdient alle Aufmerksamkeit, daß in ihm die Verbindung mit dem Cerebralsystem wieder eben so unmittelbar und nahe wird, wie beim großen Halsganglion, und daß die Knoten zwischen ihm und dem großen Bauchganglion allein der Verbindung mit dem Cerebralsystem ermangeln, wenigstens blos mittelbar durch die allgemeine Verbindung des Ganglien-systems mit demselben zusammenhängen.

15) Eben so wie alle Rückennerven, so wie sie aus dem Rückenmarkscanal treten, sich mit dem gemeinschaftlichen Verbindungsnerven aller Ganglien des sympathischen Systems vereinigen und zu kleinen Ganglien anschwellen, thun alle Lenden- und Kreuzbeinnerven das-

selbe. So werden fünf Lendenknoten, und fünf Kreuzbeinknoten gebildet, die für die Oekonomie des menschlichen Körpers keine große Wichtigkeit haben. Sie verstärken den Schamnerven und helfen die absteigende Aorta mit Nerven versehn.

16) Endlich vereinigt sich an der inneren Fläche des Steisbeins der rechte sympathische Nerv mit dem linken zum Steißknöbtchen, Ganglion coccygeum, aus welchem vier feine Fäden kommen, die sich im untern Becken verlieren. — Hat man dieß für den Gegenpol des Gehirns angesehen? Es ist gewiß der unbedeutendste Theil des ganzen sympathischen Systems und überhaupt nicht von einiger Wichtigkeit, nicht einmal verbindend mit dem Cerebralsystem.

Große, sehr ehrenwerthe Physiologen haben das sympathische System halbleitend genannt, weil es dem Cerebralsystem zwar zuweilen seine Eindrücke, seine Sensationen mittheilt, allein bei weitem nicht immer.

Ich kann mich nicht überzeugen, daß in diesem System die Leitung im mindesten anders erfolge als im ganzen übrigen Nervensystem: darum möchte ich es nicht ein System von Halbleitern nennen, sondern in ihm eher eine ausgebreitetere Leitungsfähigkeit annehmen, als das Cerebralsystem hat.

Alle Nerven sind Leiter; alle leiten die Thätigkeit ihrer Endflächen nach ihrem Ganglion, oder die Thätigkeit ihres Ganglions nach ihrer Endfläche. Verbindungsnerven leiten die Thätigkeit eines Ganglions zum andern fort. Alle Ganglien sind reflectirend: entweder reflectiren sie die empfangne Thätigkeit weiter, nach dem höchsten Centrum des Nervensystems, oder sie reflectiren sie nach der Endfläche der von ihnen ausgehenden Nerven. So wie aber alle Ganglien, wenn sie in die Endflächen ihrer Nerven reflectiren, nicht in alle reflectiren, die von ihnen ausgehn, sondern nur in die einzelnen, in welche sie grade reflectiren wollen, so können auch alle das Weiterleiten ihrer Thätigkeiten unterlassen, und ist dieß gar keine nothwendige Thätigkeit.

Die Endflächen der Gangliarnerven des sympathischen Systems sind theils die sämmtlichen Arterien des Körpers, theils die Substanz der Eingeweide der Verdauung, Sanguification, Secretion und Samenbereitung.

Alle Thätigkeiten dieser Endflächen werden reflectirt in die Ganglien. Nun ist nicht nothwendig, daß diese sie alle und ohne Ausnahme weiter reflectiren müssen; thun sie es aber, so reflectiren sie von Ganglion zu Ganglion.

Oder sie reflectiren sie auf das Centralganglion, das der arteria coeliaca. Oder, was die oberen betrifft, auf das große Halsganglion.

Von allen Theilen des sympathischen Systems stehn mit dem Cerebralsysteme in der nächsten Verbindung das große Bauchganglion und das oberste Halsganglion. Die kleinen Ganglien längs des Rückgraths haben weniger Wichtigkeit, doch können auch sie unmittelbar ins Cerebralsystem reflectiren. Ferner die ausschließlich mit dem Stimmnerven zusammenhangenden Ganglien stehn auch in unmittelbarer Verbindung mit dem Hirn, ohne auf jenen Weg eingeschränkt zu seyn, auf welchem die Ganglien des sympathischen Nerven reflectiren.

Nun ist durchaus kein Unterschied zwischen dem Leitungsvermögen der sympathischen Nerven und der Cerebralnerven: diese leiten auch von ihren Endflächen zu ihren Ganglien.

Daß aber die Thätigkeiten der Hirnganglien, nach welchen alle Cerebral- und Rückenmarksnerven hinleiten, Vorstellungen sind, die der Ganglien des sympathischen Systems dagegen nicht vorgestellt werden, das ist der große, wesentliche Unterschied zwischen sympathischem und Cerebralsystem. Wir haben durchaus keine einzige sichere Erfahrung für uns, welche auch nur wahrscheinlich macht, daß die Thätigkeiten der Ganglien des sympathischen Systems im mindesten zum Vorstellungsleben gehören.

Dagegen überzeugt uns ihre Organisation und jede ihrer Thätigkeiten aufs gewisseste, daß sie dem vegetabilischen Leben des Körpers angehören.

Was erfüllt dieß System im Bildungsleben? — Da dieß ohne alle Nervenbildung statt finden kann, wie uns die ganze vegetabilische Welt, die Knochen, die Venen, die Hornhaut, die Haare und Nägel unseres eignen Körpers überzeugen: warum mußte es dennoch vorhanden seyn? Warum besteht das Bildungsleben der Thiere nicht ohne Nerveneinfluß?

Es ist eine ganz richtige Antwort auf diese Frage, wenn man sagt, es müsse ein Band seyn, welches die beiden Lebenszwecke des Individuums, Bildung und Vorstellung, zur Einheit verbinde. Zumal im Menschen, in welchem das Vorstellungsleben der Hauptzweck sey und die vegetirenden Kräfte den vorstellenden nur zu dienen bestimmt seyen, könne ein System, welches die Vereinigung des höheren und niederen Lebenszwecks vermittele, nicht entbehrt werden, dieß müsse aber nervös seyn, weil das höhere Leben im niedern wurzle. Das sympathische System sey die Wurzel des Nervensystems überhaupt oder des vorstellenden.

Es ist offenbar, daß dieß mehr nicht als Worte sind. Denn man will ja nicht so wohl wissen, daß es ein solches vermittelndes, verbindendes Organensystem aus Gründen a priori geben müsse, sondern wie das wirklich in der Erfahrung vorhandene diese Vereinigung bewirke. Es scheint, als wenn die schaffende Natur bei dieser Vereinigung sehr einfach verfahre, wie dieß gewöhnlich der Fall ist und genauere Beobachtung dessen, was wir anzustaunen versucht sind, sich in Bewunderung aufzulösen pflegt, wie so versteckt und tiefliegendscheinende Verhältnisse auf den allereinfachsten Gründen beruhn.

Das sympathische System leistet dem Bildungsleben, was das Cerebralsystem den Muskeln: es bedingt die Bewegung der sogenannten unwillkührlichen Muskeln.

Die Pflanzen haben keine Nerven, sie haben aber auch keine Muskelfibern. Die Infusionsthiere, die Polypen haben auch weder Nerven, noch Muskeln. Aber je höher hinauf in der Reihe der Thiere, desto bestimmter bildet sich das Muskelsystem zugleich mit dem Nervensystem aus.

Allein in allen Thieren, selbst im Menschen, geht die Muskelbildung alle Stufen durch, von der einfachsten bis zur vollendetsten. Höchst einfache Zellgewebefäden bewegen sich. Membranen, die Haut selbst zeigen Bewegung ohne wahrhaften Muskelbau. Die Iris im Auge bewegt sich stark und schnell auf den Lichtreiz, durch bloße Gefäßstructur; sie ist ohne Muskelbildung. Ja es ist kein Theil des Lebendigen, in welchem nicht Expansion mit Contraction abwechsle. Bewegung also allenthalben, aber nicht allenthalben Muskelbau.

Doch so wie dieser beginnt, wird die Bewegung bestimmter, merklicher. Von den Muskelfibern der Arterienhäute bis zu denen im Psoas oder Messeter ist eine fortlaufende Stufenreihe.

Eine zweite können wir als in der Iris des Auges anfangend annehmen.

Denn das wesentliche der Muskelbildung ist, daß der zellige und der vasculöse Bau sich in einem Organ begegnen, gleichsam sich neutralisiren und in Gleichgewicht stellen.

Es kann also drei Arten von Muskeln geben,

1) solche, in welchen der zellige Bau vor dem vasculösen prädominirt.

2) solche, in welchen der vasculöse Bau vor dem zelligen prädominirt.

3) solche, in welchen beide Structuren einander vollständig das Gleichgewicht halten.

In allen unwillkührlichen Muskelfibern prädominirt offenbar der zellige Bau vor dem vasculösen.

In der Iris des Auges prädominirt der vasculöse vor dem zelligen am meisten.

Im Herzen prädominirt ebenfalls der vasculöse Bau sehr, doch schon etwas weniger als in der Iris.

Als Beispiel des vollkommensten Gleichgewichts beider Structuren nennen wir den Psoasmuskel. In den gröberen Muskeln, z. B. den Glutern, neigt sich die Structur merklich zur zelligen.

Aber

Aber die gemeinschaftliche Bedingung aller Muskelzusammenziehung ist der Nerveneinfluß in diese aus Zellgewebe und kleinen Gefäßen gebildete Masse, nach dem Gesetze des Antagonismus zwischen Nerv und Gefäß, kraft dessen die Expansion des ersteren Contraction der letzteren hervorbringt, in welche sie das unthätigere Zellgewebe mit sich fortreißt. Ohne Nerveneinfluß keine Muskelbewegung! Es giebt Thiere, die sich bewegen, wie die Polypen, ohne Nerven und Muskeln: wo aber die lebendige Masse in ihre einzelne Systeme gesondert ist, da sind Nerven wesentliche Bestandtheile der Muskeln.

Alle Cerebralnerven laufen neben den Stämmen der Gefäße her, ohne sich mit ihnen zu verbinden. Aber überall, wo die zuleitenden Gefäße sich in kleine verwandeln, treten sie zu ihnen und bilden in und durch diese kleinen Gefäße ihre Verbreitungsfläche, welche ihr äußerer, wirksamer Pol ist.

Alle Nerven des sympathischen Systems aber gehen nicht parallel mit den zuleitenden Gefäßen, sondern treten in sie selbst ein und machen den Nervenbestandtheil ihrer Muskelhaut aus. Sie gehören also den Stammgefäßen an, wie jene den kleinen Gefäßen, ein Umstand, der physiologische und pathologische Erscheinungen aufklärt, unter letzteren besonders die des Fiebers und der Entzündung, wie ich in der Folge zu erklären versuchen werde.

In den Eingeweiden, d. i. allen Organen innerhalb der Brust- und Bauchhöhle, den Werkstäten des Bildungslebens, begeben sich die Nerven des sympathischen Systems nicht blos an die zuleitenden Gefäßstämme, sondern an die Substanz der Eingeweide selbst, nicht blos an die Schlagadern, sondern auch an die kleinen Gefäße, namentlich an ihre Muskelhäute, und machen so den nervigen Bestandtheil aller sogenannten unwillkührlichen Muskeln im ganzen Körper aus. Grade darum sind diese Muskelbewegungen unwillkührlich, d. i. vom Cerebralsystem nicht in directer Abhängigkeit, ohne deswegen des Nerveneinflusses zu entbehren.

Dieser bestimmt sie vielmehr eben so, wie der Einfluß des Cerebralsystems die Muskeln der willkührlichen Bewegung bestimmt.

Das Herz allein von allen Organen des Körpers macht davon Ausnahme und bewegt sich automatisch, ohne daß Nerven sich in seine Muskelfibern verbreiten, wie Sömmerring und Scarpa bewiesen haben. S. I Thl. S. 264. Dennoch haben die Nerven einen sehr wesentlichen Einfluß auf dessen Bewegungen.

Dieser erscheint vorzüglich deutlich bei Leidenschaften. Jede Gemüthsbewegung verändert auffallend den Herzschlag, ja sie hemmt ihn zuweilen ganz: Syncope als Leidenschaft ist eine ganz gemeine Erscheinung. Das Herz nimmt an den Gemüthsbewegungen so auffallenden Antheil, daß die Alten in ihm deren Sitz, deren organische Bedingung suchten. Offenbar werden sie blos vom Hirn aus auf dasselbe reflectirt und einen andern Weg dieser Reflexion giebt es nicht, als den durch die Stimmnerven und das große Halsganglion, aus welchem der weiche Herznerv und die Nerven ausgehn, die das Herzgeflecht bilden. Wir werden weiter unten Gelegenheit haben, nochmals auf diese Materie zurückzukommen.

Die Nerven des sympathischen Systems sind auch Sinnennerven und zwar in doppelter Beziehung. Einmal leiten sie die Empfindung von ihren Verbreitungsflächen aus auf ihre Ganglien, zweitens können diese ihre Empfindung auf die Hirnganglien reflectiren, wo nicht selbst unmittelbar ins große Gehirn, ins Hemisphärensystem.

Sie verhalten sich gegen ihre Ganglien, wie alle Sinnennerven. Was die Höhle der Arterien, was die Höhle des Magens, Schlundes, der Därme, der Nieren, der Harnblase rc. berührt, das erregt in ihnen eine Thätigkeit, welche mit dem Ungewöhnlichen und mit dem Grade der Berührung in Verhältniß steht, also mit der Qualität und Quantität des Reizes, gerade wie alle andre Reizung. Daß das Ganglion in verschiednem Grade und auf verschiedene Art gereizt werde, den Reiz perzipire, sehn wir aus den Thätigkeiten der Muskelfibern, welche der Berührung mit dem Außenreiz folgen, nicht augenblicklich, sondern nach einer kurzen Weile. Die Crispation der Muskelfläche aber wird nicht von dem Reiz unmittelbar bewirkt, als welcher sie nicht einmal berührt, indem alle Muskelmembranen zwischen sich und dem Lumen der Arterien oder Eingeweide noch eine Membran haben, welche sie vor jeder äußeren Berührung schützt, sondern wie alle Muskelbewegung von Ganglien ausgeht, so geht auch die der unwillkührlichen Muskeln von ihnen aus, folglich muß Perception des sie bestimmenden Reizes im Ganglion ihr vorhergehn.

Das ganze sympathische System aber ist Sinnenorgan für das Enkephalon. Die Verbindungsfäden knüpfen es theils an Hirnnerven, als an das sechste, fünfte, achte Paar, auch an den Glossopharyngeus, theils an Rückenmarksnerven, an letztere so, daß nicht einer ist, der nicht mit demselben in Verbindung stünd und es verstärken hülfe. Es ist hierdurch einerseits ein Zusammenhang des sympathischen Systems mit dem Muskelsystem begründet, so daß beide in einander wirken können, ohne Theilnahme des Gehirns, woraus die Krämpfe einzelner Muskeln bei der Hysterie, die von Affection tief liegender Ganglien, namentlich des Nierengeflechts, ausgehn, begreiflich werden. Andrerseits ist hierdurch möglich, daß das sympathische System als Sinnenorgan wirke sowohl für das System der Hirnganglien, als der Hemisphären, denn es ist mit beiden in unmittelbarem Zusammenhange. Mit dem System der Hirnganglien durch die Hirnnerven, mit beiden zugleich durch das Rückenmark, welches ins Cerebellum und in das Hemisphärensystem starke Markbündel sendet.

Für das Enkephalon ist das sympathische System nur ein relativ äußerer Sinn, indem er mit der Außenwelt in gar keine Berührung kommt, sondern nur mit dem, was in den Magen oder Darmcanal oder in die Schlagadern, Harnblase ꝛc. gelangt. Deswegen können auch alle Empfindungen nicht anders als undeutlich seyn, welche durch ihn zum Enkephalon, zur sinnlichen Wahrnehmung gelangen. Denn sie werden durch keinen andern Sinn controllirt und berichtiget: sie werden sinnlich wahrgenommen, aber auf eine unbeschreibliche Art, die sich am ersten mit einem dunkeln Gefühl vergleichen läßt.

Als Sinnwerkzeug hat das sympathische System noch mehrere, sehr auszeichnende Merkwürdigkeiten.

1) Es ist nebst dem Gefühlsinn das ausgebreitetste im Körper. Vertheilt durch alle Schlagaderstämme, durch alle Eingeweide der Brust, des Bauchs, des Beckens durchdringt es ihn ganz und bringt den Zustand

des inneren Körpers zur sinnlichen Wahrnehmung im Enkephalon.

2) Es hat allein unter allen Sinnorganen (mit Ausnahme des Auges, dessen Hülfsnerv ein Ganglion hat) eigenthümliche Ganglien außer denen des Enkephalons in sehr großer Anzahl. Daraus entsteht, daß die in dasselbe wirkenden Eindrücke zunächst auf diese, und von einem derselben auf das andre reflectirt werden, wovon wir nicht alle Folgen genau beurtheilen können, ferner, daß bei weitem nicht alle Eindrücke auf dasselbe nach dem Enkephalon gelangen, sondern nur solche, die das Ganglion dahin reflectirt, in welches sie gelangten. Dieß braucht aber nicht grade das erste zu seyn, dessen Nervenfäden sich unmittelbar in die von der Außenwelt afficirte Stelle verbreiten, sondern diese Reflexion auf das Enkephalon kann von einem später oder consensuell afficirten geschehn. Bei den Affectionen der Theile, die vom Gekrösgeflecht ihre Nerven haben, muß dieß sogar der Fall seyn, denn dieß Geflecht hängt nicht unmittelbar mit dem Enkephalon zusammen, sondern nur mit dem großen Bauchganglion, welches Eindrücke aus demselben nach dem Hirn fortpflanzen kann. Darum täuscht man sich so sehr über die Stelle der Affection, die man fühlt, wenn diese im Darmcanal ist und glaubt den Schmerz ganz wo anders zu fühlen als wo seine Ursache aufliegt. Die Unbestimmtheit und Undeutlichkeit der Sensationen dieses Sinns wird hierdurch um ein großes vermehrt.

3) Es ist das einzige Sinnorgan, nebst dem des Gefühls, welches unmittelbar ins Hemisphärensystem reflectiren kann, nämlich durch das Rückenmark. Wir können die Folgen hievon nicht beurtheilen, doch scheint es,

daß allewege das Hemisphärensystem mehr in das Rükkenmark wirke, als von demselben aus Einwirkungen erhalte. Der Gefühlsinn hat zwar allerdings in Rückenmarksnerven seinen Sitz, indessen ist wohl nicht unwahrscheinlich, daß die Hautnerven nicht ins Hemisphärensystem, sondern ins System der Hirnganglien reflectiren. Wir wissen dieß nicht genau genug.

4) Man kann es den pathologischen Sinn nennen, indem es so lange, als im Bildungsleben alles so erfolgt, wie es soll, gar nichts zur sinnlichen Wahrnehmung bringt, allein Reizungen aufs Enkephalon reflectirt, die der Art oder dem Grade nach ungewöhnlich sind, d. i. pathologische. Auch die Ereignisse im Normalzustande des Lebens, von welchen es sinnliche Wahrnehmungen mittheilt, sind solche, die ein Leiden oder einen Mangel im energischen Fortwirken des Bildungslebens enthalten, als Hunger, Durst, Geschlechtsbedürfniß, Geburtsschmerz rc.

So ist denn die Nothwendigkeit des Nerveneinflusses, d. i. des Einflusses des Vorstellungslebens auf das Bildungsleben der vollkommneren Thiere vorzüglich dadurch bedingt, daß in den Organen des letzteren Muskelbildungen sind. Die Pflanzen vegetiren ohne allen Nerveneinfluß; es giebt in ihnen gar nichts der Nervenbildung analoges: alles, was dem Zwecke der Vorstellung angeht, ist ihrem Leben völlig fremd. Aber in den vollkommneren Thieren sehn wir Muskelbildungen die Zwecke der Organe des Bildungslebens befördern. Herz, Schlagadern, Speisecanal, haben eigenthümliche Muskelfasern; der Kreislauf und die Blutbereitung hängt von Muskelthätigkeiten ab, die Generation, die Ausleerungen bedürfen ebenfalls derselben. Darum ist ihnen ein eigenthümliches Nervensystem nothwendig, denn dieß bedingt die Muskelwirkung. Die sparsame, immer ihre Zwecke auf dem kürzesten Wege verfolgende Natur hat aus dem Nervensystem, welches diese dem vegetabilischen Leben dienenden Muskelbewegungen regiert, zugleich ein Sinnensystem gemacht, durch welches das Enkephalon vom Zustande des vegetabilischen Lebens unterrichtet wird, welches unabhängig vom Vorstellungssystem seine Thätigkeiten für sich abthut, und selbständig wirkt, so lange nichts geschieht, was das Einmischen des Vorstellungslebens, dem die Sorge für die Erhaltung des Individuums obliegt, nothwendig macht. Allein alle Bedürfnisse des vegetabilischen Lebens, jeden leidenden Zustand desselben zeigt es an und verbindet so die beiden Lebenszwecke aufs innigste.

Doch die Wirkung des sympathischen Systems und des Cerebralsystems ist nicht blos einseitig; nicht blos von jenen in dieses, auch von diesem in jenes wird gewirkt. Wir kennen nichts von den Wechselwirkungen des sympathischen- und Hemisphärensystems, ob sie gleich statt finden können, wie denn Wege dazu vorhanden und bei Gelegenheit der Erklärung des Somnambulismus Vermuthungen hierüber geäußert worden sind. Aber wir erkennen an Erscheinungen, die keine andre Erklärung übrig lassen, den Einfluß des Systems der Hirnganglien auf das sympathische System und durch dieß auf die Bewegung der Schlagadern, auf die peristaltische Bewegung der Därme, auf die Absonderungen, auf die Ausleerungen, auf das Geschlechtsvermögen.

Es ist schon früher erwähnt worden, daß wir jede sich durch ihren Grad auszeichnende Thätigkeit des Systems der Hirnganglien Leidenschaft nennen.

Nach einem allgemeinen Gesetz werden alle diese heftigen Thätigkeiten auf das sympathische System reflectirt, und zwar so, daß dies entweder zu sehr starken, oder zu sehr verminderten Thätigkeiten bestimmt wird, im umgekehrten Verhältnisse mit der Thätigkeit im System der Hirnganglien.

Da nämlich alle Nervenwirkung polarisch ist, so bewirkt der positive Zustand im Hirnganglion negativen im sympathischen System, der negative im Hirnganglion positiven in jenem.

Da ferner alle Nervenwirkung ins einzelne geht, nach einem Gesetz, und durch Mittel, die uns völlig unbekannt sind (wie wir denn nichts davon wissen, warum und wie grade diese einzelnen Muskeln wirken, wenn wir diese bestimmte Bewegung machen wollen, warum nicht das ganze Muskelsystem), so geht auch die Reflexion der Hirnganglien ins sympathische System, immer nur in einzelne Ganglien desselben. Sie verbreiten sich freilich auf das ganze sympathische System, weil ein Ganglion mit dem andern in Verbindung steht und kein einzelnes in starke Thätigkeit gerathen kann, ohne daß die andern in den Kreis der Thätigkeit gezogen werden: aber zunächst und unmittelbar wirkt immer nur ein Ganglion ausgezeichnet.

Leidenschaft ist nichts als eine besonders lebhafte Vorstellung des sinnlichen Hirnsystems. Wir können schlechterdings keinen Grund finden, warum eine besondre Art von Vorstellung, d. i. deren objectiver Theil sie von andern unterscheidet, vorzugsweise in ein bestimmtes Ganglion des sympathischen Systems wirkt, nicht in ein anderes, warum z. B. der Zorn ein andres Ganglion in Mitleidenheit zieht, als der Ekel, die Furcht ein anderes, als die Liebe. Gleichwohl verhält sich die Sache wirklich so, wovon uns Erscheinungen überzeugen, die alle Ungewißheit aufheben.

Wir versuchen, uns einer Erklärung dieser merkwürdigen und immer dunkel bleibenden Erscheinung zu nähern, indem wir die Leidenschaften überhaupt eintheilen in solche, bei welchen die Thätigkeit im System der Hirnganglien positiv, und in solche, in welchen sie negativ ist.

Man hat die ersteren stärkende, die letzteren schwächende Leidenschaften genannt, ohne Zweifel mit Unrecht. Jede Leidenschaft ist ihrer Natur nach Erhöhung der Energie des sinnlichen Vorstellungslebens, jede ist also, was den Zustand des Menschen während derselben betrifft, eine erhöhte Lebensäußerung. Was aber ihre Folgen betrifft, so sind z. B. wohl eben so viel Menschen vor Freude gestorben, als vor Zorn, unregelmäßige Bewegungen im Bildungsleben haben aber alle Leidenschaften hervorgebracht, die sogenannten stärkenden so gut, als die schwächenden, obwohl widrige Gefühle allerdings an der Wurzel des Lebens nagen und frohe sie erhalten, besonders eine andauernd fröhliche Gemüthsstimmung das erste Mittel ist auch die körperliche Gesundheit zu erhöhn und zu bewahren, öfters wiederkehrende traurige oder niederdrückende Leidenschaften dem frühen Tode in mancherlei Gestalten entgegen führen.

Wenn also auch der Ausdruck: stärkende, schwächende Leidenschaften in Bezug auf deren Folgen für die Gesundheit Grund hat, so bezeichnet er doch nicht die Ursache, warum die einen schaden, die anderen nützen. Wir glauben, sie näher nachzuweisen, wenn wir behaupten, alle Leidenschaften, bei welchen die Hirn=

ganglien positiv wirken, machen die Ganglien des sympathischen Systems negativ, alle negativen im Hirnsystem seyen positiv im sympathischen.

Dieß ist dem polarischen Gegensatz aller Nervenwirkung gemäß und scheint die Erscheinungen bei Leidenschaften am besten zu erklären.

Nerven und Gefäße wirken allenthalben und wesentlich antagonistisch. Sind daher die Nerven des sympathischen Systems negativ, so ziehn sich die Muskelfasern der Schlagadern oder des Speisecanals nicht zusammen, sind sie positiv, so ziehn sich diese mit Heftigkeit zusammen.

Vergleichen wir mit diesem Erklärungsversuch die Erscheinungen der Freude und der Angst, zweier sehr entgegengesetzten Leidenschaften! Bei der Freude wird das Auge glänzend, lebhaft: das Ciliarsystem und die Thränendrüse sind in erhöhter Thätigkeit, die Absondrung reichlich. Also keine Zusammenziehung, sondern Erweiterung des Lumens der Gefäße! Die Haut wird warm, der Puls schnell, voll, groß, die Eßlust vermindert. Sind dieß nicht lauter Zeichen erhöhter Gefäßthätigkeit, folglich verminderter Nervenwirkung im sympathischen System?

Bei der Angst dagegen wird der Puls klein, kaum fühlbar, hart, langsam, denn wieder schnell: zuweilen entsteht ein gewaltsames Schlagen der Arterien, aber sie enthalten kein Blut, denn eine Wunde blutet nicht, wenn dieser Zustand dauert. Alle Absondrungen stokken; die kalte, zusammengezogene Haut ist trocken, das Auge ebenfalls, glanzlos — zuweilen erfolgen unwillkührliche Darmausleerungen. Ist es möglich, ein vollendeteres Bild von der Wirkung heftiger Zusammenziehung im System der unwillkührlichen Muskelfibern zu sehn?

Bei beiden Leidenschaften ist es zunächst das Herz und der Kreislauf, welche verändert werden. Also wird die Thätigkeit der Hirnganglien in das große Halsganglion zunächst reflectirt; erst allmählig nimmt der Darmcanal daran Antheil und oft bleibt dieser ganz aus.

Dagegen bei der Eßlust sehn wir alle Gefäßwirkungen des Magens stark erhöht, eben so die peristaltische Bewegung. Sie ist mit einem Wollen verbunden, also im Hirnsystem positiv. Beim Ekel ist alles das Gegentheil: die Absonderungen hören auf, die Muskelfibern des Magens ziehn sich gewaltsam und in verkehrter Richtung zusammen; es erfolgt Erbrechen. Das große Bauchganglion wirkt also positiv, veranlaßt starke Muskelzusammenziehung und verminderte Gefäßthätigkeit. Dabei nehmen das Herz und das übrige Gangliensystem nur nebenher entfernten Antheil.

Der Zorn bringt im Menschen sehr verschiedne Erscheinungen hervor. Einige werden roth, heiß, die Augen funkeln, die Speichelabsonderung vermehrt sich, die Sprache wird stammelnd, der Puls groß, gewaltig, nicht sehr schnell. Andre werden bleich, das Auge trokken, der Puls zitternd, klein, sehr schnell, die Sprache ebenfalls stotternd, alle Absonderungen stocken. In beiden Fällen wird nach einer uralten, ganz richtigen Beobachtung, die Leberabsondrung gestört und unregelmäßig. Es giebt Menschen, die bei einem mäßigen Unwillen alle Augenblicke die Farbe wechseln und von einem Zustand in den andern übergehn. — Wir sehn aus den Erscheinungen, daß es alle Ganglien sind, die mit dem Stimmnerven zusammenhängen, in welche die

Leidenschaft reflectirt wird: das sonderbarste an ihr ist aber dieß Schwanken zwischen den positiven und negativen Hirnganglien und des sympathischen Systems, das bei einigen fortdauert, bei andern sich bald so, bald anders fixirt.

Wollust, Geschlechtsregung ist offenbar Reflexion der Thätigkeit des Systems der Hirnganglien auf den Nierenplexus, bei welchem dieser negativ wirkt. Denn wir sehn alle Gefäßthätigkeiten der Organe, deren Nervenknoten er ist, vermehrt: stärkere Samenabsonderung, stärkere Harnabsonderung, größere Wärme, Turgor der Zeugungstheile. Der eigenthümliche Antagonismus zwischen den Cerebralnerven und den sympathischen Nerven der Zeugungsorgane erwacht, und indem wir die ersteren höchst thätig sehn, erkennen wir einen Beweis mehr, daß die letzteren anfangs negativ sind. Gehn sie allmählig in den positiven Zustand über, so sinkt der Geschlechtsreiz nach seiner Befriedigung. Ist nicht der Zeugungsact offenbar eine allmählige Steigerung der Thätigkeit der inneren Zeugungsnerven? Im ersten Theile dieses Werkes ist dieser Gegenstand schon zur Sprache gekommen.

Nicht die feinen Nüancen der Leidenschaften, nicht die Namen, welche die Beobachtung ihnen gegeben hat, welche eine lange Reihe derselben nennt, darf die Eintheilung des Physiologen bestimmen. Er theilt sie ein

1) in solche, bei welchen das Hirnsystem positiv und das sympathische System negativ wirkt. In allen diesen sehn wir vermehrte Gefäßthätigkeiten aller Art sinnlich erscheinen. Zugleich ist offenbar die Empfindlichkeit des ganzen sympathischen Nervensystems geringer: hierauf gründet sich die bekannte merkwürdige Erscheinung, daß der

Mensch während solcher Leidenschaften kleine Krankheiten nicht fühlt, Schmerzen vergißt und daß sie sehr oft zu reellen Heilmitteln werden, indem sie die Thätigkeit der Gefäße innerhalb der Systeme des Bildungslebens merklich erhöhen, daß aber bei entzündlichen Krankheiten in diesen Freude und jede ihr gleich wirkende Leidenschaft den Zustand des Kranken verschlimmert. Man nennt diese Leidenschaften auch stärkende, nach früher bemerktem Grunde.

2) In solche, bei welchen das Hirnsystem negativ und das sympathische positiv wirkt. Wenn jene mit einem Wollen, einem Begehren verbunden waren, so sind diese mit einem Abschen, einem Abwenden verbunden. Wir nehmen in ihnen allen verminderte Gefäßthätigkeit sinnlich wahr, obgleich der Herzschlag auch in ihnen oft heftig genug ist (welches sich aus dem Antagonismus des Hirns und des Herzens sehr wohl begreifen läßt.). Das ganze System der unwillkührlichen Muskelfibern ist, oft in sehr hohem Grade, zusammengezogen. Man nennt sie auch schwächende Leidenschaften; sie sind es besonders bei langer Andauer, oder öfterer Wiederkehr.

Der Zorn ist die einzige Leidenschaft, die zwischen beiden schwankt und bei einigen Individuen zur ersten, bei andern zur zweiten Classe gehört.

Ungeachtet in allen Leidenschaften Reflexion der Thätigkeit der Hirnganglien auf das ganze sympathische System erfolgt, wie sich ohnehin von einem, so eng und vielfach in sich selbst verbundenen Organensystem nicht anders denken läßt, so sind doch bei den verschiedenen Leidenschaften Reactionen in einzelne Theile dieses Systems hervorstechend und stärker, als in die übrigen.

Es giebt wohl keine Leidenschaft, die stärker in das untere Gekrösgeflecht wirkte, als in andre Stellen des sympathischen Systems, im Gegentheil ist die Thätigkeit desselben immer am wenigsten gestört, auch hängt es nicht mit dem Cerebralsystem unmittelbar zusammen. Schon hieraus können wir sehn, daß bei diesen Reflexionen das Hirnsystem der Leitung der Verbindungsfäden folgt, welche seinen Zusammenhang mit dem sympathischen System unterhalten.

Nach demselben können wir also die Leidenschaften abermals eintheilen

1) in solche, die beim Reflectiren in das sympathische System der Leitung des Stimmnerven folgen. Wir bemerken die Wirkung solcher Leidenschaften nur vorzüglich in den Veränderungen der Thätigkeiten des Herzens, der Lungen, des Kehlkopfs, so weit das sympathische System auf ihn einfließt; geringer erscheinen die Symptome der Leidenschaft in den Verdauungsorganen.

2) Sehr ähnlich diesen, wegen der innigen Verbindung mit dem Stimmnerven, doch mehr auf das Herz eingeschränkt, wirken die auf das große Halsganglion, als den obersten Anfang des sympathischen Systems reflectirten Vorstellungen.

3) Auffallend verschieden wirken die auf das große Bauchganglion reflectirten, in welchen Symptome des Speisecanals vor denen des Herzens und der Schlagadern merklich hervorstechen.

4) Noch auffallender verschieden wirken die auf das untere Ende des Gangliensystems, auf den Nierenplexus und die Zeugungsnerven reflectirten.

Dieser Unterschied könnte leicht in Subtilitäten ausarten, wenn er bis ins einzelne fortgesetzt werden sollte, indessen bezeichnet er uns die Hauptpunkte des sympathischen Systems, als sein oberes und unteres Ende, seinen Mittelpunkt und seinen Zusammenhang mit dem Stimmnerven.

Auch durch die Rückenganglien kann eine bedeutende Reflexion auf das sympathische System geleitet werden, wie man am Erfolg des Kitzelns sieht, durch welches endlich unwillkührliche Ausleerungen erfolgen, zum Beweis der erhöhten Zusammenziehung der unwillkührlichen Muskelfibern der Harnblase, des Rectums, welche den Widerstand der Sphinkteren überwindet. Beim Lachen und andern Affectionen des sympathischen Systems zeugt dieselbe Erscheinung von derselben Ursache.

Das sympathische System leistet also im ganzen dasselbe, was das Cerebralsystem leistet: es wirkt die Bewegung der Muskelfibern, in welche es sich verbreitet und reflectirt Sinnenempfindung zu seinen Ganglien. Daß in diesen Ganglien nichts vorgestellt wird, zeichnet sie nicht von den Bewegungsganglien aus, welche auch nicht vorstellen: nur die Hirnganglien haben diesen Vorzug. In seinem unsymmetrischen Bau, in seinem Mangel an Centricität, in der Vereinzlung seiner Wirkungen und in der großen Mannichfaltigkeit seiner Verbindungen liegen allerdings merkwürdige Unterschiede zwischen ihm und dem Cerebralsystem, doch sehn wir, daß das allgemeine Gesetz aller Nervenwirkung auch dieß System umfaßt. Wenn man an das Gelüsten und Verabscheun denkt, an das Wählen, welches als Thätigkeit dieser Ganglien, vorzüglich des großen Bauchganglions, nicht selten erscheint, so wird man versucht, eine Art von dunkler Vorstellung wenigstens in diesem Ganglion für möglich zu halten, eine Meinung, die der Annahme der Helmontschen Archäen ganz nahe steht. In jedem Ganglion dieses Systems würde dann eine thierische Unterseele wohnen, welche einen Theil der Thätigkeiten des Bildungslebens zu präsidiren hätte.

Es ist noch übrig, der Meinung zu gedenken, welche von sehr verdienstvollen Gelehrten hin und wieder geäußert worden ist, daß die Nervenbildung ursprünglich sey und der Bildung anderer Organe voraus gehe, daß z. B. die Arme entstehn, weil im Rückenmark eine obere Anschwellung ist, aus welcher stärkere Nerven hervorgehn, die Füße, weil von der unteren Anschwellung aus die Schenkelnerven entspringen; daß überhaupt von der Bildung des Hirns und der Nerven alle andere Bildung ihren Ursprung nehme.

Wir sehn allerdings im Fötus eben so zeitig, vielleicht gar noch eher eine Spur dessen, was in der Folge Hirn und Rückenmark wird, als dessen, was sich endlich zum Herzen gestaltet. Allein daraus ist wohl erlaubt, auf die Wichtigkeit des Hirns und der Nerven des Menschen zu schließen, welche Organe schon so zeitig nach seiner ersten Entstehung angelegt werden, weil sie gewissermaßen als der Zweck der ganzen thierischen Schöpfung betrachtet werden können, die so viele andre Zwecke durchgeht, um sich endlich bis zum höchsten zu entwickeln, zur Bildung des Menschen, in welchen das Vorstellungsleben nicht mehr den Zwecken des Bildungslebens dient, sondern selbständig wird, sein eigenthümliches

liches Gesetz befolgt, welches vor allen Thätigkeiten im Universum es auszeichnet und die höchste Lebenserscheinung auf der Erde ist. Aber daß die Nerven auf die übrigen Organe producirend wirken sollten, folgt nicht daraus, vielmehr widerspricht es dem Zwecke und der Natur des Nervensystems.

Nicht um des Producirens willen, sondern um des Vorstellens willen ist das Nervensystem gebildet. Das Bildungsleben producirt: dessen Thätigkeiten sind sämmtlich chemische Synthesen und Bildungen organischer Formen. Aber es ist unabhängig vom Nervensystem, nicht nur in den Pflanzen und niederen Thieren, sondern selbst im Menschen, wie nicht nur die Analogie beweiset, sondern selbst das Vorkommen solcher Monstrositäten, die, ohne Hirn geboren, dennoch eine ziemliche Weile fortleben. Das Bildungsleben des Menschen stärkt sich durch den Widerstand, durch den Antagonismus des Nervensystems, des Vorstellungslebens, weil durch denselben seine Thätigkeiten sich vervielfältigen und ihre Energie in stetem Schweben zwischen Steigen und Fallen erhalten wird. Wie aber eine Uhr blos sich fortbewegt, wenn antagonistische Kräfte in ihr wirken und der Bruch der Feder auch die Spiralfeder, oder die Beschädigung dieser auch jene zum Stillstand bringt, so unterhält der Antagonismus der Bildungs- und Vorstellungsorgane die Wirksamkeit beider, und der Mangel der Integrität letzterer schadet auch dem Bildungsleben, allein es folgt nicht, daß dieß durch das Nervensystem begründet sey. Vielmehr ist der Fall umgekehrt: in den Bildungsorganen wurzelt das Nervensystem und seine Ernährung zieht es nicht aus sich, sondern aus den Organen, welche die Stoffe der Außenwelt verwandeln.

Den Schluß dieser Arbeit machen wir mit Betrachtung des vielfach sich äußernden Antagonismus zwischen den beiden Zwecken des menschlichen Lebens und ihren Organen. Zwar sind die meisten Erscheinungen, welche durch diesen Antagonismus hervorgebracht werden, krankhaft, folglich Gegenstände der Pathologie, doch ist derselbe Gesetz, welches immer wirkt und die normalen Thätigkeiten eben so wie die abnormen beherrscht. Schon öfter ist des allgemeinen Antagonismus zwischen beiden Lebenszwecken gedacht worden, vermöge welches weder der eine noch der andre in allzuhohem Grade die Oberhand gewinnen darf, ohne Nachtheil für den Anderen und für das Ganze. Es ist eine gemeine Bemerkung, daß Kinder, deren Intellectualität sich schnell in ungewöhnlichem Grad ausbildet, nicht lange leben, daß Menschen, die immer ihr Denkvermögen anstrengen, ihre Gesundheit verlieren, daß große, gewaltig an körperlicher Kraft zunehmende Jünglinge oder Knaben geringe Fassungskraft besitzen und in einem böotischen Körper nicht leicht eine attische Seele wohnt, daß Menschen, die ihr Leben unter körperlichen Anstrengungen, ohne alle geistige Ausbildung, hinbringen, früher altern, als andre, die dem Geist wie dem Körper ihr Recht widerfahren lassen, daß Officiere, Forstofficianten und diesen ähnlich lebende Menschen, die sich geistig und körperlich beschäftigen, am längsten leben und sich gesund erhalten. Solche Volksbemerkungen sind selten grundlos, nur daß oft die Gelehrten sie nicht zu deuten wissen. Die erwähnten deuten sich leicht durch die Nothwendigkeit des verhältnißmäßigen Gegeneinanderwirkens beider Hauptarten der lebendigen Thätigkeit im Menschen für dessen wahre und dauerhafte Festigkeit und Erhaltung.

Das Nervensystem steht im allgemeinen in Antagonismus mit dem Gefäßsystem. Aus diesem Antagonismus ist bereits die Muskelbewegung erklärt worden: er ist in allen Gefäß- und Nerventhätigkeiten wirksam. Wir unterscheiden

1) Den Antagonismus des Hirns mit dem Herzen.

Das Herz ist eben so Centralorgan des Gefäßsystems, als das Hirn Centralorgan des Nervensystems ist: beide Centra sind eng verbunden als sich entgegenstrebende Organe. Als die Haupttheile der menschlichen Organisation entwickeln sie sich im Embryo zuerst, gleichzeitig. Beide pulsiren, doch ist im Hirn die Pulsation eine passive, im Herzen eine active Bewegung. Dieß hindert jedoch nicht, daß sie alle andre Hirnthätigkeiten eben so wesentlich bedinge, als sie den Zweck des Herzens erfüllt: sobald sie, bei Syncope, aufhört, hört auch die Vorstellung auf, auch der Einfluß des Hirns auf das Nervensystem, das sich in regellosen Convulsionen thätig zeigt, während das Hirn ganz unthätig bleibt, bis die Pulsation des Herzens wieder beginnt und Kraft genug gewinnt, dem Hirn Blut zuzusenden und es wieder zu heben. Man spricht zwar von Asphyxien, während welcher der Kranke volles Bewußtseyn behalten, ja alles gesehn, gehört habe, bei vollkommnem Stillstand des Herzens, allein dieß Vorgeben beruht auf nicht constatirten Erzählungen, die nicht mehr Wahrscheinlichkeit haben, als die Streich- und Hauchwunder der Magnetiseurs: es widerspricht eben so schneidend als diese allen bekannten Gesetzen des menschlichen Lebens, in welchem wir überall Herz und Hirn in Verbindung wirkend finden. Obendrein werden die so erzählten Facta von keinem glaubwürdigen Beobachter bezeugt: mir ist kein einziger wichtiger medizinischer Schriftsteller bekannt, der sich durch eigne Erfahrung von dem Vorkommen dieses so unwahrscheinlichen Krankheitszustands überführt habe.

In allen Krankheiten, in welchen die Thätigkeit des Herzens über den Normalgrad erhöht ist, ermattet das Vorstellungsleben und zeigt sich eben so viel kraftloser: Fieberkranke sind zwar oft bei vollkommnem Bewußtseyn, auch ohne alle örtliche Kopfsymptome, allein geschwächt ist ihr Gedächtniß, ihre Urtheilskraft immer. In Krankheiten des Gehirns ist der Herzschlag gewöhnlich sehr energisch und äußere Stärkungen des Bildungslebens afficiren Hirnkranke nicht (wiewohl hier noch andre Ursachen mitwirken, als der Antagonismus zwischen Herz und Hirn). Das Herz bedarf nicht des Nerveneinflusses zu seinen Zusammenziehungen, auch sind seine Muskelfibern sehr viel anders gebaut, als alle andre. Ihre Bewegung, ist abwechselnde Contraction und Expansion, ohne daß diese von einem Nervenknoten ausgehe. Auch hierin, auch in dieser merkwürdigen Ausnahme von allen übrigen Muskeln zeigt sich, daß das Herz dem Gehirn gegenüber stehe, nicht als untergeordnetes Organ, wie alle übrige Muskeln, die vom Hirn aus, mittelbar oder unmittelbar, ihre Contractilität ableiten, sondern selbständiges entgegenwirkendes und durch diese Gegenwirkung seine eigne Thatigkeiten und die des Hirns bedingendes Organ.

In Lähmungen, wenn das Vorstellungsleben völlig erloschen ist und alle Sinnlichkeit aufgehört hat, aber die Muskeln der Brust sich immer noch bewegen, dauert der Herzschlag mit großer Heftigkeit fort. Diese Heftigkeit ist das Zeichen der verminderten Hirnthätigkeit: die gegenwirkende Kraft äußert sich freier und stärker, wenn ihr Gegengewicht fehlt, welches sie beschränkte. Er hört nicht eher auf, als bis auch die Brustmuskeln an der Lähmung der übrigen Theil nehmen: dann erfolgt der Herztod mittelbar durch Aufhören der Respiration. Der Herztod dagegen zieht den Hirntod schneller nach sich. Bichat hat dieß unübertrefflich auseinander gesetzt.

2) Den Antagonismus zwischen Nerven und Gefäßen.

Dieser ist wiederum doppelt: die Schlagadern stehn in Antagonismus mit den sympathischen Nerven, die kleinen Gefäße mit den Cerebralnerven. Die Venen, von welchen neuere Pathologen viel erzählt haben, stehn in keinem Consensus mit dem Nervensystem. Sie sind ohne Empfindung und die Bewegung des Blutes in ihnen ist vom Nerveneinfluß unabhängig. Es giebt keine venöse Entzündung, wie es keine venöse Fieber giebt: Entzündung ist Krankheit der kleinen Gefäße, die weder Arterien noch Venen sind. Fieber ist Krankheit des Herzens und der Schlagadern.

Das wichtige Verhältniß der Lebensregung in Nerven und Gefäßen bestimmt die Integrität, die Gesundheit und Stärke beider. So wie die Arterien über ihren Normalgrad hinaus thätig werden, sinkt die Thätigkeit des sympathischn Nervensystems unter den ihrigen herab, daher schon bloße Wallung und Unruhe der

Blutbewegung mit Mangel an Eßlust verbunden ist: im Fieber finden wir das ganze sympathische System allemal und unfehlbar geschwächt. Wie gegentheils die sympathischen Nerven sehr thätig sind, wird der Puls klein, um so kleiner, je höher die Energie der Reizung der sympathischen Nerven steigt. Darum begleitet ein kleiner Puls alle wahre phlegmonöse Entzündungen innerer Theile, darum die Härte, die Kleinheit, die Langsamkeit des Pulses bei krampfigen Nervenaffectionen der Bildungsorgane. Darum ist der Schmerz den allgemeinsten Symptomen örtlicher Entzündung äußerer Theile beizuzählen: so wie das Gefäßleben in dem entzündeten Theile steigt, sinkt dessen Nervenleben, und der passive Zustand desselben drückt sich als Schmerz aus. Darum wächst die Nervenempfindlichkeit in demselben Verhältniß, in welchem die vegetative Kraft der Organe abnimmt, welches die Brownsche Schule sehr unrichtig für ein Anhäufen der Erregbarkeit erklärte. Darum werden halbgelähmte Theile roth und schwellen an: die kleinen Gefäße dehnen sich aus, wie die Nerven stumpfer werden. Darum vermindert man große Empfindlichkeit durch Arbeit: man härtet sich ab, wenn man das Gefäßleben durch Muskelbewegung und freie Luft erhöht; eben dadurch wird die Lebhaftigkeit der Nervenwirkungen vermindert.

3) Im Nervensystem selbst findet ein sehr ausgezeichneter Antagonismus statt zwischen dem sympathischen System und dem Cerebralsystem. Das Gleichgewicht beider unterhält ihre Integrität: Erhöhung der Thätigkeit des einen vermindert die des andern. Darum kann ein Wahnsinniger die ungeheuersten Gaben von Brech- und Purgiermitteln vertragen ohne Wirkung; sein Ce-

rebralsystem ist gereizt und sein sympathisches desto unempfindlicher. Darum bricht man sich bei Hirnaffectionen. Die verminderte Hiruthätigkeit erhöht die des sympathischen Systems bis zur pathologischen Wirkung. Daher entsteht eine Vielheit von pathologischen Erscheinungen, deren Erwähnung weder hierher gehört, noch ohne hinreichende Erläuterung von sonderlichem Nutzen seyn könnte. Auch ist hierin nichts neues; man hat nie die große Gegenwirkung zwischen dem Hirn verkannt, zu keiner Zeit aber mehr davon gesprochen, als eben jetzt. Der folgende Theil dieser Arbeit wird die mannichfaltigen Beziehungen des allgemeinen Gesetzes des Antagonismus in helleres Licht setzen.

Jung, Dr. F. W., Aphrodite. Erhaltung der lebenden Geschlechter auf Erden. 1 thl. 12 gr.

— — Die Kunst, sich vor venerischen Ansteckungen zu sichern. 8. 1 thl.

— — Mysterien des Ehestandes, oder wie kann man durch den Genuß der Liebe sein Leben verlängern, Gesundheit und Frohsinn erhöhen, und eine gesunde genialische Nachkommenschaft erzeugen. 8. 1 thl. 8 gr.

Menschenfreund, der, in Todesgefahr. Eine Auswahl der allgem. bewährtesten, auf der Stelle anwendbaren Mittel, Scheintodte und andere plötzlich in Lebensgefahr gerathene Menschen zu retten und sich vor ansteckenden Krankheiten zu sichern. 8. 6 gr.

Montanus, Dr. Aug., Die Reagentien und deren Anwendung zu chemischen Untersuchungen, nebst einer ausführlichen Abhandlung über die Prüfung der mineralischen Wasser und der Metallgifte. 2te sehr vermehrte Auflage. 8. 1 thl. 16 gr.

Neumann, J. G. B., über die Natur der Dinge. Ein astronomisch-, chemisch-, physikalisch- und philosophischer Versuch. gr. 8. 12 gr.

Neumann, Dr. K. G., Von der Natur des Menschen, zwei Theile, geb. 4 thl. 16 gr.

— — Psychologie, oder Lehre von dem Nervenleben, gr. 8. 2 thl. 8 gr.

Remedies for beauty, oder 24 untrügliche Recepte, die jugendliche Schönheit zu erhöhen, zu verlängern, und herzustellen. 1 thl.

Schöne, Dr., Arzeneimittellehre als praktischer Commentar über die neueste Ausgabe der Königl. Preufsischen Landespharmacopöe. Zwei Theile, gr. 8. 2 thl.

Schulz, Dr. W. F., Pharmacopöe zum Gebrauch für die Armenpraxis. gr. 8. 14 gr.

Sternberg, J. H., Die Erregungs-Theorie gegen Marcard's Angriff im Hannöverschen Magazin vertheidigt. gr. 8. 18 gr.

Ueber die Kunst ein hohes Alter zu erreichen. Zwei Theile. 8. 2 thl. 8 gr.

Wildberg, Dr. C. F. L., kurzgefaßtes System der medicinischen Gesetzgebung. gr. 8. 1 thl. 8 gr.

Winkelmann, Dr. A., Beobachtungen über den Wahnsinn, nebst Prüfung der Gall'schen Schädellehre. gr. 8. 18 gr.

Zeichen und Werth der verletzten und unverletzten Jungfrauschaft, nach physiologischen, moralischen und Nationalbegriffen. 8. 1 thl. 8 gr.

Ferner:

Dr. Fr. Gottl. Hayne

Termini botanici,

iconibus illustrati,

oder

botanische Kunstsprache,

durch Abbildungen erläutert

mit einer Vorrede von Willdenow.

15 Hefte mit lateinischem und deutschem Text, mit vielen illuminirten Kupfertafeln. Folio. Ladenpreis 26 thl. 6 gr.

Seit dem 16ten Jahrhundert, wo die Kräuterkunde zu einer besondern Wissenschaft erhoben wurde, war man bemüht, das Studium der Botanik zu erleichtern; mehrere große Männer, Tournefort, Linnée, Willdenow rc. fühlten den Mangel einer guten Terminologie, und sahen es sehr deutlich ein, daß man ohne eine dergleichen keine besondere Fortschritte in dieser Wissenschaft würde machen können. In diesem Werke hat der Verfasser eine gründliche und vollständige Terminologie, auch dazu sehr schöne Kupfer, geliefert. Es freut mich, dieses, der Wahrheit gemäß, hier öffentlich sagen zu können.

Dr. Flittner.

Druckfehler.

S. 2 Z. 1 v. u. l. nach st. durch.
— 10 — 11 — l. nur st. und.
— 11 — 10 — l. weist st. weißt.
— 21 — 11 — l. antreffen st. angetroffen.
— 23 — 12 v. o. l. Nagern st. Negern.
— 24 — 4 v. u. l. Vorstellungslebens st. Bildungslebens.
— 28 — 1 v. o. l. des st. jedes.
— 29 — 9 — fehlt nach Hemisphären — sich in.
— 34 — 1 v. u. l. das hintere st. des hintern
— 35 — 13 v. o. l. vegetative st. regulative.
— — — 3 v. u. streiche weg und.
— 48 — 7 — l. lymphatischen st. sympathischen.
— 52 — 12 — l. weichen st. reichen.
— 63 — 17 v. o. l. unthätigen st. urthätigen.
— 70 — 1 — l. vollkommener st. vollkommen.
— 78 — 2 v. u. l. ein äusserlicher st. ein äusserlich.
— 98 — 2 v. o. l. Genioglossus st. Genioglossos.
— 100 — 2 — l. organischen st. oxigenirten.
— 113 — 17 — l. auf dem st. mit dem.
— 126 — — — l. Gehörknöchelchen st. Hirnknöchelchen.
— 138 — 10 v. u. l. Noch st. Nach.
— 144 — 16 v. o. l. ihre st. ihm.
— 151 — 10 v. u. l. des Lichts st. das Licht.
— 152 — 4 v. o. l. schwarz st. schräg.
— — — 9 — l. mußten st. durften.
— 155 — 12 — l. pflegte st. pflege.
— 156 — 16 — l. Orbita st. Orbite.
— 165 — 12 v. u. l. Haut st. Hand.
— 166 — 18 v. o. l. erzeugt st. ergänzt.
— 167 — 4 u. 5 v. o. l. so weit st so, weil.
— 173 — 8 v. u. l. Mimosa st. Alimosa.
— 182 — 14 v. o. l. sich st. sie.
— 186 — 6 — l. bedingenden st. bedingender.
— 191 — 3 — l. Es kostet st Erst kostet es.
— 194 — 5 — l. Schrei st. Schein.
— — — 6 v. u. l. Cetaceen st. Cotacorn.
— 198 — 12 — l. Bedeutung st Gattung.
— — — 1 — l. Töne st. Natur.
— 204 — 20 v. o. l. hgd ; jes'c' st. bede jesoy.
— 207 — 4 — l. ll und lL st. t und u.
— — — 13 — l. ll st. t
— 219 — 6 v. u. l. Windungen st. Wendungen.
— 220 — 9 — l. Hirngewölbe st Hirnganglion.
— 225 — 6 — l. Cetaceen st. Cataceen.
— 252 — 1 — ist so auszustreichen.
— 278 — 15 v. o. l. vor st aus.
— — — 21 — l. die st. Diese.

S. 200 Z. 4 v. u. l. sechs siebentheile st. den siebenten Theil.
— 289 — 5 v. o. l. Arachnoidea st. Arachnoiden.
— 290 — 4 — l. sämmtlichen st. sogenannten.
— — — 14 — l. Plasticitus st. Elasticität.
— — — 2 v. u. l. geneigt st. genöthigt.
— 292 — 19 v. o. l. Physiologen st Philosophen.
— 294 — 10 — l. ein Vegetationsact st. eine Vegetationsart.
— 295 — 2 v. u. fehlt daß es nach: schlägt.
— 299 — 6 v. o. l. Stille st. Kühle.
— 303 — 8 — l. bindet st. bildet.
— 305 — 4 v. u. l. Blutreiz st. Butreiz.
— 313 — 5 — l. stagnirende st. stegnirende.
— — — 4 — fehlt nach ersprießlicher, das Wort: als.
— 322 — 3 v. o. l. Coma st. Corea.
— 352 — 7 — l. Masseter st. Messeter.
— — — 2 v. u. l. Gluteen st. Glutern.
— 354 — 20 v. o. l. aus st. als.
— 364 — 3 — fehlt nach negativen: Zustand der.
— 372 — 18 v. o. l. Störungen st. Stärkungen.
— — — 3 v. u. fehlt als nach sondern.
— 373 — 27 v. o. l. richtige st. wichtige.
— — — 1 v. u. l. Wallung st. Wellung.
— 374 — 10 v. o. l. den st. der.
— 375 — 9 — fehlt hinter Hirn: und dem sympathischen System.

Böttcher, Dr. J. F., Vorschlag zur Verbesserung des doppelten Leistenbruchbandes und Angabe zu einem Verbande bei der Zerreißung des Ligaments der Kniescheibe. M. 1 Kupfer. 8. 2 gr.

Chambon, N., über die Krankheiten der Kinder. Aus dem Französischen übersetzt, und mit Anmerkungen begleitet, von Dr. J. H. Becker. 2 Abtheilungen. gr. 8. 1 thl. 6 gr.

Donner, Dr. C. L., Abhandlung über die höchst verderblichen Folgen des inneren Gebrauchs des Arseniks im Wechselfieber, und die Nothwendigkeit von Seiten des Staats die Anwendung desselben zu untersagen. 8. 8 gr.

Düben, Dr. C. G. F. von, Belehrungen über das Geheimniß der Zeugung des Menschen, für gebildete, ernsthafte Leser. 8. 1 thl. 12 gr.

Ehestandsarzt, der. Ein Hülfsbüchlein für Männer und Frauen, welche an Unvermögen, Unfruchtbarkeit und andern physischen Geschlechtsgebrechen leiden. Mit 1 Kupfer. 8. 1 thl. 12 gr.

Flittner, Dr. C. G., Unterricht in der Kunst, die weibliche Schönheit zu erhalten und ihr zu Hülfe zu kommen. Eine Toilettenlektüre. 8. 1 thl. 18 gr.

Formular, pharmaceutisches, zum Gebrauch für die Französischen Militairhospitäler. Aus dem Französ. mit Anmerkungen von Dr. C. G. Flittner. gr. 8. 18 gr.

Freudenberg, J., über Staats- und Privatbordelle und Konkubinat, nebst einem Anhange über polizeiliche Organisirung der Bordelle in alten und neuen Zeiten. 8. 16 gr.

Gilberts, N. P., medicinische Geschichte der Französ. Armee zu Sanct Domingo im Jahr 1803, oder Abhandlung über das gelbe Fieber. Nebst einem Abrisse von der medicinischen Ortbeschreib. dieser Colonie. Aus dem Franz. mit Anmerk. von Dr. J. E. Aronson. gr. 8. 14 gr.

Glücklichen, die, oder das höchste Entzücken des Menschen. Eine Dithyrambe. 8. 12 gr.

Halle, I. F., die deutschen Giftpflanzen, zur Verhütung der traurigen Vorfälle in den Haushaltungen, nach ihren botanischen Kennzeichen beschrieben. Zwei Bände. Mit Kupfern. Zweite vermehrte Auflage. gr. 8. 3 thl.

www.ingramcontent.com/pod-product-compliance
Lightning Source LLC
LaVergne TN
LVHW092110300926
849161LV00002B/92
* 9 7 8 3 1 1 2 6 2 8 2 5 6 *